放送大学叢書　053

遊環構造デザイン

円い空間が未来をひらく

遊環構造デザイン　目次

コラム作品解説

はじめに

本書は私が放送大学で講義した三つの講義「環境デザイン論」[1]「都市環境デザイン論」[2]「産業とデザイン」[3]をベースに・すべての講義に共通している遊環構造理論を中心に再構成し、さらに書き下ろしたものである。

私は大学では建築を学んだが、卒業後の一九六四年、平成天皇陛下の皇太子時代、御成婚記念事業だった「こどもの国」の仕事に携わり、こどもとあそびと自然環境という課題に直面した。こどもにはなぜあそびが必要で、なぜ自然が重要なのか。大学の建築という工学で解決できない問題だった。その問いにふさわしい新たなデザイン領域を探した。私は大学の卒業論文で歴史的空間論に挑戦し、「城」というたった五〇年間で突出的に生まれた建築様式は武将、田舎大工、茶人、南蛮人等のさ

[1] 仙田満『環境デザイン論』放送大学教育振興会、二〇〇九年
[2] 仙田満・佐藤滋『都市環境デザイン論』放送大学教育振興会、二〇一〇年
[3] 仙田満・若山滋『産業とデザイン』放送大学教育振興会、二〇一二年

こどもの国林間学校

まざまな種類の創作者の共同で生まれたのではないかという推論から、「新しい時代の様式は多様なデザイナーの協同によってつくられる」という仮説を導いた。それを証明するため、卒業設計も共同設計で行った。そして「こどもの国」での命題により広い総合的なデザイン領域に挑戦しようと考えた。しかもあそびという反生産的な概念を中心にしていこうと決めた。大学卒業後、四年経って環境デザイン領域の確立をめざし、「環境デザイン研究所」というデザインファームを興した。そしてこども・あそび・環境の研究とその成果に基づくデザインに取り組み始めた。一九八〇年代に大学の教職に就いてからも、数多くの環境デザイン研究と、その応用としてのデザイン活動に従事した。五〇年以上にわたり、生涯の研究・デザインテーマとして、多様な課題に挑戦してきた。

「困難を乗り越え、生活を楽しむ人として成長するためのこどもの成育環境」が、目下の私の大きなテーマである。その論理、仮説と検証はまだまだ十分なエビデンスを獲得しているも

姫路城

のではないが、こどもの意欲を喚起する空間の構造から導いた遊環構造の環境デザインを通して「困難を乗り越え、生活を楽しむ環境デザイン」を展開してみたいと考えたのが本書の執筆動機である。

我が国は困難の多い国である。自然災害も多い。地震は世界の平均回数にくらべると年間百倍も被災率が高く、台風も多い。グローバル化する社会のなかで自然災害も気候変動に起因する災害や、経済的・社会的災害も少なくない。本書の執筆時にもコロナ禍と呼ばれる感染病が世界中に猛威をふるっている。こどもにとって人的災害と呼べるものも数多い。暴力、いじめ、虐待等も大きな話題となっている。離婚によるひとり親世帯は一二〇万世帯をこえ、[4] こどもたちは大人たちの争いの被害者ともいえる。私たちのこども、孫の世代は幸せな未来がなかなか描けない。不透明だ。ただ困難が多い時代がくるであろうことは確かだ。こどもが楽しく、希望をもって、たとえ困難な未来であっても、楽しみ、おもしろがりながら乗り越える人として

[4] 厚生労働省「平成二十八年度全国ひとり親世帯等調査結果の概要」二〇一七年より。母子世帯は推計一二三・二万世帯、そのうち離婚によるもの七九・五%。

成長してほしいと願っている。私たちはそのような人として成長するこどもを育む環境をつくりたいと考えている。本書でも述べているように、環境とは空間、時間、コミュニティ、方法という四つのエレメントにより構成されていると考えて、建築家である私は空間の問題を主たる領域としているが、もちろん空間だけでその環境——こどもが困難をのりこえて成長する環境——をつくれるわけではない。

　そのために大きく二つの方法を提案している。一つは意味を問い続けることだ。そこに何を創り上げるか、何のために行動、活動するのか意味を明確にするということである。意味を明確にすることによって、困難を乗り越える意欲と進むべき方向を確立できると考えている。二つ目はあそびだ。困難をあそんでしまう気持ちだ。あそびを見出す力だ。ヴィクトール・フランクルの『夜と霧』[5]に描かれる強制収容所の過酷な条件における精神科医師としての信念は、私たちにも大きな可能性を示唆している。職能者としての力、さらにそれ以上のあそび心は困難

[5] ヴィクトール・フランクル（霜山徳爾訳）『夜と霧　ドイツ強制収容所の体験記録』みすず書房、一九五六年

を乗り越える力となる。地球上にさまざまな困難があっても、スウェーデンの学者ハンス・ロスリングが指摘した「ファクトフルネス」[6]が確かにしたように、私たちの思い込み以上に多くの人々によって少しずつ平和が訪れようとしている。その永久な実現を目指していきたい。

本書はそのような、生き生きと楽しい生活のデザイン領域として環境デザインを提案している。環境デザインを語るのに、なぜこどもからなのか。すでに述べたように、私は大学を出て勤めた菊竹清訓設計事務所で「こどもの国」を担当したことによって、偶然こどもの問題、課題に気づいた。こどもの問題には社会全体、環境全体を考えるすべてがある。こどもが生活する領域は建築だけではない。私が「こどもの国」で担当したのは林間学校だったが、自然体験施設として必要な建築空間とは何か、さらには緑や広場や宿泊体験のなかで必要な空間装置は何かということを考えた。まだまだ戦後復興のなかにあり、自然体験という空間、場を構成するものは何かということさえわ

[6] H・ロスリング、O・ロスリング、A・R・ロンランド（上杉周作、関美和訳）『FACTFULNESS』日経BP社、二〇一九年

かっていなかった。

明確になったことは建築だけ考えていたのではだめだということだった。自然、都市、造園、木、土、広場、道具等もあわせて考えていく必要があった。隣りの谷間につくられた「こどもの国」のアイコンであったセントラルロッジはほとんど一度も利用されることはなかった。使いやすい、利用しやすいことを考えねば建築として、環境として価値がないことを知った。ハードな面だけでなく、利用、運営、管理というソフトの面との共同が不可欠であることを学んだ。

私は大学で建築を設計する教育しか受けてこなかった。植物、道路、水をどのように構成するかという土木、造園的技術はオンザジョブ的に勉強しなければならなかった。こどもの生活環境、あそび環境を考えると、建築だけでは全く不十分であることを実感した。環境デザインとはハードな分野だけでなく、ソフトな分野とも大いに関連することを仕事を通して実感した。そこで教育学、保育学、小児医科学、体育学等、より学際的に活動しなければならないと考え、二〇〇四年よりこども環境学会を立ち上げ、行動してきた。

こどもは未来である。だからこどもの問題を考えることは、未来、将来を考えることだ。環境建築家にとって、こどもがクライアントになることはない。発注者は大人である。しかし、それを使い、生活するのはこどもたちである。彼らは私たちのつくる環境のなかで大きくなっていく。私たちの真のクライアントはこどもなのだ。そしてこどもの問題は仮説と検証という科学の方法に合致している。こどもが利用主体であることを念頭に調査し、仮説をたて、そしてデザイン・修正していかねば、良い環境をつくりあげていくことはできない。

こどもを考えることはあらゆる問題の原点になる。そういう意味でこどもの研究から導いた遊環構造デザインは有効であってほしい。こどもの環境デザインは未来の環境デザインでもある。そしてそれは画一的なものでなく、柔軟でこどものそれぞれの個性に対応した環境デザインでなければならないし、こどもに寄り添うデザインが目指されるべきである。こどもの問題から出発することは、建築、デザイン、いやすべてにおいて優先されるべきだと実感している。したがって本書においても、遊環構造という環境デザインを考える上でこどもとあそびに関する論考に多くのページを割いている。

　遊環構造という仮説と検証としてのデザインという点で、数多くの私自身の体験や考え、その結果としての作品を事例として挙げている。

　本書が読者の新たな意欲を喚起することができ、身近な環境から地球環境まで、こどもたちがのびのび、生き生き成育する環境づくりに大いに賛同していただけることを願っている。

◉第一章　環境デザインの方法

環境デザインというデザインの領域は、一九六〇年代に生まれたといっても良いのだが、環境という言葉が展開され始めたのは、一九世紀末といえる。環境デザインの領域とは何かを考えてみたい。

1. 環境の意匠

一九四八年、建築家・谷口吉郎は、『清らかな意匠』[1]と題する本を朝日新聞社から出した。谷口はそのなかで「環境の意匠」という項を設けている。「環境の意匠」とは後の「環境デザイン」に通ずる言葉であることは明らかである。戦後すぐの同じ頃、谷口吉郎の設計によって木曾の馬籠に藤村記念堂が完成し

谷口吉郎（1904.6.29-79.2.2）

た。この建物は、優れた近代小説『夜明け前』[2]を著した島崎藤村の生家跡につくられたものである。

この建築は四つの点で環境デザイン作品として高く評価できる。第一に関係性の重視である。藤村の生家の焼け跡を虚なる空間として残し、その傍らにささやかな廊空間として幅一間奥行七間の記念館が建設された。記念館としてのシンボル性はなく、生家を想起させる環境の形成を試みている。ここでの主役は藤村の生家跡という何もない空間である。これは建築的な解決というより、空間の関係性を大切にする環境デザインの手法として高く評価したい。

第二に、建築と外部空間の統合性である。生家跡を空き地とし、正面に冠木門があり、その奥に衝立のような白壁、そして生家跡と対峙する廊的な記念館という環境形成は建築と庭、内部空間と外部空間、街並みと建築、建築と展示というさまざまな全体と個という対立的なものの統合性を導いている。

第三に周辺環境との調和である。谷口は近代建築家である。彼が教えていた東京工業大学の水力実験棟はバウハウスやコル

[1] 谷口吉郎『清らかな意匠』朝日新聞社、一九四八年

[2] 島崎藤村『夜明け前』講談社、日本現代文学全集20、一九八〇年。『夜明け前』の初版は一九三五年。

水力実験棟（谷口吉郎）

ビュジエの影響を受けた白いキューブのような建築である。しかし、この記念堂は徹底した日本の伝統様式を受け継いで、冠木門、そして和小屋切妻形式の建築が設計されている。馬籠という歴史的・伝統的集落における周辺環境と調和する建築形態を選択している。

第四に参加のデザインである。記念館建設時、戦争直後ということもあり、資材も資金もなかったが、村人が総出でこの建設に協力した。設計は村人と何度となく協議し、彼らがつくれる技術で建設されるよう、修正を重ねたと言われている。まさに住民参加のデザインだったのである。

この記念堂は一九四七年に完成した。

戦後の混乱のなかで、谷口は地域の復興を願ったのではなかろうか。私は谷口吉郎の研究室で学び、その影響を受けた最後の学生の一人である。藤村記念堂完成後まもなく発表した『清らかな意匠』の一節に「環境の意匠」という文章がある。そのなかで谷口はまず駅前の看板風景を題材に、その混乱した美はわれわれの「自画像」だと述べ、「看板自身には宣伝術上の正当

馬籠の風景

な主張があっても、造形的に醜悪では、その存在理由は弁護されえない。街を汚し、人の心を乱し、都市美や風土美を汚す罪は許しえない」と断罪している。そして「そのような状況に陥れているのは近代の分断化される「文化の割拠主義」だ」と述べている。芸術と技術の分断、工業と文学の敵対を指摘し、「環境の設計」に対して白痴であり、放心であっていいのだろうかと嘆いている。「科学と技術こそ、二〇世紀の新しい造形の立役者とならねばならないのに、その自覚を放棄していることでは、新しい環境美はいつまでも実現され得ない。〔中略〕現代は新しい様式の黎明期といわねばならぬ。それに対してわれわれは決してその進歩的な美意識を自ら誇り得るものであろうか。それともあの駅前の醜悪な看板風景も笑えぬ白痴的症状がわれわれの造

藤村記念堂（谷口吉郎設計）

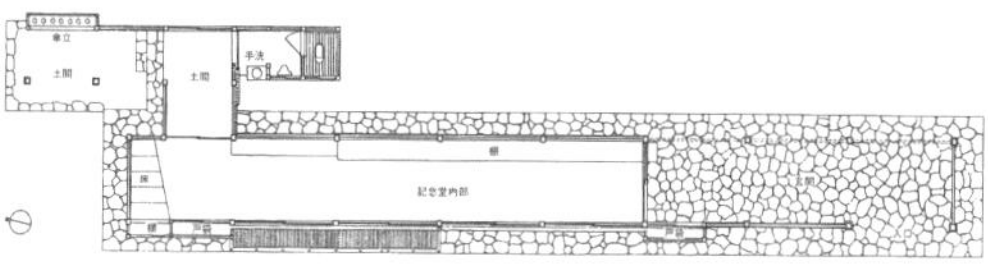

平面図

形力であるのだろうか」と結んでいる。

ここで谷口は「環境の意匠」「環境の設計」「環境美」という言葉を使い、その実現のためには工業と文学の統合、芸術と技術の統合を訴えている。そのような視点はまさに環境デザインの方向である。

私は一九六三年に谷口研究室に入り、歴史的空間論を卒論のテーマに選び、そこで一年間、中世の戦国時代にたった五〇年でなぜ城という建築様式が完成したのかを研究した。それは戦国武将をはじめ、千利休のような文化人、南蛮人や下克上してきた田舎大工たちの協議・協力の結果によるものではないかと推論した。すなわち、それまでの世襲制の大工棟梁の流れではなく、さまざまな知恵者による談合という協働、協力の大切さに気づいたのだが、藤村記念堂においても参加、協同のデザインが強く意識されたことに感動した。

一九六四年、大学を出て、菊竹清訓設計事務所に入り「こどもの国林間学校」のデザインを担当した。横浜の丘陵地のなかにこどものための宿泊施設をデザインすることを通して、建築

建設に協力したふるさと友の会の青年たち

という領域を越える「あそび」と「自然体験」の重要性に目覚めた。

一九六六年一一月一一日から一六日まで銀座松屋で「空間から環境へ」展が開かれた。この展覧会には「絵画、彫刻、写真、デザイン、建築、音楽の総合展」という副題がついていた。テレビという新しい電子技術と新しい素材が芸術デザイン活動に大きな影響を与え、芸術、デザインの境界を融合しはじめ、また同時に相互にも大きく影響し合いはじめていた。この展覧会は一九七〇年の大阪万博のプレイベントともいうべきもので、短期間ではあったが、極めて大きなインパクトがあった。

私はこの展覧会にも大きな衝撃を受け、その二年後、一九六八年に菊竹清訓設計事務所を辞して独立し、環境デザイン研究所を設立した。一般の建築設計ではなく、明確に環境デザインという領域をデザインしたい、そしてその中心的なテーマとしてこどもの環境を選び、そのなかにあそびの重要性を位置づけようと考えた。そして、参加、協力、統合性、関係性、調和性に立脚したデザイン領域に挑戦しようとした。折しも開

大阪万博三井グループ館

かれた大阪万博では三井グループ館のデザインを担当した。そこで東孝光、山口勝弘、倉俣史朗をはじめ、多くの異なる領域のデザイナーと共同したことが私の環境デザインへの方向性を確実なものとした。その後、一九八二年に「こどものあそび空間の構造」の研究をまとめ、一九八四年にこどもの意欲を喚起する空間の構造として「遊環構造」という概念を発表した。

2. 環境学と環境デザイン学の関係

総合科学として環境学という領域があるが、環境学は人間と環境の健康で多様な、調和ある関係を見出す学術領域である。環境学とは思想的に大きく三つの段階を経過していると考えられる。第一の段階はジャン＝ジャック・ルソーの『エミール』[3]における啓蒙主義の時代である。ルソーは一七六二年に彼の思想の集大成として『エミール』を発表し、そこに彼の人間観、文明批判を全面的に織り込んでいる。この『エミール』の人間成長における自然との触合い、自然のなかでの生活の重視

[3] ジャン＝ジャック・ルソー（但田栄訳注）『エミール』大学書林、二〇〇二年

は、ラルフ・エマーソンの『自然論』[4]（一八三六）や『森の生活』[5]（一八五四）を著したナチュラリスト、ヘンリー・ソローにも影響を与えた。

その後、ドイツの生物学者エルンスト・ヘッケルは一八六〇年代の終わりに生物と環境との関係性を研究する科学を発展させるべきと提唱した。それが生態学、エコロジーである。

一八七〇年頃、アメリカの女性化学者エレン・スワローは水の分析を通して環境と生活の関係を研究し、「環境科学」を誕生させた。そのことには工業化社会のなかでの健康被害等の問題、労働環境の改善等の課題が時代的な背景としてある。ＭＩＴに最初に入学した女性でもあるスワローの環境科学者としての活躍は極めて広範であり、化学・物理学にも明るく、空気、土壌（夫は地質学者）、食物についても学び、さらに教育と環境に関する基本的な考え方を明確にし、「住宅の単純化された環境を学ぶことによって、居住者たちはそれをまた自分自身をコントロールできるように成長するのである」と述べている。彼女は環境科学の創設者であると同時に、諸科学の統合を目指

[4] ラルフ・エマーソン（中村詳一訳）『自然論』越山堂、一九二〇年

[5] ヘンリー・D・ソロー（佐渡谷重信訳）『森の生活／ウォールデン』講談社学術文庫、一九九一年

エレン・スワロー・リチャーズ
(1842-1911)

した家庭科学の創設者でもあった。さらには一八九〇年頃より環境教育の重要性について啓蒙している。彼女はさまざまな新しい環境学領域を統合的に開拓した。また学術的な活動だけでなく、消費者運動、環境保護主義運動に関わった実践家でもあった。彼女の活動は一九一一年まで続き、アメリカにおける環境科学、家政学の発達に大きな影響を及ぼした。

第二段階では自動車産業の隆盛を背景に、一九六〇年代、科学主義、都市主義の反人間的な側面の反省が起こった。レイチェル・カーソンの『沈黙の春』[6]などに著されているように、都市・農村地域にまたがって公害などの問題が起こり、ジェイコブスの『アメリカの大都市の死と生』[7]に代表される反大都市主義的な傾向が生まれた。

環境デザイン学はこの第二の段階に生まれて、一九六〇年代には環境デザイン研究に関する多くの優れた書物が出版された。その代表的なものとしてはC・アレグザンダー『都市は木ではない』[8]『パタン・ランゲージ』[9]、S・シュマイエフ、C・アレグザンダー『コミュニティとプライバシイ』[10]、エドワード・ホール

[6] R・カーソン『沈黙の春』

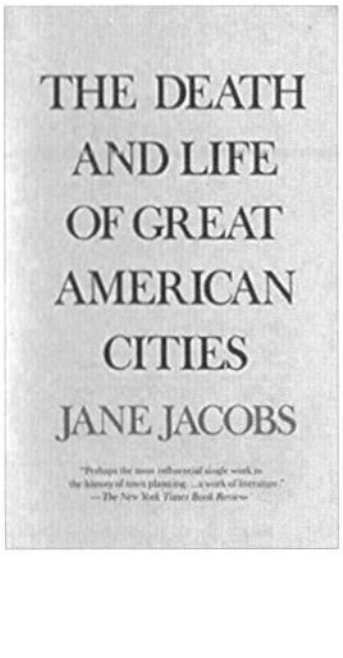

[7] J・ジェイコブス『アメリカ大都市の死と生』

『かくれた次元』[11]、B・ルドフスキー『人間のための街路』[12]等が挙げられる。また、建築、都市、造園という空間的な広がりをもつ幅広い領域をデザインするデザイナーがこの頃から活動を始めた。造園家のローレンス・ハルプリンやハーバード大学の建築家シュマイエフ教授の二人の息子を中心とした「ケンブリッジ・セブン」たちであった。

環境デザイン学は環境学の一分野に位置づけられるが、その近接領域は環境科学、生態学、環境心理学である。第二段階においては生態学、環境心理学的な関係が、第三段階に入って環境科学的な関係が緊密になりつつあるといえよう。

3. 環境デザインの領域

環境とは、人間と関係するあらゆる存在である。それは外在する場、物、生物、形式等すべての事象を含むものである。しかし環境という漢字の意味を考えると「環」は円、「境」は境界である。つまり、環境とは境界が重要なのである。その境界を

[8] Alexander, C. *City is Not a Tree*, Architectural Forum, Vol.122, No.1, April 1965, pp.58-62, 1965

[9] C・アレグザンダー他（平田翰那訳）『パタン・ランゲージ　町・建物・施工　環境設計の手引』、鹿島出版会、一九八四年

[10] S・シャマイエフ、C・アレキザンダー（岡田新一訳）『コミュニティとプライバシイ』SD選書11、鹿島出版会、一九六七年

[11] E・ホール（日高敏隆・佐藤信行訳）『かくれた次元』みすず書房、一九七〇年

[12] B・ルドフスキー（平良敬一・岡野一宇訳）『人間のための街路』鹿島研究所出版会、一九七三年

デザインする、あるいは研究するということが環境デザインであり、環境デザイン学である。英語のenvironmentの語源を見ると、〝en〟はギリシャ語で「中へ」を意味する前頭詞である。〝viron〟は古くは「円」を意味していたというから、日本語の「環」と同じイメージを持った言葉なのだろう。〝environ〟は円を形でつくるという意味でとらえられる。〝environment〟は中心となる人間や生物、ときによっては物を取り巻く周囲の状態との関わりの問題である。

すなわち環境とは「境界」と「関係」という二つの言葉によって構成される領域である。建築空間を外部空間と内部空間に分割するときに境界が形成され、それがデザインのテーマとして極めて重要なのである。そのような境界と関係という言葉によってつくられる世界が環境といってよい（下図参照）。

このように環境という言葉は、さまざまな学術領域、デザイン領域で使われている。学術領域もデザイン領域も専門分化する傾向のなかで、境界と関係というキーワードに表されるよう

Environment

にインターディシプリナリー（境界融合型）な分野として「環境」という言葉が使われていると考えられる。

アメリカの心理学者ジェームズ・ギブスンは「アフォーダンス」という概念で、人間と環境との関係を説明している。こどものための遊具の小さなトンネルは「そこに潜り込みたい」という行動欲求を喚起する。道端の小さな丸太は「ぴょんと飛び乗り、バランスをとりたい」欲求を起こす。建築と人間との関係においても、あるいは自然物と人間との関係においても、同様のことがいえる。エベレストを征服した登山家ヒラリーは「なぜ登るのか」と聞かれ「そこに山があるからだ」と答えた。[13] 山という存在が人間をして登りたいという欲求を起こさせる。それは児童公園の小さな山をこどもたちが登りたいと思うことと同じである。その存在のありようが人間にさまざまな行動や意識を働きかける。「環境をデザインする」ことはその関係性を明らかにしながら、より良い関係をつくることだと考えられる。

トンネル遊具

[13] これはヒラリーの言葉としばしば勘違いされるが、実際は同じく登山家のジョン・マロリーが、ニューヨーク・タイムズ紙のインタビューで語ったものである。

4. 環境デザインは関係のデザイン

環境デザインという視点は人と環境との関係をみることである。そういう意味では、環境デザインは関係のデザインだといえる。

その関係には四つの側面がある。空間的関係、時間的関係、社会的関係、方法的関係である。ある住宅を建てようとしたとき、その住宅がつくる影が隣家に影響を及ぼす。あるいは風通し、景観にも影響を及ぼすに違いない。前面道路を歩く人にも視線、音、においを含めて、その家のありようは影響を与える。敷地のなかに桜の木があったとする。その木を切って家をつくるか、保存してつくるかは、その家をつくる建築家にとって重大な決断である。その桜の木がこどもや地域の多くの人びとに愛されている古木であるならば、保全しなければならないと私は考える。その地域に開かれた関係を示すのか、地域と距離をおいた景観をつくりあげるかも、時間的関係、社会的関係をどう評価するかによって決定される。時間的関係とはまさにその

環境と関係

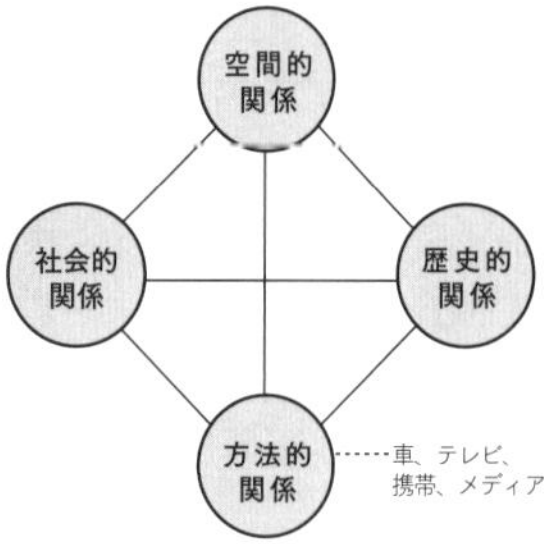

住宅と周辺との関係性

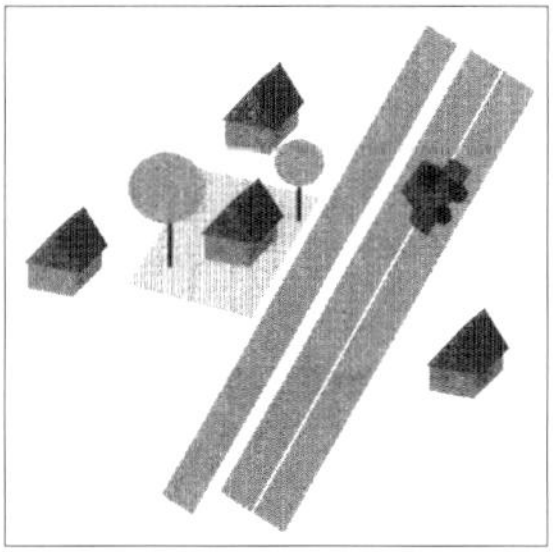

場所の歴史である。あるいは伝統への敬意でもある。伝統的な町並みのなかに建物をつくらねばならないときは、その歴史的な景観に配慮しなければならない。社会的な関係とは、その場のコミュニティのなかで、良い隣人関係をつくるよう、悪い関係にならないよう、建築的にも配慮することである。そして現代においては車、メディア、社会システム、社会的規範という生活方法との関係も環境デザインにおいて重要なテーマとなる。

　すなわち、環境をデザインすることは、基本的に「すでにある物語を大切にするデザイン行動」なのである。敷地を大きく改変するのではなく、その敷地や周辺のもつ環境の文脈を深く読み、できるだけ少ない改変によって新しい環境をつくりだす技術こそが、環境デザインのデザイン技術である。

　一方、時代の変化のなかで、新しい生活ツールが生み出されてゆき、それらも環境デザインに影響を与える。例えば人と車との関係をみるならば、人々の健康な生活を守る環境をつくるよう、関係性を再構築しなければならない。幹線道路はなるべく渋滞が起きないように道路の幅や車線数を十分にとり、交差点を少なくしなければならない。生活道路では歩行者と車道を明確に分けるか、車を減速させ、あえて歩車共存型のデザインにするかを考える必要がある。車は凶器となり得るのだ。自動車という交通手段は拒否できないので、良好な関係をつくらねばならない。それが環境デザインの重要な課題である。

　従来、環境という領域では空間・時間・コミュニティという三つの要素が注目されてきた。しかし生活の道具、方法、規範の分野がこれからの環境デザイン領域に与える影響は大きいだろう。ＩＴメディアがその代表ともいえる。こどものあそび環境を考えるとき従来、あそび場（空間）・あそび時間・あそび仲間（コミュニティ）の三間が必要だといわれてきたが、近年七〇年間のあそび環境に最も大きな影響を与えてきたのはテレビ、テレビゲーム、スマホ等のＩＴメディアであった。すなわち「方法」という側面があそびや成育環境を考える上でとても重要なのである。また法律、規則、慣習等という社会システムも大きく関連する。私たちはそれらの関係を考えながら、平和で健康な、幸福で楽しい生活を実現しなければならない。

小さな丘にのぼるこども（こどもの国、イサムノグチの作品）

5. 環境デザインの空間座標

環境デザインは従来の空間デザインと直交する座標をもつ。空間デザインでは地球・地域・都市・土木・造園・建築・プロダクトデザイン・インダストリアルデザイン・グラフィックデザイン等、スケールに対応してそのデザイン領域が決定される。

しかし環境デザインはそれらを通貫するデザイン領域である。建築デザイン、プロダクトデザインはその領域のなかで完結している。一つの建物、一つの構築物、一つの工業製品というように、その美しさ、使いやすさは自己完結的なものである。他方環境デザインには複数の構築物、生産物、存在物の相互関係が重要である。すでに述べたように谷口吉郎の藤村記念堂の堂と焼跡のような関係もある。焼跡の虚の空間を見る場、考える場としての堂という建物がある。空間の項目に直交する環境デザインの領域のカテゴリーには安全、安心、健康、こども、老人、女性、障害のある人、エコロジー、文化などの項目が挙げられるだろう。

例えばこどもの環境デザインという空間領域を考えてみると、学校、児童館、公園、道、遊具、広場、林、家等、こどものあそびの領域は広い。その分野は空間的に考えると建築だけでなく、都市計画、土木、造園、インダストリアルデザインにまたがる。それぞれの空間的な領域を通貫するものがこどものための環境デザインである。そもそも環境デザインは、空間的な領域を統合して考えねばならない。従来の学問領域も、役所の行政組織も空間的に分割されてきた。しかし、例えばこどもの生活全体を考えるには、空間的な領域としては地球から道具まで通貫しなければならない。

一九九九年に韓国で環境デザインの国際会議が開かれた。そのとき、延世大学の李妍淑教授は環境デザインを三つのデザインカテゴリーに分類した。ユニバーサルデザイン、グリーンデザイン、カルチャーデザインである。私はそれにセーフ

環境デザインの座標

	空間デザイン / 環境デザイン	地球	国土	地域	都市	土木	建築	造園	インテリア	I.D.	グラフィック	P.D.
universal design	子ども											
	高齢者											
	女性											
	障害のある人											
green design	地球環境デザイン											
culture design	博物											
	芸術											
	集会											
	スポーツ											
	展示											
safty design	健康											
	安全・安心											

環境デザインの領域は空間の領域を串刺しにする

ティーデザイン、ヘルシーデザインという項目を付け加えることができると考えている。

ユニバーサルデザインはノースカロライナ州立大学のロナルド・メイス（建築家・プロダクトデザイナー・教育家）が一九八五年に提唱した概念、「できるだけ多くの人が利用可能であるようデザインすること」が基本概念であり、バリアフリーデザインが障害のある人を主に対象としているのとは異なり、それより上位の包括的デザインとして世界に広がった。

グリーンデザインは、自然共生をテーマとしたデザインということができ、エコデザインやサスティナビリティデザインにつながる。カルチャーデザインは文化を軸にしようとしたものであると考えられる。セーフティーデザイン、ヘルシーデザインとは防災、防犯、案全、健康等のキーワードにより空間デザイン領域を横断的に結ぶ軸である。近年、インクルーシブデザインという領域が提案されているが、それも包括的で、あらゆる多様な人々をデザインに参加させるデザイン領域である。

ロナルド・メイス（1941-98）

6. 環境デザインの性格

関係性、統合性、参加性、調和性、持続可能性

学術領域としての環境デザイン学の成立は、アメリカでEDRAが発足した一九六八年のことといえる。[14]この学会は心理学、建築、都市計画の分野の研究者が中心となってつくられたといわれる。日本においても環境をテーマとした多くの学会が生まれ、既存の学術分野も環境という人間と自然、地球、地域、生活、技術との「関係性」をキーワードとした新しい学術領域を生み出してきた。今日の環境デザインのテーマは、大きく五つの性格をもつものとしてとらえられる。「関係性」「統合性」「参加性」「調和性」「持続可能性」である。

環境という領域をキーワードに、それぞれの環境学術領域は境界融合型（インターディスプリナリー）の相互関係を大いにもっている。そこではさまざまな学術領域を環境というキーワードで統合的な視点のなかで再構成し、再構築していかねばならない。評価においても統合的視点は重要である。しかしながら一方、環境デザイン学は横断的であることに加え、計画・設計の過程

[14] 一九六八年に設立されたアメリカの組織。人間、人工環境、自然環境システム相互の関係を理解し、向上させるための研究、教育、実践を推進および普及させることを目的として掲げている。また、多様な人間のニーズに対応する環境を解明、創造するために、理論、研究、教育、実践をつなぎ、共同研究、総合的な議論の場を提供することがミッションとして掲げられている。

のなかで、かつての建築家のように独断的に計画・デザインするのでなく、それを活用・運用する人びとも参加してもらい、コラボレーションしていくなかでデザインするという民主主義的方法をとらなければならない。そのように環境デザインでは参加、参画は重要なテーマである。

さらに地球環境という側面がある。一九七二年に国連でローマクラブが、成長の限界を指摘した。そしてもう一つ、「持続可能性」(sustainability)も無視のできない要素である。サスティナビリティは一九八〇年頃からアメリカのワールドウォッチ研究所のレスター・ブラウンが「持続可能な社会の構築[15]」という二一世紀の目標を示して、一九八〇年代後半にノルウェー首相ブルントラントによって国連でも取り上げられ、一九九二年の地球サミットにより認知された概念である。それは環境学術領域――環境学といってもよいのだが――をさらに前進、展開させている。加えて一九八五年以降、公害問題という科学技術と人間生活の相互の問題が認知された。レイチェル・カーソンの『沈黙の春』が一九六二年に出版され、技術と人間との関係

環境デザインの五つの性格

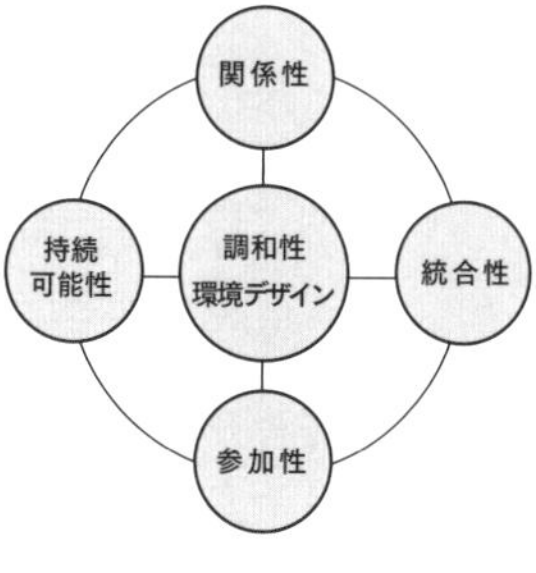

[15] レスター・R・ブラウン(本田幸雄監訳)『地球白書　持続可能な社会をめざして』福武書店、一九八六年

性が環境問題として問われた。このように現在、環境デザイン学の方向も地球環境に対する方向に多くが向いている。二〇一五年九月の国連総会において採択されたSDGs「我々の世界を変革する　持続可能な開発のための2030アジェンダ」[16]では、十七の目標を掲げているがこのすべてが環境デザインのテーマに合致している。

以上、環境デザイン学は関係性、統合性、参加性、調和性、持続可能性という五つのテーマのなかに位置しているといえるだろう。これから詳しく述べる遊環構造は環境デザインの空間形式の方法として、環境デザインの関係性、統合性、参加性、調和性、持続可能性を引き出す有効な方法仮説である、と私は考えている。

7. 環境デザインの方法

人々が幸せな生活をおくる空間をつくるための環境デザイン学は、五つの性格をもつものである。それを実現するための方

レイチェル・カーソン（1907-64）

[16] 二〇〇一年に策定されたミレニアム開発目標（MDGs）の後継として、二〇一五年九月の国連サミットで採択された「持続可能な開発のための2030アジェンダ」にて記載された二〇三〇年までに持続可能でよりよい世界を目指す国際目標。一七のゴール、一六九のターゲットから構成される。

法として、次章で述べる〈かた〉を長く探していた。

そこに共通する方法があるのではないかと考えてきた。私がこどもの国を設計したことから、こどものあそび場やこどものための空間——保育園、児童館等の建築や園庭の設計を依頼されながら、こどもがあそびやすく、楽しさを感じる空間はどのようなものなのかという問いがきっかけで、第四章に述べるようなこどもの遊具をつくり、その反応を調べ、あそび空間の構造という仮説をたてた。さらにこども時代のあそび環境のヒアリング調査を通じて遊環構造という〈かた〉を見つけ出した。

その〈かた〉を設計という作業のなかに適応することによって、遊環構造の条件を検討し、その〈かた〉を展開させ、発展させようとした。それは一九八二年に始まった。それ以前につくった作品も遊環構造に合致したものが多い。遊環構造という方法により設計した四〇年間の作品はすべて遊環構造の原則にのっとっているといえる。その四〇年の実践、試行の過程から第十二章で述べるように遊環構造のモデル図も変化している。私自身としてはかなり有効性が高まっていると認識している。

宮城中央児童館モデル児童遊園[道の巨大遊具](1969)

道の巨大遊具と名付けられた遊具で、全体に大きなこどもの冒険のストーリーを楽しむように、探検・挑戦をテーマとしている。4つのパターンをもつコイル状のユニットを連続させた道の遊具の全長は180mほどで、分岐型の遊具が挿入されていることによって選択性のある展開が可能となっている。それにより遊環構造が成立している。

三角ピラミッドのスタートから、長いコイル状の遊具の道を通り、直角三角形のジャングルジム、長い滑り台に到着。そこから砂場、トンネルを抜け、円形広場、そして再び三角ピラミッドという回遊性が形成されている。遊環構造理論がつくられる以前に設計・建設されたものであるが、循環する物語をテーマとした点でも、遊環構造の巨大遊具といえる。

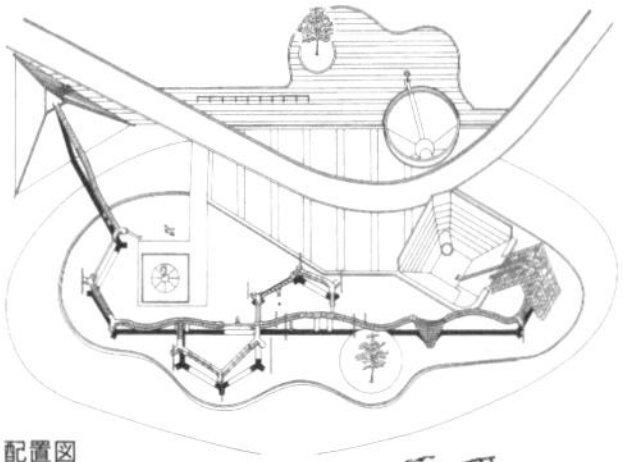

配置図

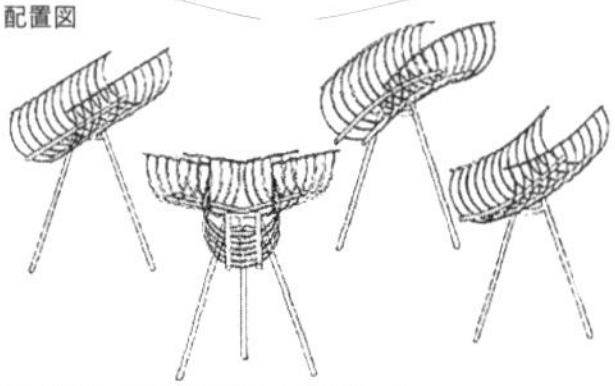

道の遊具　コイル状ユニットのパターン

[左上]ロープわたりをする[右上]長い滑り台を見る
[左下]コイル状の道とブランコ[右下]道の巨大遊具外観

野中保育園［野中ザウルス］（1972）［野中丸］（1981）

遊環構造理論が生み出される10年以上前につくられた。ここにおける遊環動線は各保育室を通貫する中2階によって形成されている。野中ザウルスの北側に設けられたプロムナードと呼ぶ変化に富んだ廊下、そしてその中心部に劇場的な空間が埋め込まれている。各保育室は片勾配の天井をもち、低い方は小さな隅っこがつくられ、高い方は2層となっている。中2階は小さなブリッジでつながり、こどもはブリッジを渡ってどんどん他の年齢の保育室に侵入し、異年齢交流を促している。空間的な分節化とプロムナードと中2階による回遊性によって、遊環構造がある意味でパーフェクトに実現されている。

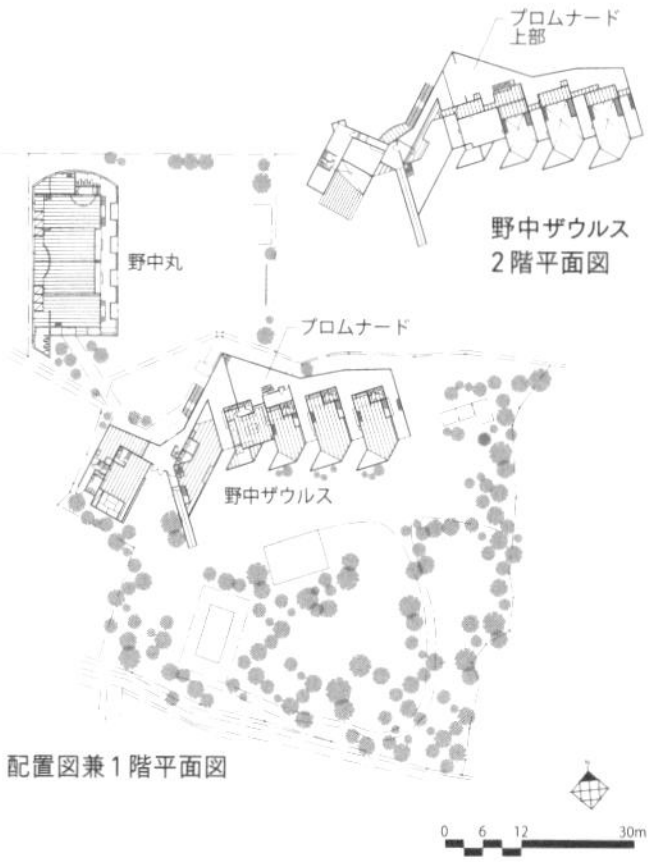

野中ザウルス
2階平面図

配置図兼1階平面図

［左上］野中ザウルス外観［右上］1981年に増築された野中丸外観
［左下］ザウルスの外で昼食をとる［右下］ザウルスのプロムナードを見る

◉第二章

遊環構造という考え方

環境を設計する、デザインするということは、どういう段階を踏むのか。またそれは環境を認識することとどう異なるのかを考える。その過程で遊環構造という考え方がどのように生まれてきたかを示したい。

三段階論

環境デザインにおける重要な型である遊環構造を設計の三段階のうち〈かた〉の段階と私は考えている。設計の三段階論をまず紹介したい。

『か・かた・かたち』

菊竹清則（1928-2011）

メタボリストとして世界的にも有名な建築家・菊竹清訓は一九六九年に『代謝建築論　か・かた・かたち』[1]を上梓している。菊竹は物理学者・武谷三男の三段階論や建築評論家・川添登に影響されつつ、一九六〇年日本で開催された国際デザイン会議を通じて、独自の設計方法論を確立した。菊竹は武谷の三段階論から引用して、認識のプロセスは〈かたち〉→〈かた〉→〈か〉の三段階で進み、実践のプロセスは逆に〈か〉→〈かた〉→〈かたち〉の構造に従い、三段階で進むという仮説を立てた。

すなわち、武谷三男の「人間の認識はまず即自的な現象論的段階、次に向自的なものの概念による認識をなす実体論的段階、最後にこれが即自かつ向自的に止揚され、本質論的段階に達する」という概念発展の三段階の理論[2]を菊竹は〈かたち〉に対しても同様に成り立つと考えたのである。認識のプロセスは〈かたち〉→〈かた〉→〈か〉と進んだ末に、それは再び〈かたち〉のより深い認識に立ち帰る環となり、同じように、実践のプロセスにおいて、〈か〉→〈かた〉→〈かたち〉から〈か〉に立ち戻って、より高次の実践となっているという。三段階は直線的では

菊竹清訓の〈か・かた・かたち〉

[1] 菊竹清訓『代謝建築論　か・かた・かたち』彰国社、一九六九年

[2] 武谷三男『弁証法の諸問題　武谷三男著作集1』勁草書房、一九六八年

なしに循環する環、そしてすなわち三角構造であるとしている。
菊竹は〈か〉〈かた〉〈かたち〉を次のように説明している。

〈か〉　構想的段階（Imaginative Approach）

〈か〉とはあるべきものであり、かくあるものである。これは言い換えれば実践論的には構想（Image）として、かくあるべきものだとする意欲を意味し、認識論的には秩序（Order）を見出し、そのものをそのものたらしめようとする段階であり、最も本質論的段階であることはいうまでもない。構想の段階での一つの問題は新しい普遍的機能の発見である。

〈かた〉　技術的段階（Technical Approach）

空間的認識論的には典型であり、機能的実践論的には体系である。〈か〉を〈かた〉の段階に進めるということは、構想を実体概念で把握し直すということであって、〈か〉のままでは概念論に終わってしまう。もう一歩実践に近づけるためには、実体つまり技術的な媒介が必要になってくる。第二段階の〈かた〉

をテクニカル・アプローチというのはこの意味においてである。

〈かたち〉　形態的段階（Functional Approach）

物質の世界は自然ということができるから、自然と人間との間には、まず〈かたち〉を媒介とする環境がある。さらに社会と人間の間にも同じく〈かたち〉を媒介とする環境があり、そして社会と自然との間にも〈かたち〉を媒介とする環境がある。人間環境にはこのような三つの環境があって、それぞれ空間、建築、都市と呼ばれている。これらの環境は決して自然そのものではない。人工の〈かたち〉の上に成り立っている。〈かたち〉によって自然を認識し、また〈かたち〉によって自然をつくりかえようとしてきたのであり、自然に適応してきたのも〈かたち〉である。

〈か〉〈かた〉〈かたち〉の展開

菊竹の設計三段階論仮説は、用語の使い方が難解であり、それを具体的にイメージしていくのはなかなか難しい。ここでこの三段階論を物のコンセプトやデザインにおいて応用、説明してみよう。

英語でいうと〈か〉はconcept、〈かた〉はform、〈かたち〉はshapeであるといえる。スプーンという道具で考えてみよう。

「水を飲む道具がほしい」という欲求がまず〈か〉の段階に当たる。「水を飲む道具」をつくるという命題が与えられるとき、小さな水量を何回かに分けて味わいながら飲む道具として、古代人は貝殻とそれを支持する小枝によってスプーンの原型をつくった。

「水を飲む道具」はスプーンだけではない。コップやストローもある。これらは「水を飲む道具」というものに対する〈かた〉である。ストローは直接口にあて液体を吸い込む形式をもつ。コップは液体を入れた器であり、それを口にあて液体を飲む。スプーンは前者二つに比べ、連続的に飲む方法ではなく、間欠的に飲む方法である。もちろんそうしてもストローやコップでも間欠的に飲むことはできる。一方、スプーンは間欠的にしか飲めない。これらは三つの水を飲む形式――〈かた〉というこ

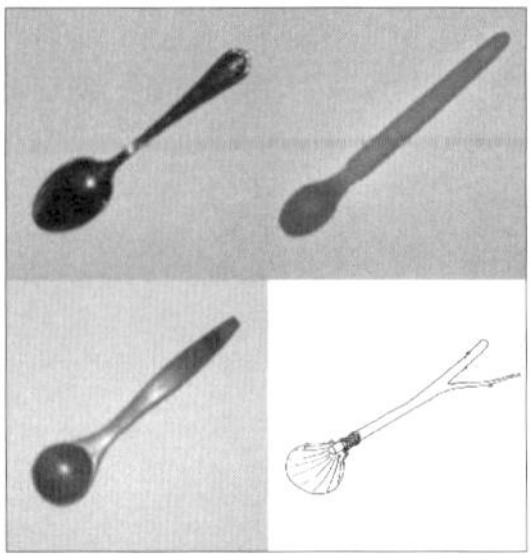
いろいろなスプーン

とができるだろう。

この〈かた〉が生まれたとき、発明があった。ストローの〈かたち〉は水を飲むのにちょうどよいチューブの直径で、それは五〜六ミリメートル、長さは二〇センチメートル程度のものであろう。材料や色はさまざまに展開することができる。それが〈かたち〉のデザインである。スプーンの場合には、玉の部分と枝の部分を一体成型にするならば、ステンレス、あるいは漆、あるいは焼き物というように、素材も重さも変えられる。〈かたち〉のデザインも多様に展開される。

ここで重要なのは、デザインとは〈かたち〉の段階だが、優れたデザインは、優れた〈かた〉をということである。また、今日の多様で変化の激しい生活環境では、欲求の段階である〈か〉は極めて重要である。〈かた〉の段階は発明の段階であるが、その発明を生み出す気づきが決定的である。「水を飲む道具」という生活のための欲求を正しくとらえる段階がデザインの最も大切な段階といえる。

〈かた〉の変化

建築にあてはめて、学校の〈かた〉を考えてみよう。クラスルーム、すなわち教師と生徒が勉強する学年ごとの教室が廊下でつながって、加えてさまざまな特別教室があるというのが、一つの〈かた〉だといえる。もともと「学校とは何か」「よい学校とは何か」という問いが〈か〉の段階といえる。

先生が多くのこどもたちを教育する場が一般的に学校の定義といえる。「よい学校とは何か」、それを徹底的に議論することによって、新しい学校の〈かた〉を生み出すことができる。極端にいえば〈かた〉の発明により新たな〈か〉がつくられ、新しい定義が生み出される場合もある。年齢制ではなく、多年齢が一緒に学ぶ教育もあるかもしれない。普通の教室よりも教科を重視した特別教室を中心としたプロジェクト型教育もあるかもしれない。それによって空間も配置も異なるだろう。

そもそも学校には教室という空間が不可欠のようにみえるが、学校の最初の段階はそうではなかったかもしれない。木の下で教える人がいて、こどもたちが一緒に勉強した、これが学校の

学校の始まり

寺子屋

発生であったろうと思われる。それは壁に囲われているのではなく、一つの大きなシェルターの下、すなわち木の下であったり、屋根の下であったりしたかもしれない。東南アジアや太平洋の島々では、そういう素朴な学校がある。

原型は大きな木の下というようなものだったとしても、多くの生徒と何人かの先生が教えるというように、システム化してくると、学校の〈かた〉も変わってくる。日本の寺子屋もかなりそういう部分をもっていたと思われる。近年ではオープンプランスクール型の学校が注目されている。教室に並行してオープンスペースという空間を備え、学習の多様化が図られている学校である。空間の進化は新しい〈かた〉の発見、提案によって行われる。新しい学校として注目されている軽井沢風越学園はホームベースを基本とした多年齢学習型の新しい教育を目指しており、図書館のなかに教室がある形式で従来の学校建築とは全く異なる室内構成が採用されている。新しい〈か〉に基づく新たな〈かた〉の空間構成がつくられる好例といえる。

また現代のホテルという建築には宿泊室とパブリックのロ

風越学園の教育空間（平面図と外観）。ホームベース、特別室と図書室が一階で教室は二階という空間構成となっている。

ビーがあり、それにさまざまなショッピングエリアがある構成になっている。しかし基本的には大きく二つのブロック、すなわち宿泊室と、ロビーやレストランという共有の部分から成り立っている。宿泊室がなければホテルとはいえない。さらにこれらを支えるサービスの部分がある。宿泊のブロック、共用のブロック、サービスのブロックが合わさり、一つのホテルの〈かた〉を形成する。

　これをもう少し空間的に考えると、ホテルの場合、共有部分と個別な室との連携によって類型化される。例えば共有部分に結婚式等の宴会機能をもったり、あるいは会議機能をもったり、このようなことによってそのホテルがリゾートホテルだとか、アーバンリゾートホテルだとか、あるいはシティホテルだとかさまざまなホテルの特色が出てくることになる。このときにアーバンリゾートだとかシティという〈かた〉になるのである。

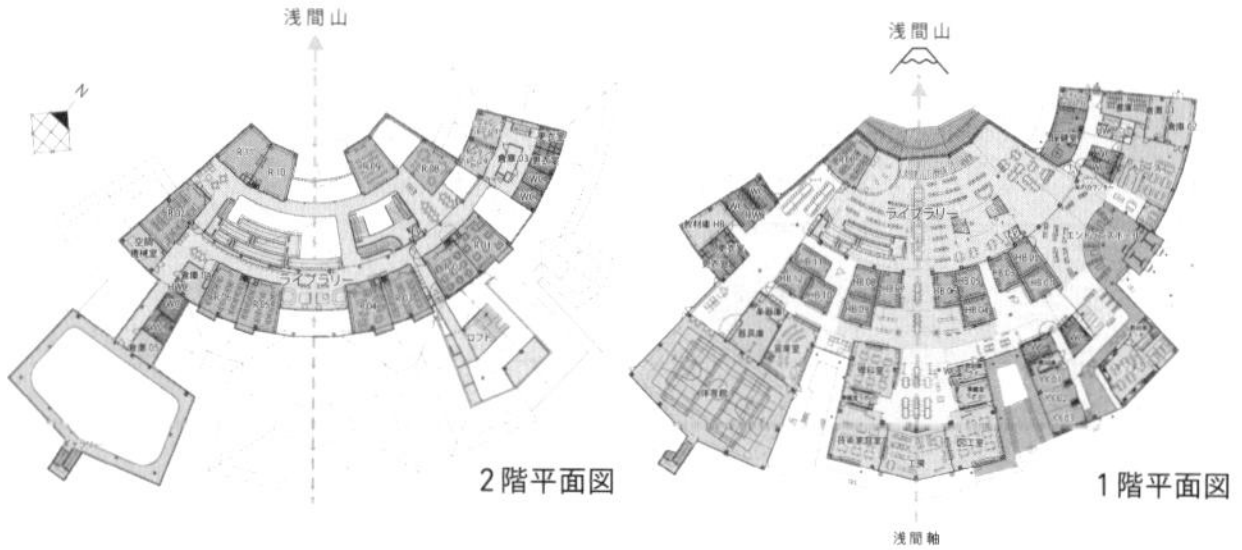

風越学園の本城慎之介理事長はこう述べている。「幸せなこども時代を送るには学校はどのような場だとよいだろう。幸せはひとりひとりで異なり、自分なりに見つけるものです。そのために学校はこどもの過ごし方を多様にする事、「学び」と「あそび」の経験がたくさんできる事でした。この学校は幼稚園と義務教育学校の「混在校」です」。新たな教育のコンセプト〈か〉がユニークな図書館を中心とした多様な居場所を見つけられるという新たな学校の〈かた〉をつくり出している。

かつてアメリカの建築家ジョン・ポートマンがサンフランシスコのハイアット・リージェンシー・ホテルで巨大な空間にすべての客室が面するというアトリウムタイプのホテルをつくり、大人気を呼んだ。これも新しいホテルの〈かた〉の発明である。このホテルの〈かた〉は多くの建築家によって模倣された。

このような〈か〉と〈かた〉と〈かたち〉の関係があるので、ホテルを設計する場合には「よいホテルとは何か」という命題が重要である。それが〈か〉の段階である。そのホテルの〈かた〉は自ら生まれる場合もあるが、ジョン・ポートマンのような新しい〈かた〉の発見のされ方、あるいは発明により進化する場合もある。創造的な仕事には創造的な構想〈か〉と創造的な形式〈かた〉をつくることが不可欠である。

また〈か〉→〈かた〉→〈かたち〉という思考、創造性は〈かたち〉→〈か〉→〈かた〉と循環すると菊竹は指摘した。〈かた〉の認識過程の三角形である。一方、武谷三男は認識の過程を菊竹流にいえば〈かたち〉→〈かた〉→〈か〉、すなわち現象論的段階→実体論的段階→本質論的段階だと示している。私は創造

ハイアット・リージェンシー・ホテル・サンフランシスコ（ジョン・ポートマン設計）

プロセスでは〈か〉→〈かた〉→〈かたち〉であることでは菊竹に賛成するが、認識プロセスは〈かたち〉→〈かた〉→〈か〉ではないかと考えている。すなわち武谷に共感する。理念である〈か〉を現象的な分析からもう一度再生させる過程は武谷のようなプロセスを踏むだろう。

しかし菊竹が主張するように、〈か〉→〈かたち〉→〈かた〉というプロセスは、設計というプロセスではあり得る。具体的なたくさんの形のデザインを類型化していき、また新たな〈かた〉の発明のために、たくさんのアイディアによる〈かたち〉を数多く考えることも必要である。どちらにしろ〈かた〉はその中核的な存在として極めて重要である。

私は「遊環構造」を意欲を喚起する空間の〈かた〉として考えている。そのときの〈か〉、コンセプトは何かといえば、意欲が喚起される状況、困難を乗り越える意欲をもった状態を指している。そのような状況をつくり出すために建築、遊具、空間、都市という命題に対する〈かた〉が「遊環構造」といえる。この〈かた〉により楽しさと幸せを生む空間が形成されるのではないかと考えている。

認識プロセスから生まれた〈かた〉としての遊環構造

あそびとはどういうものか。もちろん私がその課題に取り組んだときには、すでに多くの研究者や学者がこどものあそびやあそびについての研究や論文や、調査記録、本を発表していた。それらに多く学び、影響された。そのなかでも昭和初期の造園学者・大屋霊域の我が国で初めて行った放課後のあそび調査[3]、戦前のプレイリーダーだった末田ますの児童公園の研究[4]、千葉大学の造園学者・福富久夫や、日本女子大学の小川信子、公園やあそび場のこどもの利用実態の研究[5]、公園でのこどものあそび行動調査に基づく報告[6]、京都大学教育学の藤本浩之輔の『子どもの遊び空間』[7]等はすぐれた論考であった。

私はまず生まれ故郷の保土ヶ谷で、こどものあそび空間の調査を行った。そのときはこどものあそび空間には四つの原空間があるのではないかという仮説に基づいていたが、初期の調査によって、次章でくわしく述べるように六つの原空間にすぐに

[3] 大屋霊城「「都市の兒童遊場」の研究」園芸學會雑誌4(1), 1-81、園芸学会、一九三三年

[4] 末田ます「児童遊園」公園緑地11(3), 7-11、日本公園緑地協会、一九四九年

[5] 例えば、福富久夫・高橋雅雄「児童公園の研究　東京都内に於ける小公園の利用実態調査について」造園雑誌17(3), 14-24、日本造園学会、一九五三年

[6] 例えば、小川信子・湯本貞子・阿部祥子「都市における子どもの遊び場　その1-東京都八地区の現状・都市計画」大会学術講演梗概集、計画系(43), 649-650、日本建築学会、一九六八年

[7] 藤本浩之輔『子どもの遊び空間』NHKブックス204、日本放送出版協会、一九七四年

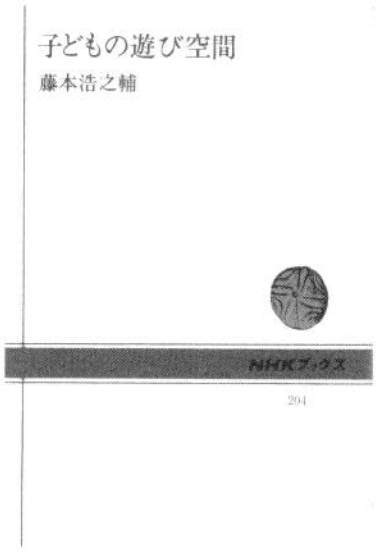

修正した。その後、調査の対象を全国に広げ、原風景調査や公園でのあそび行動調査、日本大学芸術学部での遊具の制作とその後のこどものあそび行動の調査等、多様な調査からあそび環境、あそび空間、あそび行動に関する要素の抽出と類型化等を行い、あそび環境の〈かた〉を導いた。

なかでもあそびの原空間の調査と、日本大学の遊具の制作調査の研究から、あそびやすい空間の構造の条件を七つ導き、それを遊環構造という構成原理でまとめた。こどもが楽しく、あそぶためには、七つの条件をもつ空間の〈かた〉（遊環構造）があるのではないかという仮説である。すなわち「こどもたちが楽しくあそぶ」という〈か〉に対して、それを実現している空間の構成の現状へのさまざまな調査――原風景や遊具行動調査――が現象としての〈かたち〉であり、それを分析し、共通する要素を抽出して、遊環構造という〈かた〉を見出したといえるのではないだろうか。

[8]遊環構造という〈かた〉は一九八四年に論文を本としてまとめ、発表したが、それからその原則を設計において応用展開し

[8] 仙田満『こどものあそび環境の構造に関する研究』東京工業大学、博士論文、一九八二年

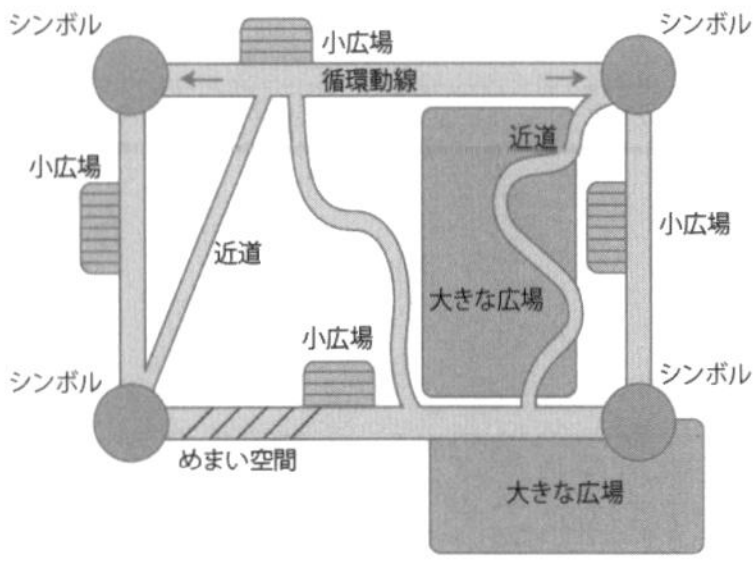

一九八四年の遊環構造モデル。博士論文に基づいた『こどものあそび環境』（筑摩書房）に掲載した図。

てきた。建築的な場合もあれば、造園的な場合、都市的な場合、道具的な場合等、多様な空間的対象に応用した。そのなかで、それぞれの要素の重みや広がりは〈かたち〉の段階として展開していったといえるだろう。その応用実践展開のなかで、〈かた〉としての遊環構造のあり方も検証され、一九八二年初頭に作成された遊環構造のモデル図も二〇一三年頃よりめまいの要素が中央に位置づけられる構成に変化していった。また実践を通して、「こどもが楽しくあそぶ」という〈か〉の段階が、「意欲を喚起する」「困難を乗り越え、生活を楽しむ」というより包括的な形になっていったと思われる。

　このように〈かた〉としての遊環構造は、調査、認識の段階〈かたち〉の段階を得て生まれたが、創造、実践に応用されることによって〈か〉〈かたち〉という領域もより進化した形となっていると思われる。すなわち認識の段階において遊環構造という〈かた〉が創られ、それを応用実現していくことによって、〈か〉〈かた〉〈かたち〉も新たな展開を見せるという循環が形成されているといえる。

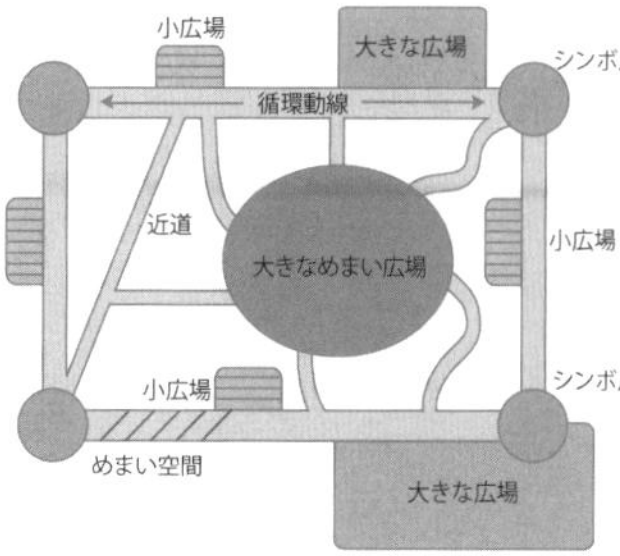

二〇一三年の遊環構造モデル

〈か〉〈かた〉〈かたち〉の新たな段階

最近のＩＴメディアの進化やシステムの開発についても〈か〉〈かた〉〈かたち〉の三段階論に考えるとおもしろい視点を与えてくれる。

スティーブ・ジョブズは二〇〇七年、iPhoneを発売した。iPhoneは電話＋iPod＋インターネット接続、マルチタッチスクリーン等を搭載している。その要素技術は日本のメーカーも持っていたが、それらの要素を組み合わせスマートフォンというシステムを構築したのは、新しい生活の〈かた〉の発見といえよう。ジョブズの革新的判断力というよりも、彼の発明力によって「一つのモバイルのなかにあらゆる情報装置を入れたい」という欲求〈か〉がスマホという〈かた〉を生んだといえる。

画期的な製品は需要によって生み出されるのではなく、新たな需要を生むとよくいわれるが新たなニーズ〈か〉をつくり出すのがイノベーションである。顧客のニーズ調査からは新たな革新的な製品は生まれないといわる。改良改善いわゆる「カイ

スティーブ・ジョブズ（1955-2011）

ゼン」を我が国は得意としている。「カイゼン」がトヨタを世界企業としたのは確かだ。しかし日本はイノベーションは不得手なのだろうか。かつてソニーがウォークマンをつくったのもイノベーションでなかっただろうか。ソニーはかつて革新的な企業だった。ジョブズはソニーの革新性に敬意をもっていたといわれる。新たな〈かた〉の発見に私たちの国も産業も取り組まなければ未来はない。新たな〈かた〉を生みだす教育とチャレンジ精神の開拓が行われる必要がある。

建築という分野においても革新的な建築を目指したい。そのためには、新たな建築の〈かた〉を発見、創造しなければならない。空間の仮説である「遊環構造」等の有効性を実証するためには時間がかかる、しかもそこで多くのまた新たな発見があってニーズも形態も、そして〈かた〉である遊環構造の要素も変化し進化しうると考えている。

参考文献

▼1 仙田満『環境デザインの展開』鹿島出版会、二〇〇二年

上海旗忠森林体育城テニスセンター（2005）

上海テニスセンターは毎年秋に行われる上海カップ・マスターズ1000の会場である。15,000人収容のアジア最大のテニス会場で、世界初のシャッター型開閉機構をもっている。座席は逆円錐形で、周囲に円環状にロビーが取り巻いている。断面的に1階部分はコートを取り巻く形で、選手、大会関係者、運営者の諸室が配置されている。それらは円環状の2本の動線により機能的に構成されている。観客ブロックはレベル的に2層目、基壇上に設けられ、観客が集まる基壇部分からは、周辺にあるコート群が展望できる。

コート配置も全体に中央軸を持ちながら、回遊性が意図され、テニスパーク全体に遊環構造が形成されている。

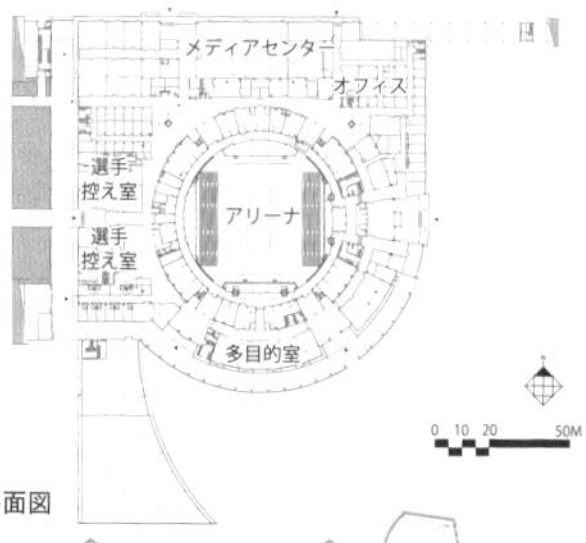

1階平面図

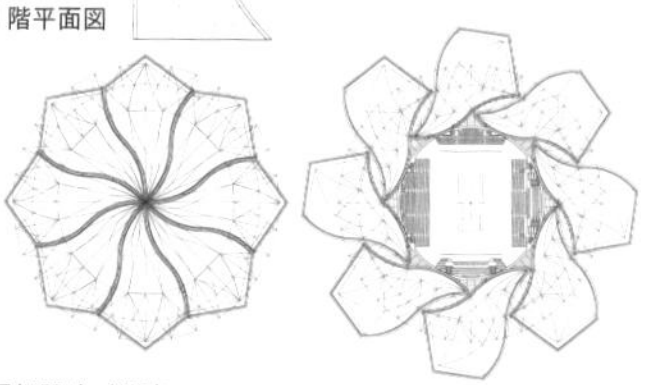

屋根閉時／開時

［左上］南側上空から見る［右上］スタジアム外観
［左下］アリーナ屋根閉時内観［右下］アリーナ屋根開時内観

広島市民球場（2009）

延600mの円環状のメインコンコースを遊環構造の中心的な循環動線としている。そのメインコンコースの幅は8〜12mほどあり、多様なショップ、多様な座席が取り付いている。VIP席や報道席を抱えるメインスタンド席も立体的な遊環構造である。パフォーマンスシートが2か所独立しており、メインスタンドをつなぐゲートブリッジと呼ぶ構成も循環性を促進している。また新幹線からも11秒間見える。ただ見エリア等、従来の閉鎖的な球場でなく、遊環構造の要素の一つポーラス（穴が多く空いている状態）な球場が実現され、カープ女子などの女性ファンをはじめ、ファン層の増加、地域社会への還元等、町に開かれた球場となっている。

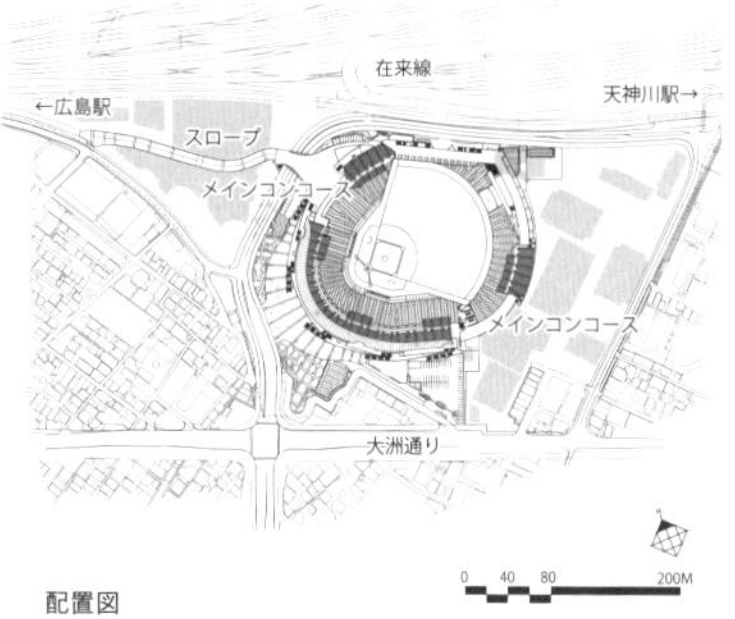

配置図

［左上］観客を重視した観戦しやすい球場［右上］一周600mのコンコース
［左下］球場を上空より見る［右下］メインコンコース入口

◉第三章　こどものあそび環境

環境デザインという領域を、こどもという主体を通して考えてみると、小さなこどもたちにとって、生活はあそびそのものであるから、あそび環境という領域からこどもの環境全体、こどもの成育環境を考えてみることができる。

類型化することによって、その本質に迫ることができる。あそびやあそび環境、あそび空間を認識するとき、その〈かた〉を考えてみよう。

1. こどものあそび環境

こどもにとってあそびとは何か

こどもにとってあそびは生活といえる。小さなこどもが夢中であそぶ姿は、見る人も楽しく、うれしくなる。こどもは砂に穴を掘り、水を入れる。そのこと自体が楽しい。何回も水を入れながら、その砂の穴が変化していくことが驚きである。そこに感動があり、発見がある。

小さなこどものあそびから、少し大きなこどものあそびまで、こどものあそびには共通しているものがある。**あそびの基本条件**として大きく四つ挙げることができる。

第一にあそびは**自由である**。あそびは自由であり、強制されるものではない。こどもは自由にものをつくり、自由に動き、自由に興味をもち、発見する。この自由さ、強制されないところがあそびの本質である。強制されることなく、自発的であることは、あらゆる年齢層のこどもに共通している。

第二にあそびは**楽しい**。こどもにとってあそびは夢中になるもの、楽しく喜びを感じるものである。苦しいものでも、我慢するものでもない。もし我慢するものがあっても、それを乗り越えたときの喜びがあることを知る。楽しく、心がうきうきするものである。

あそびの基本条件

① 自由であること

② 楽しいこと

③ 無償であること

④ 繰り返されること

第三にあそびは**無償である**。あそびはそれをすることによって何か役立つものではない。少なくとも何か役立てようとするものでなく、無償の行為であり、有用なことを予想するものではない。

第四にあそびは**繰り返される**。あそびは繰り返され、時間が消費される。おもしろければおもしろいほど、こどもは繰り返す。何回も繰り返すことによって、その変化も楽しむ。その結果、楽しい時間が消費される。

この四つの特徴は、小さなこどもから大きなこども、さらには大人のあそびにおいても当てはまると考えられる。

あそびによってもたらされる能力

あそびはもちろん、有目的な行為ではない。それによって何かを獲得しようとして行動するわけではない。こどものあそびは無目的、無償な行為・行動といっても良いであろう。しかし、そのあそびを通してこどもが獲得する能力があると考える。

一つ目に**身体性の開発**である。すなわち運動能力、体力をこどもはあそびを通して獲得していく。こどもにとってあそびは、多く運動でもある。こどもは一日一万七千歩ぐらい歩く。[1] そして走る。ぶら下がる、もぐる、とぶ、登る等、さまざまな身体的活動をすることによって、こどもは走力、跳躍力、敏捷性、瞬発力、回転力、登坂力等を身につけていく。

二つ目に**社会性の開発**である。あそびを通して友だちをつくる、仲間をつくる方法を学ぶ。アメリカの作家ロバート・フルガムは一九六八年に『人生に必要な知恵はすべて幼稚園の砂場で学んだ』[2]を出版し、アメリカだけで四〇〇万部の大ベストセラーになった。そのなかで「仲よくあそぶこと、けんかをしたら仲直りすることは、大学や大学院で学ぶことでなく、幼稚園時代にあそびを通して学ぶことだ」と述べている。これはあそびにおける社会性の開発を一言で述べたものと評価できる。

三つ目に**感性の開発**である。こどもは特に自然あそびを通して、自然と触れ合い、自然の変化、自然の美しさを発見する。動物をかわいがり、動物の生や死に直面する。喜び、悲しむ。どんぐりを集める、花を摘むという採集行為のなかに、喜び、

[1]「東京都児童・生徒体力・運動能力、生活・運動習慣等調査」（二〇一二）によると、小学生の一日の歩数は、男子一万三千歩程度、女子一万歩程度であった。過去の調査結果をみると、東京都教育委員会発行の「総合的な子供の基礎体力向上方策　第一次推進計画」（二〇一〇）で、波多野義郎の小学生を対象とした歩行調査結果（一九七九）では、一日平均約二万七千歩、中村和彦の小学生を対象とした歩行調査結果（二〇〇七）では、一万三千歩であったと述べられており、減少傾向が確認できる。

[2] ロバート・フルガム（池央耿訳）『人生に必要な知恵はすべて幼稚園の砂場で学んだ』河出書房新社、一九九〇年

満足し、感性を大きく育てる。このようにあそびを通してこどもは感受性と情緒性を開発していく。

四つ目に**創造性の開発**である。こどもは何かを作り上げることが好きだ。積木あそび、砂あそび、彼ら自身のための小さな小屋づくりというようなあそびもまた創造的な行為である。イギリスの動物学者デズモンド・モリスは著書『人間動物園』[3]のなかで、若いチンパンジーの実験を通して、「あそびは創造性の開発をボーナスとしてもたらす」と言っている。

これら四つの能力はあそびの有用性を示すものではないが、こどもにとってあそびを通して獲得する能力だということができる。この四つの能力の開発を通して、こどもたちは意欲を喚起し、挑戦性を獲得して行く。また逆にいえばあそべないこども、あそばないこどもは、これらの能力を開発する機会を奪われている、失っているといえる。

あそび環境

小さなこどもは生活のほとんどの時間をあそびに使う。従っ

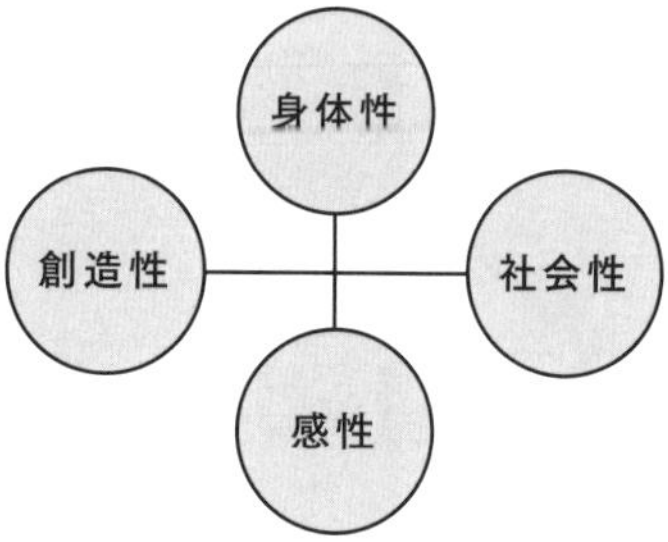

あそびによってもたらされる能力

[3] デズモンド・モリス（矢島剛一訳）『人間動物園』新潮選書、一九七〇年

てあそび環境とは、ほとんど成育環境ということができ、それは次の四つの要素によって構成される。

第一に**あそび空間**。あそび場という言葉に言い換えてもよい。あそびの物理的なフィールドをあそび空間、あるいはあそび場と呼ぶことにしたい。現代のこどもの生活の身近なところに豊かなあそび空間が減少している問題がある。従来、あそび場は公園、原っぱ、神社の境内というような具体的な分類によって規定されてきた。あそび空間の多様性がなくなり、ほとんど校庭・園庭と公園しかなくなってしまっている。

第二に**あそび時間**。あそび場があっても時間がなければあそぶことはできない。自由にあそぶことができる時間があることが重要である。友だちが同じ時間をあそび時間としていなければ友だちとあそべない。今のこどものあそび時間は分断傾向にある。生活のすべてをあそびに使えない。学童期のこどもも学校だけでなく、塾やおけいこごとで忙しい。友だちと一緒にあそぶ時間がなくなっていることも大きな問題である。あそぶことも予約しなければならなくなったのは、一九八〇年代からだ

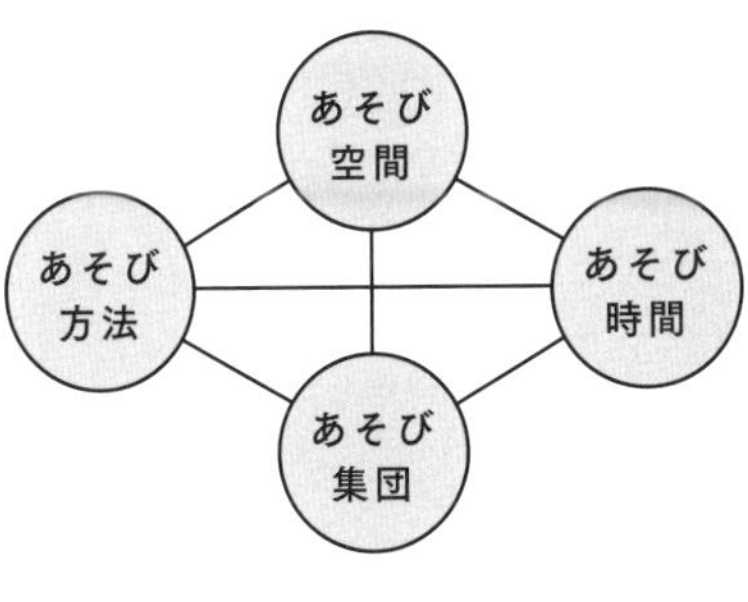

あそび環境の四要素

ろうか。さらに分断化された時間のなかで、テレビゲーム等に時間を費やして、外で群れてあそぶ時間を失っている。

第三に**あそび仲間**。あそびの集団あるいはコミュニティといっても良い。あそびには仲間が必要である。仲間からあそび方法を教えてもらう。兄弟が少なく、地域のこどもの数も少なくなっている。少子化傾向はこどもの仲間を減少させている。

第四に**あそび方法**。従来、こどものあそびには「三間」が必要だといわれた。あそび空間、あそび時間、あそび仲間である。しかしこれだけでは不十分であって、方法も大きな影響を与える。あそび方、あそび方法を知らなければ、あそびは発展していかない。例えば鬼ごっこというあそび方法は歴史的にも極めて古い。一人のこどもが鬼となって、他のこどもたちを追いかける。これは平安時代「鬼ごと」と呼ばれたが、現代では警官と泥棒という意味の「けいどろ」というあそびが世界中であそばれている。これらのあそび方法を学び、こどもはあそびをさらに発展させることができる。特に集団あそびゲームではその方法が重要である。このあそび方法はあそびのコミュニティに

自然あそび

よって多く伝承されてきた。

しかし、一九六〇年代に普及したテレビと、一九八〇年代に出現したテレビゲームという道具は、大きくあそび環境を変えてしまった。二〇〇〇年代に入ると携帯電話・スマートフォンが大きな影響を与えている。そしてこれはテレビゲーム的な機能を内包することによって、さらにあそびの形式に大きな影響を与えている。二〇二〇年代はVRの普及がこどものあそび環境まで展開されるのではないかと思われる。すでにいくつかの商業施設においてVRのあそび道具がつくられ、多くのこども連れのファミリーを集めている。

また、方法という領域では、規則や規範という生活のルールも含まれる。一九六〇年代に法律によって道あそびが禁止され、近年、公園ではさまざまな禁止事項が満載である。社会規範、社会システムもこどものあそび・生活環境にとても影響していることを認識する必要がある。私たちがこどもの頃の一九五〇年代はこどもたちは本当に自由だった。こどもたちはいつの時代も自由な時間と空間が必要なのだ。

創作あそび

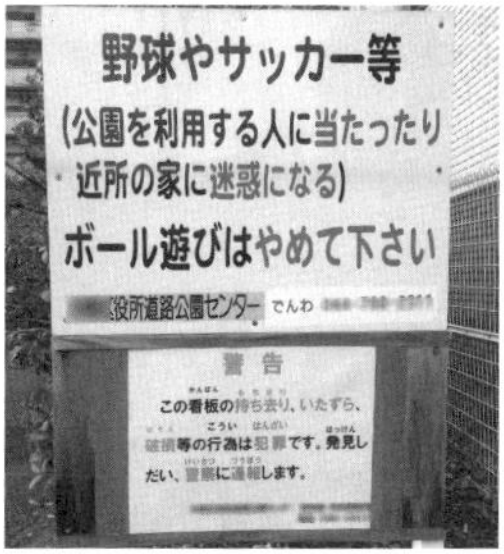

公園の看板

このようにあそび環境を大きく空間、時間、集団、方法という四つの事象で見ていく必要がある。あそび環境は時代、社会の変化に大きく影響されるのであるが、それを時間、空間、集団（コミュニティ）、方法という側面から見なければならない。

2．六つのあそび空間

あそび場を現象的にとらえると、校庭、公園、神社の境内などを羅列していくことができる。しかし、それは施設の機能類型的な場所を指しており、そこで何をするのか、どういうふうにあそぶのかという、こどもの行為とは全く関係ない。ここでいう六つのあそび空間は現象的場所ではなく、こどものあそび行為を基にした実体的空間として捉えようとしている。こどものあそび空間は下図の六つに分類できる。

例えば公園というと、物理的場所としては三〇〇平方メートルの公園も一〇〇ヘクタールの公園も同じ「公園」という範疇でくくられてしまう。しかし、一〇〇ヘクタールの公園は、園

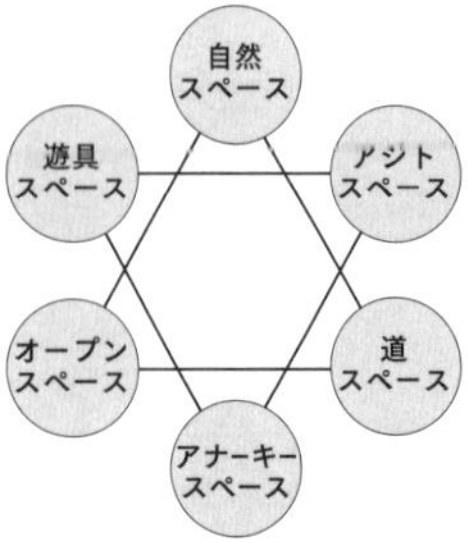

あそびの六つの原空間

路、芝生の広場、野球のできるグラウンド、林、池、遊具など多様な空間を内包している。実体的空間の分類によると、それらは道スペース、オープンスペース、自然スペース、遊具スペースとなる。神社の境内も同様に自然スペース、オープンスペース、アジトスペース、道スペースに分類できるかもしれない。

こどもにとっては公園の林も境内の林もほぼ同じである。公園の芝生広場も、神社の庭も同じである。公園や神社の境内が必要なのではなくて、その実体的空間であるオープンスペースが必要なのである。さらに空地、原っぱ、校庭のグラウンドというように物理的場所としては異なっていても、そこで行われるあそびはほとんど同じである。すなわち実体的空間としては同一である。したがってこれらはオープンスペースというあそび空間にくることができる。

このようにあそび場を現象的な名称、例えば校庭、公園、神社の境内という名前から解き放し、実体的な六つのあそび空間によって組み替える。すなわち従来の現象的なあそび場の分類を、実体的なあそび空間の分類によって置換して再構成するこ

自然あそびの様子（二〇〇八）

とが必要である。

（1）自然スペース

こどもの自然あそびの基本は生物採集である。「人類が原始的生活以来、文明の流れのなかで行ってきた活動を個体の発達の過程として順次反復する」とG・スタンレイ・ホールは言っているが[4]、自然あそびはかつての狩猟、農耕、漁業の形態と類似的に見ることができる。人類が地球上に発生したのを百万年前とし、諸説あるが農耕文化に変わっていったのを一万年前としても、人類の遺伝子にはその狩猟採集の行動が刷りこまれているといえよう。カブト虫、クワガタ、カミキリ虫、カエル、ドジョウ、フナ、オタマジャクシ、ザリガニ、ウナギ、カニ、オニヤンマ、ギンヤンマ、カマキリ、アケビ、クリ、カキ、山イチゴ、シイタケ、タケノコ、ヤマバト、キジ等、これらはすべてこども時代、採集の対象となる動植物である。

この採集のあそびはほかのあそび空間では体験できない、この空間固有のあそびである。自然スペースではそこに生命と変

自然スペース（一九七〇）

[4] ホール（1844-1924）はアメリカの心理学者。ダーウィンの進化論の影響を受けて反復説を唱えた。

化があることが重要である。植物で言えば花が咲き、実がなる。ザリガニを獲っても、カエルを捕まえても、こどもは自然あそびを通して生き物の誕生や死に遭遇し、生命というものを知ることさえできる。そういう意味で自然スペースはあそび空間の中で最も基本的かつ重要なものである。川、池、森、雑木林、田、畑、それに類するあそび空間を自然スペースと呼ぶ。

(2) オープンスペース

オープンスペースとは、力いっぱい走り回れる、広がりのあるスペースである。運動場と言っても良い。こどもの身体いっぱいのエネルギーを受容できる、広がりのある場所のことである。そこでは多くの場合、集団あそびゲームが行われる。野球、サッカー、ドッジボール、バレーボール、缶蹴り、かくれんぼ等、これらのゲームは動的で、ときには暴力的である。

広々とした芝生の広場、海辺の砂浜も、こどもを思わず走り回らせる。大きなオープンスペースはこどものエネルギーを誘発する。このスペースにおけるあそびの代表的なものは、ボー

オープンスペース（一九七〇）

オープンスペース（二〇〇八）

ルあそびと追跡あそびである。追跡あそびとは高鬼、鬼ごっこ、缶蹴りのような、鬼役のこどもがほかのこどもたちを追跡するゲームであって、走り回り、駆け回る広がりを必要とする。

(3)道スペース

かつて自動車が少なかった時代、道は都市部のこどもにとって最大のあそび場であった。樋口一葉の有名な小説『たけくらべ』のなかには、下町のこどもたちの生き生きとした道あそびの状況が描かれている。かつての道スペースは、今のオープンスペースの役割までも兼ねていた。道スペースの重要な性格は、こどもたちの出会いの空間であり、いろいろなあそびの拠点を連携するネットワークの空間であるということができる。そういう意味で三輪車、自転車あそび、ローラースケート、わっぱ回し等の乗り物あそびが現代の道あそびの主流といってよい。

後述するアジトスペースでは、大人たちに隠れたあそびが行われる。道スペースでは、逆に大人たちに見ていてもらいたいと思うようなあそびの形態がある。ゴム跳び、石蹴り、ローセ

道スペース（一九七〇）

道スペース（二〇〇八）

キ描き等はこどもがあそびのうまさを大人に見てもらったり、大人に見られることによって安心してあそぶところがある。住宅密集地の袋小路やいわゆる路地のような道路は、かつて車の通行が少なく、安全で、大人の目があり、こどもがたくさんいて、あそび空間としての道スペースの代表的なものであった。

筆者が一九九〇年代に行ったこどものあそび場の調査[5]で道がこどものあそびの中心だったことがあきらかになった。すなわちその当時こどもは道がふくらんだところやら、道に接したところをあそび場にしていた。

(4)アナーキースペース

アナーキースペースというのは、廃材置き場や工事現場のような混乱に満ちたスペースである。焼け跡の空間もこの範疇に入る。整理計画されたされたあそび場よりも、工事現場のような乱雑さのなかで、こどもは創造力を刺激される。

どろんこ保育で有名な野中保育園の元園長・塩川豊子は「きれいな絵が貼ってある以外は何もない保育室よりも、おもちゃ

[5] 仙田満・宮本五月夫『こどものあそび環境の構造の研究　あそび場の構造の研究』日本建築学会計画系論文集No.303, 103-109、一九八一年

アナーキースペース（一九七〇）

や道具が散らばって、いたずらがきがしたい放題してある部屋の方が、こどもたちに生き生きとしたあそびを起こさせる」と言っている。戦災孤児として生き延びた小説家・野坂昭如は小説『水虫魂』のなかで、主人公にこどもたちの焼け跡ランドを構想させている。これはまさにアナーキースペースに対する願望を野坂が体験的にとらえているように思える。

　アナーキースペースでのあそびは、いわゆるチャンバラ、ウルトラマンごっこ、撃ち合い、戦争ごっこ、コンバットごっこ等の追跡・格闘あそびが多い。アナーキースペースはこどもにあそびの背景として多くのイメージを膨らませることができる。

　一九四〇年代、デンマークの造園学者ソーレンセンは、こどもが廃材であそんでいるのをヒントに、アドベンチャープレイグラウンドをつくった。この流れが現在日本でも各地で行われているプレーパークの始まりである。アナーキースペースが公園化したものといえる。

現代のアナーキースペース、羽根木プレーパーク（二〇〇八）

（5）アジトスペース

親や先生、大人に隠れてつくる秘密基地をアジトスペースと呼ぶ。こどもには押入れ、隅っこ、机の下のような小さな隠れた空間に対する指向が見られる。このように親や大人たちに知られない独立した空間をもつことで、独立心や計画性などを養い、精神的にも成長していく。そして、つくり守る過程のなかで、こどもの共同体としての意識を育み、友情や思いやりだけでなく、あるときは裏切りや暴力を体験する。しかしアジトスペースにはこのように集団あそびや一人あそびの閉鎖的な空間としてこどもに必要なあそびスペースであると考える。

(6) 遊具スペース

遊具スペースとは、文字通り遊具を媒介としたあそびのスペースである。児童公園の建設とともに、着実に増えてきている。一九五〇年には一四七〇か所だった児童公園が、一九七四年には一万八〇五か所になっている。その後、児童公園は街区公園と名称が変わり、一九九五年には五万八五四七か所、二〇一九年には八万六五五五か所に及んでいる。[6]

昔のアジトスペース（一九七〇）

野中保育園のアジトスペース（二〇〇八）

全国調査の過程で他のスペースに入れられず、量的にも無視できないスペースとして六つのあそび空間の最後に登場するスペースである。かつてクスやケヤキの大木はこどものあそび場のシンボルであったが、今日、それが遊具に取って代わっている。遊具スペースはあそびが中心的な機能的な空間であること、利用者の数に柔軟に対応できること、それがあることによってあそび場だと示すあそび空間の象徴性をもっていること等から、今後ますます重要なスペースになる。

3. あそび空間と遊環構造

あそび環境の四つの要素を確認し、あそびの空間の六つの原空間を述べたが、これらは環境・空間の要素の〈かた〉としてとらえることができる。そしてそのあそび空間の六つの類型でこどもたちのあそびの行動を調査・分析することによってもたらされたのが、次章で述べるこどものあそびやすい構造としての「遊環構造」である。

昔の遊具スペース（一九七〇）

現在の遊具スペース（二〇〇八）

[6] 環境省大臣官房環境計画課「環境統計集（平成二十九年版）」二〇一七年

あそび空間の研究では、こどもたちのあそび環境、あそび場調査、大人のこどもの頃のあそびの原風景調査、公園におけるこどものあそび行動調査、遊具における行動観察調査等からこどものあそびやすい空間構造を導こうとしたのである。その結果が一九八二年に上梓した私の著書『こどものあそび環境』[7]のなかで遊環構造として提案したものである。この本は二〇〇九年鹿島出版会より再版された。

[7] 仙田満『こどものあそび環境』筑摩書房、一九八四年、のち鹿島出版会、二〇〇九年

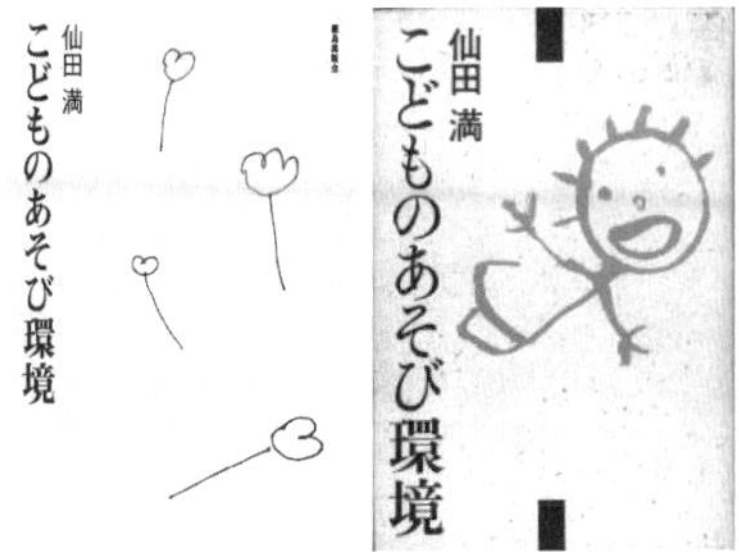

『こどものあそび環境』一九八二年初版（右）と二〇〇九年再版（左）

参考文献

▼1 仙田満『子どもとあそび　環境建築家の眼』岩波新書、一九九二年
▼2 仙田満『こどものためのあそび空間』市ヶ谷出版社、一九九八年
▼3 仙田満編著『こどもと住まい（上・下）』住まい学体系32、33、住まいの図書館出版局、一九九〇年

富山県こどもみらい館（1992）

富山県立公園太閤山ランドの中央部で開かれた富山県博覧会を機に、恒久施設として計画された延床面積4,000㎡の児童館である。8の字型の回遊動線をもつ遊環構造建築である。2階建てであるが、屋上も8の字型のあそび動線を有している。中央部に置かれた機械室の中が見えるように、それを取り巻く形で諸室が配されている。2つの階段とこどもエレベーターと呼ぶ垂直型の動線が立体的な回遊性を促進している。さらに遊具的なあそびチューブというトンネル状の動線が1、2階をつなぐ形で挿入された屋根裏空間となっている。全体として巨大遊具的な建築が構成され、25年間、年間20万人前後の利用者を集め続けており、多くの県民、こどもに支持されている。

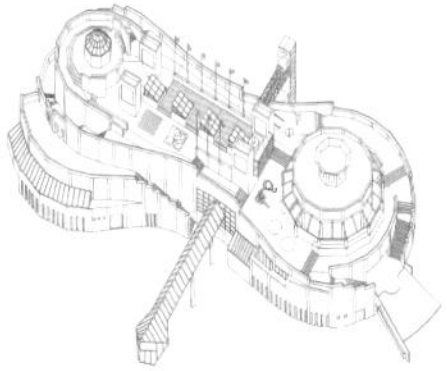

屋上階アクソメトリック図

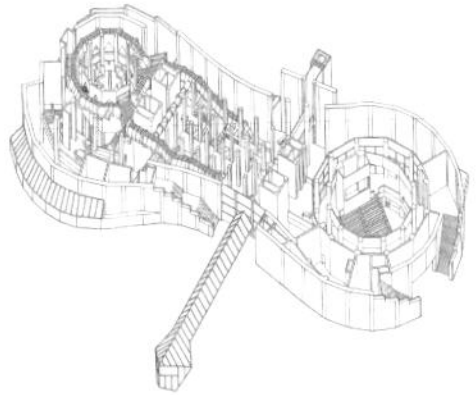

2階アクソメトリック図

［左上］天井も壁もすべてがあそび空間［右上］天井の100mのチューブ型遊具
［左下］トンネルはこどものあそびの原点［右下］屋上も遊環構造を有する

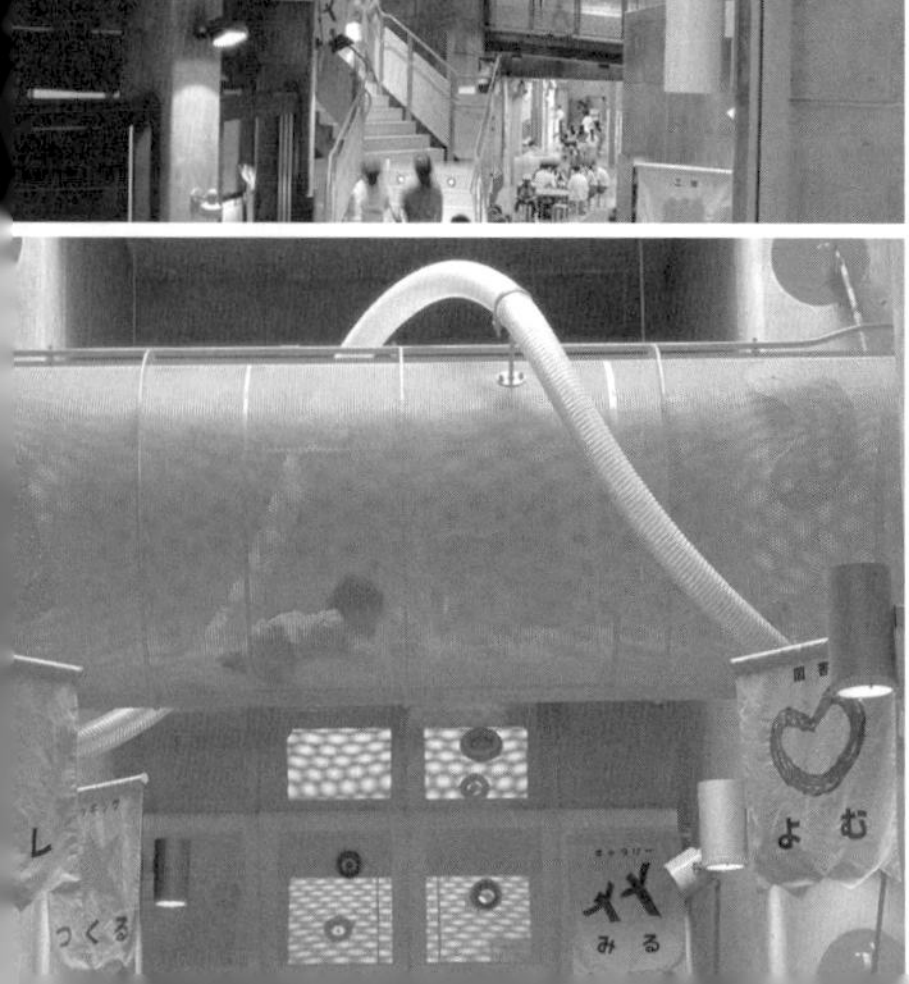

愛知県児童総合センター（1996）

遊環構造理論を最も大きく利用した大型児童施設である。面積は約8,000㎡。我が国における最大の児童館である。中央にあるチャレンジタワーと呼ぶ二重螺旋の塔を中心として建築的動線と、遊具的動線の2つが取り巻、その上に卵型のテフロン膜屋根がかかる。チャレンジタワーと周辺の二重の動線に加え、チューブによるショートカット動線が設けられている。チャレンジタワーの下はイベント空間で、本遊環構造建築のめまいの空間を形成している。メインフロアは板貼りになっており、縁の下の空間等、さまざまな隠れるところ、飛ぶところ等が用意されている。全体が巨大な遊環構造を形成しているこどものための建築である。

配置図

1階平面図

［左上］チャレンジタワーとアトリウム［右上］各地をつなぐプレイブリッジ
［左下］チャレンジタワー内部を見る［右下］上空より見る全景

◉第四章 あそびやすい空間

あそび空間のなかでも、あそびやすい空間とそうでない空間がある。それはどう異なるのか。それが遊環構造を見出すきっかけとなった。

1．こどものあそび行動と空間

（1）幼児のための遊具デザイン

小さなこどものための遊具デザインを一九七四年から八四年の一〇年間、日本大学芸術学部の仙田スタジオで行った。そこでのデザインプログラムは受講生二〇人ほどが四～五人のグループに分かれ、グラフィカルな図面をつくるだけでなく、実際に二・四メートル四方ぐらいの大きさの遊具を制作し、幼稚

プレイロードステーション

園や保育園であそんでもらい、それを観察、総括するというものである。一〇年間で五〇種類の遊具がつくられ、こどもから評価された。その過程で遊具を通してこどものあそびに発展段階があることが明らかになった。

(2)あそびの発展段階

こどもは遊具を通してあそびを発展させていく。公園や幼稚園の園庭で最もポピュラーな滑り台という遊具をみてみよう。滑り台を滑るとき、まず低い滑り台から始める。二歳頃になると少し長い滑り台に挑戦するが、最初のうちは重心の移動がうまくいかず、頭が後ろにひっくり返ってしまう。何度も滑っていくうちに重心移動のこつを獲得し、前かがみになりうまく滑れるようになる。この段階を滑るという機能を学習する「機能的段階」と呼ぶ。

三歳頃になると滑り方をいろいろ工夫するようになる。手摺に足をかけて滑ったり、頭から滑ったり、手摺をこいで滑ったり、友だちと二連結で滑ったり、立ち膝で滑ったりする。より

日大遊具「コスモス」

速く、よりスリリングに滑ることを工夫する。いうなれば滑るという行為の技術開発をしていくわけである。これを「技術的段階」と呼ぶ。

　四歳頃になると技術開発は終わり、かくれんぼや鬼ごっこというような集団あそびゲームの一つの場面として滑り台を使用するようになる。これを「社会的段階」と呼ぶ。ここでも滑るという行為は重要な役割を果たす。

　このように遊具を通して機能的段階、技術的段階、社会的段階とあそびは展開していくのだが、すべての遊具にこの発展段階があるわけではない。例えばブランコは技術的段階まではいくが、社会的段階には進みにくい遊具である。ジャングルジムは技術的段階をあまり必要としない遊具といえる。一〇年間で五〇近い遊具を学生とつくり、幼稚園や保育園でこどもの評価を受けたが、人気のある遊具は社会的段階になりやすい遊具であることを気づかせてくれた。すなわちみんなであそぶこと、集団あそびゲームがしやすい遊具なのである。

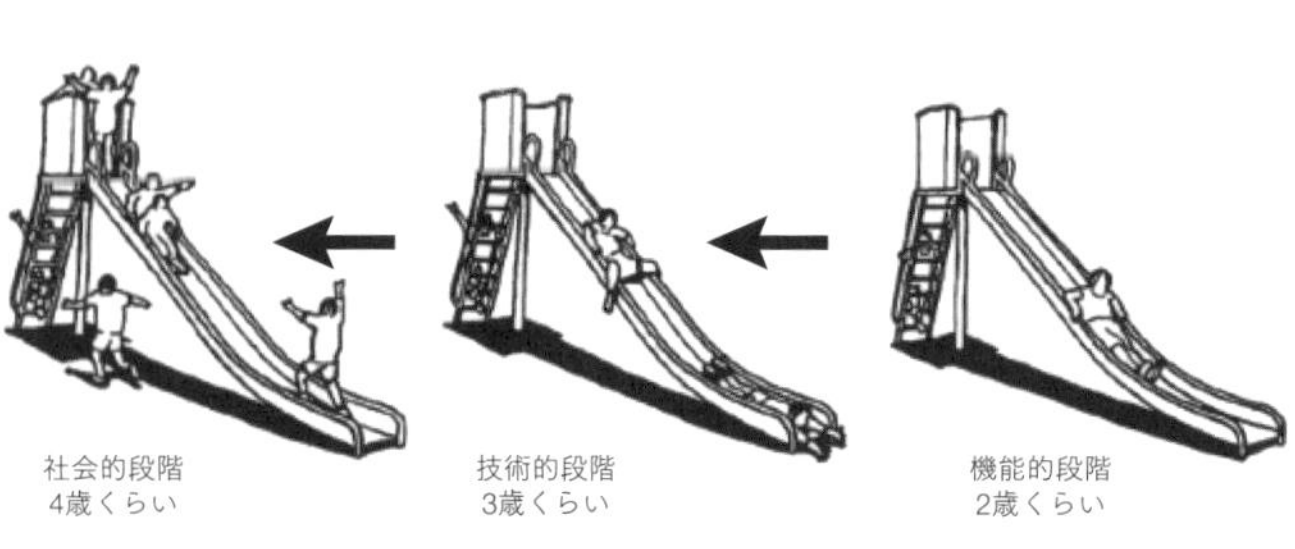

あそびの発展段階

（3）遊具におけるあそび行動の可能性と行動

遊具におけるあそび行動のパターンを調べるため、なるべく性格の異なる一五の遊具を選び（下図）、あそび行動調査を行った。まず一五の遊具であそぶこどもを二～一〇分間追跡調査し、その行動を記録した。こうして集めた行為の数は四八〇例になったが、同質のものをまとめると八〇行為が抽出された。これをさらに同系統のものにまとめると、遊具でのあそび行動は「休息的あそび行動」「めまい的あそび行動」「挑戦的あそび行動」「ごっこ的あそび行動」の四つに大きく分類される。

社会学者のロジェ・カイヨワは一九五八年に著書『遊びと人間』[1]のなかで、あそびを分類し、あそびには四つの要素があると述べている。その四つとはアゴン、アレア、イリンクス、ミミクリーで、英語ではそれぞれCompetition, Chance, Vertigo, Simulationであり、「競争」「賭」「めまい」「模倣」を意味する。

アゴンとは競争そのものであり、スポーツのほとんどはその要素をふくんでいる。アレアとは賭、すなわちギャンブル、ゲームのなかに多く存在している要素である。イリンクスとはメ

調査対象の15の遊具

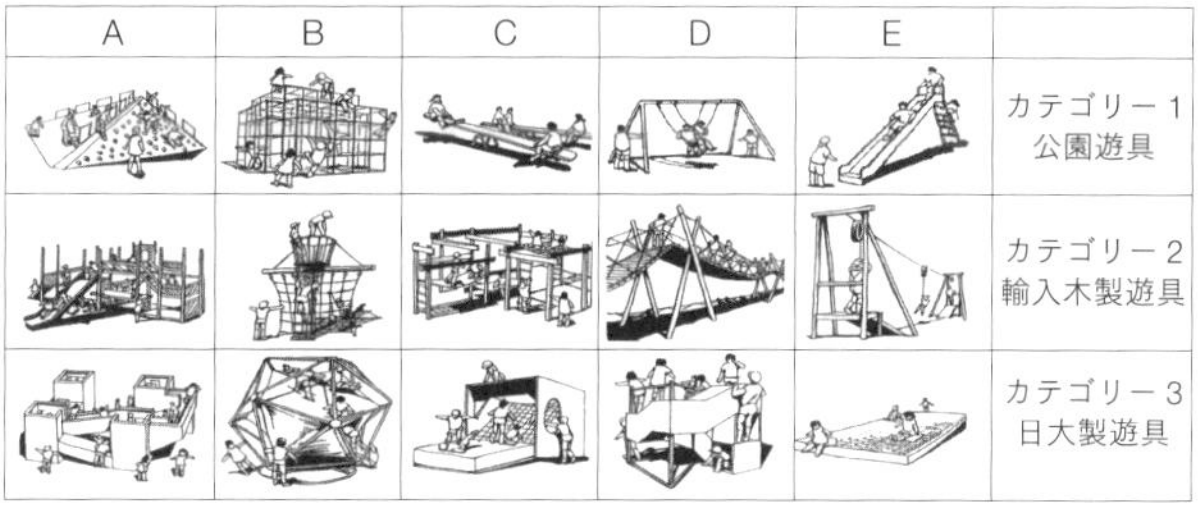

リーゴーランド、スキー、スケート、自転車のようなスピードや回転にともなう感覚的に刺激するあそび要素で、カイヨワのあそび論のユニークなところである。ミミクリーには模倣のあそび、お人形さんごっこ、ままごとというような小さなこどものあそびから演劇、映画のような大人のあそびまで含まれる。

　ロジェ・カイヨワのあそびの分類を遊具におけるこどものあそびに適用して考えてみると、遊具では観察されないあそびがアレアである。これは偶然のあそびであり、カイヨワ自身も「こどもにとってはあそぶことは行動することだ。それに経済的に独立がなく、自分のものといえる金をもっていないので、こどもには偶然のあそびの何が肝心の魅力なのかわからないのだ」と、こどもにとってアレアのあそびは起こりにくいことを説明している。しかし実際には、古くからのスゴロクあそびや石けりのように、こどものあそびのなかにも十分に偶然性のあそびはある。ただし遊具あそびにこの傾向が少ないのは確かである。

　一五の遊具におけるあそびの観察調査を行った結果、イリンクスのあそびは遊具において特徴的なものであることがわかっ

[1] R・カイヨワ（清水幾太郎・霧生和夫訳）『遊びと人間』岩波書店、一九七〇年

ロジェ・カイヨワ（1913–78）

競争	アゴン	Competition
賭	アレア	Chance
眩暈	イリンクス	Vertigo
模倣	ミミクリー	Simulation

ロジェ・カイヨワのあそびの四要素

た。空間へ身を投げたりすること、あるいは墜落、急速な回転、滑走、スピード、直線運動の加速、あるいはこれと旋回運動との組み合わせといった内容を含んだ身体をさまざまに翻弄するイリンクスは、遊具によって容易に経験できるのである。ブランコ、滑り台は最も代表的なイリンクスの遊具であるといえる。このイリンクスを楽しむあそび行動を「めまい的あそび行動」と呼ぶことにした。

アゴンは競争というあそび要素であるが、その行動は先の一五の遊具によるあそび行動の分類のうち「挑戦的あそび行動」に対応し、ミミクリーは「ごっこ的あそび行動」に対応する。

カイヨワの分類はあそびの個々を分類したものであり、一つのあそびから他のあそびへ移るとき、また一つの行為から他の行為へ移る間には着目していない。その間もこどもにとってはあそびの一部であると考えられ、遊具の観察調査で発見した「休息的あそび行動」という視点がある。

滑り台

ブランコ

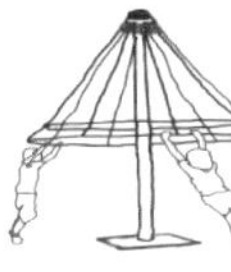
回旋塔

ジェットコースター

(4)遊具におけるゲームの発生性

四つのゲーム

遊具を媒介として、あるいは遊具を舞台として発生するゲームは、四つに分類できる。競争ゲーム、追跡ゲーム、格闘ゲーム、ものまねゲームである。次ページの図ではこれらのゲームの発生頻度を遊具ごとに比較した。

競争ゲームが行われる遊具の特色は、あそびの動線にいろいろな変化のあることである。例えばソロバンスライダーのような遊具は同時に何人ものこどもが滑ることができ、滑り方、速さを競争することができる。

追跡ゲームが行われる遊具の特色は、まずあそびの動線がわかりやすいこと、そしてその動線のなかに「滑る」「飛び降りる」等のめまい的あそび行動が含まれてこの動線が閉じていることである。例えばサーキュレーションは動線そのものが遊具化されており、「滑る」「登る」「飛び降りる」「走る」などのいろいろな行為が行われ、しかも見えない部分、死角となる部分も多くあって、変化と突然性をもっており、追跡ゲームの場所として

ソロバンスライダー

サーキュレーション

は極めてよくできている。

格闘ゲームはやわらかい床、ネット、吊り橋、砂場等がある遊具で、しかも多少囲まれた感じの場所に発生しやすい。

ものまねゲームはイモ虫ごっこや飛行機ごっこのように「滑る」「飛ぶ」というようなめまい行為のなかで行われる場合と、おかあさんごっこ（ままごとの変形）のように遊具の機能と直接関係ないものとがある。遊具では前者のパターンが多く、後者はあまり見られない。

遊具とゲーム

ジャングルジム、ぼくらは風の子、ぼくらはキャプテンのような遊具は挑戦的行為が大部分である

遊具におけるゲームの発生性

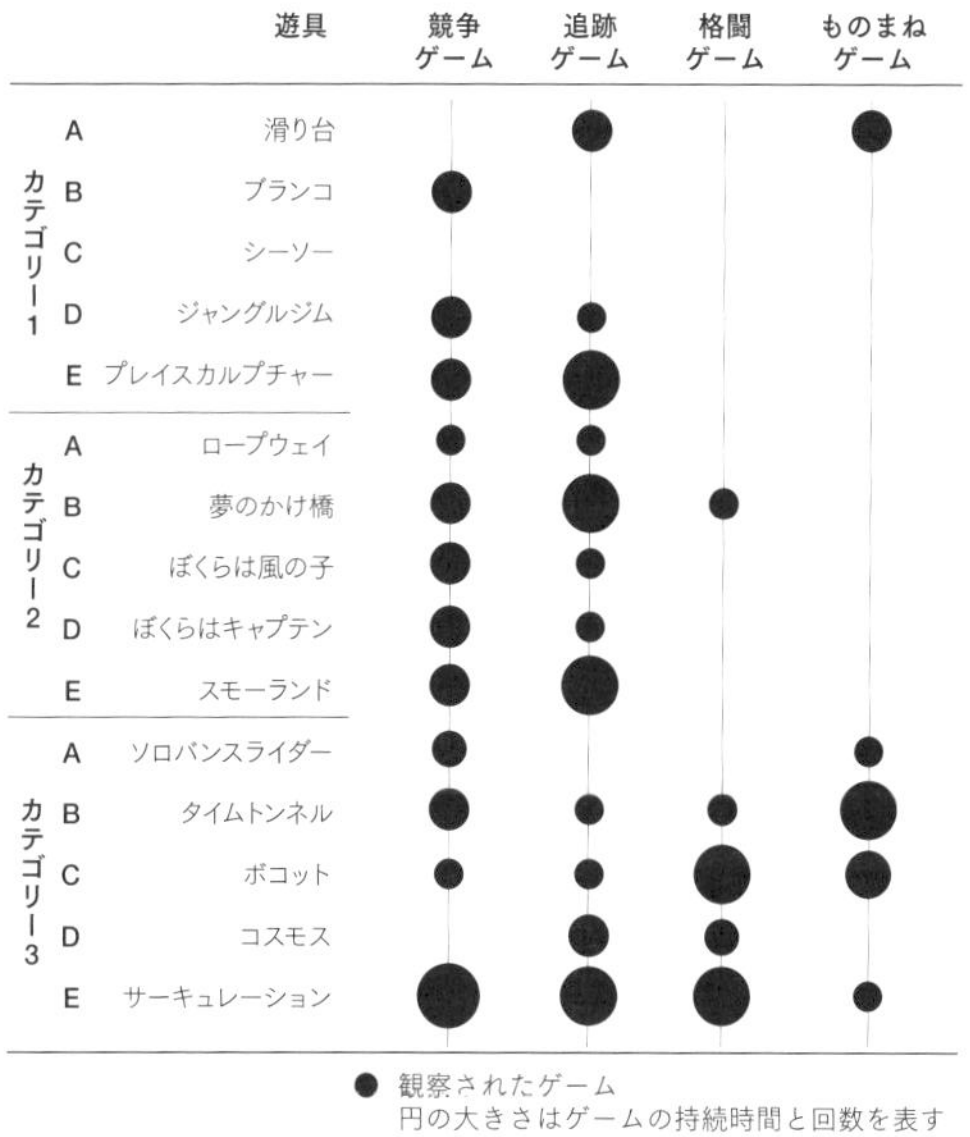

ため、その遊具にある挑戦的行為のすべてを行ってしまい、すなわち征服してしまうと、急激に魅力がなくなり、他のあそびへと発展しないようである。ただしプレイリーダー、もしくは強力なゲームの提唱者がいる場合、「高鬼」等のゲームが発生する。しかし自然の状態ではなかなかゲームあそびへ移行しにくいようである。

ブランコ、シーソー、ロープウェイ、ソロバンスライダーなどの遊具は機能的段階から技術的段階にいくものだが、めまい的行為が圧倒的に多く、遊具で行われている行為の約七割はこの行為で占められている。めまい的な体験は日常生活ではほとんど体験できない感覚であるため、こどもにとって魅力的なあそびである。しかしながら、この型の遊具は繰り返しの行為が多く、技術的段階までは連続的に発展していくが社会的段階までは発展しにくいようである。

一般に、この型の遊具は動作が単純であるため、幼児および小学校低学年の利用が多くみられる。

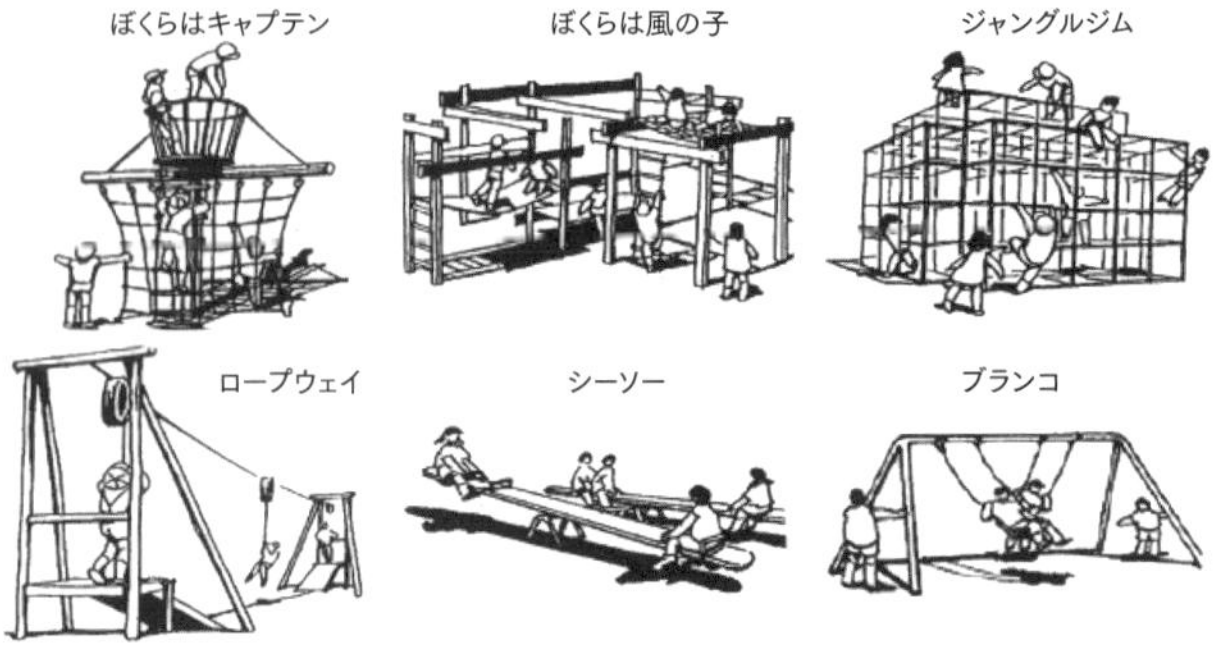

多機能型遊具

社会的段階まで観察される遊具で、かつゲームの発生しやすい遊具は滑り台、プレイスカルプチャー、夢のかけ橋、スモーランド、コスモス、サーキュレーション等である。これらの遊具の特色を考えてみると、まずあそびの発生が機能的段階、技術的段階、社会的段階ともそれぞれに展開がみられる。またあそび行為においては「休息」「挑戦」がほぼ同率（四割前後）で多く、「めまい」が二割前後観察される。「めまい」の内容は飛ぶ、滑る、ゆれる等、瞬時の行為が多いので時間ごとの比率は低くなる傾向があるが、行為の頻度割合はほぼ「休息」「挑戦」と同じと考えられる。すなわちオールラウンドの多機能型遊具である。

　このタイプの遊具についてゲームの発生要因を考えてみると、めまい機能が重要な役割を果たしている。例えば夢のかけ橋を見てみよう。こども一人ではうまく揺らすことができないが、数人で協力すると大きく揺らすことができる。揺らしているこどもも、落ちるかもしれないというス

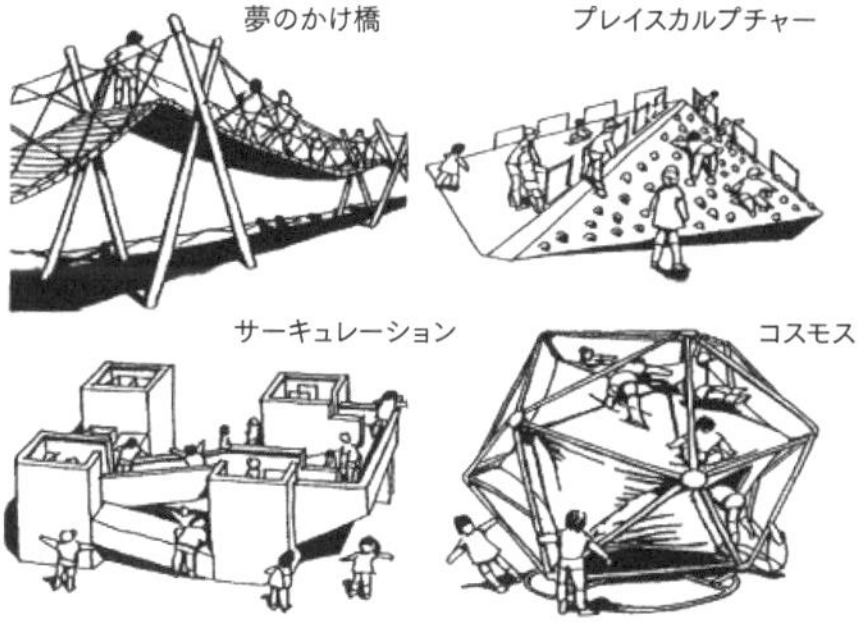

リル感をあじわう。小さなこどもは手摺にしがみつかなければならなくなる。誰かが怖がると、もっと揺らそうと他のこどもが掛け声をかける。このように「揺れる」というめまい機能がこどもたちのゲームを引き起こし、またそのゲームをおもしろいものにしている。スモーランドにおいても、小さな吊り橋やステンレスの滑り台というめまい発生器がある。

タイムトンネルは中に小さな滑り台が二つある。そのくらい滑り台はこの遊具のおもしろさを倍加しているようである。コスモスは上部のくぼみが一種の滑り台になっている。またその滑り台の終点にはこどもがすっぽり入れる穴があいていて、しかも全体がキャンバス地でできているため、身体全体でその落下感覚を楽しむことができる。

ボコットおよびサーキュレーションはスケールが異なるが、内容的に似通った複合遊具である。登る、滑る、くぐる、飛び降りる、もぐる等、ほとんどのあそび行為を網羅している遊具であるが、これがゲームの発生を刺激してこどもに最も楽しまれ、人気があったのは、この遊具にウレタンマットの床部があっ

スモーランド

タイムトンネル

たからである。滑るというめまい感覚よりも、空中を飛ぶという感覚の方がスリリングなことである。床に厚いマット（二五〇ミリメートル）を敷いたため、思い切って高いところから飛び降りることができる。またゲームのなかにその飛び降り行為「身を投げ出す行為」が組み込まれ、取っ組み合いのけんかやプロレスごっこさえも生まれた。こどもにとってこのようなめまい感覚を楽しむ行為――私は「身を投げ出す行為」と命名したいのだが――ができることによって、あそびが非常におもしろくダイナミックになるようである。

　サーキュレーションは小学校高学年まで人気があった遊具であるが、スピーディーな行為ができるということが、大きなこどものゲームの発生に関係があると思われる。

循環機能のある遊具

　ゲームが発生する遊具の特徴の一つに循環機能がある。遊具におけるゲームの内容についてはすでに述べたが、基本的には「鬼ごっこ」である。あるこどもが逃げ、それを他のこどもが

ボコット

追跡するという型である。従って、そこでは行為の連続性が重要なエレメントと考えられる。例えば滑り台は最もシンプルな形で循環動線をもち、また夢のかけ橋、スモーランド、タイムトンネル等は動線そのものがトンネルだったり、橋だったりという形で遊具化されたものである。最も人気が高いサーキュレーションも、その名前が示すように、五メートル角の外周はすべて走り回れるようになっている。ボコットやコスモスのように明確な動線のない形態のものは、いくつかの穴があいたポーラス（多孔質）な形態をしており、迷路的な循環動線をもつことがゲームの発生性に極めて重要な意味をもつことがわかる。

ゲームの発生しやすい遊具の特徴を、こどもの行為や体験の変化という点でみると、共通の特徴を発見することができる。それは遊具の構成要素として対立的な要素をもっていることである。例えばサーキュレーションでは、狭い閉鎖的なトンネルと高い開放的なブリッジという対立的な空間がある。真っ暗な空間から明るいデッキに飛び出してくると、ほとんどのこどもはぴょんぴょん跳ね上がり、身体全体に彼らのあそびの全精神が躍動しているようである。

コスモスではキャンバスの内部のカプセル的で親密な空間では秘密めいたあそびが、外側の鉄製のパイプでは鬼ごっこやウルトラマンごっこのような開放的なあそびが発生しているが、この二つの空間が同一の遊具の表裏にあるということが、この遊具でのあそびをおもしろくしているようである。

タイムトンネルはほとんどもぐるだけの遊具だが、登ることがなかなか難しいところが適度にあることが、こどものあそびをより発展させている。

ゲームの発生しやすい遊具の条件

このように、こどもがゲームを発生させやすい遊具を考えてみると、その条件は循環機能があること、変化に富んで迷路的要素があること、遊具の構成要素として対立的な要素をもっていること、めまい感覚が体験できる部分があることなどが見い出され、さらにその循環、回遊性をさらに高めるためには、近道動線を設けることが有効であることが発見された。また、その回遊性は強制的なものでなく、途中で出入り自由な状況が好ましいことを見出した。
　このような観察調査に基づく分析によって、あそびやすい遊具の構造として、以下の七つの条件がまとめられた。

あそびやすい空間の構造――遊環構造

①循環機能があること
②その循環（道）が安全で変化に富んでいること
③そのなかにシンボル性の高い空間、場があること
④その循環に〈めまい〉を体験できる部分があること
⑤近道（ショートカット）ができること
⑥循環に広場が取り付いていること
⑦全体がポーラス（多孔質）な空間で構成されていること

2. 遊環構造の成立と変化

遊具におけるあそび行動の分析からあそびやすい七つの条件

を導いたのだが、実は次章で示すように、こどもたちの小さな路地や広場等がある町でのあそびの思い出などを調査した結果も、この七つの条件を満たすことがわかってきた。つまる所、集団あそびの原点は鬼ごっこで、それが発生しやすい空間として同じ構造が導かれるのはある意味で当然なのかもしれない。この遊環構造を一つの概念図としてまとめたのが下図である。一九八二年から四年頃のことである。その概念図に基づき設計した最初の適応作品が浜松科学館であり、筑波科学万国博覧会こども広場である。それ以後数多くの設計で、その適応を試みてきた。

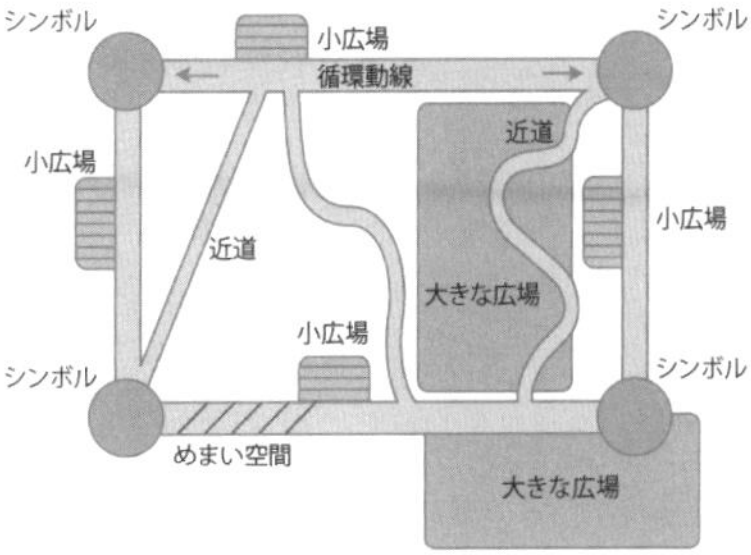

遊環構造のモデル図

めまい空間の質

最近、そのなかでめまい空間の位置づけが変わってきた。「めまい」をカイヨワは「肉体的精神的一時的パニック状態をたのしむ」と定義している。すべり台やブランコ、小さなトンネル、そして商業遊園地のメリーゴーランドにしろ、ジェットコースターにしろ、おばけ屋敷もめまい発生器なのである。そのような一時的パニック状態を楽しむものから、その場で行われるスペクタクルや活動、あるいはそれを想起させる空間はめまい空間と呼べるのではないだろうか。具体的にはアリーナやスタジアムのような祝祭的で、人々の気持ちを陶酔させ、夢中にさせる空間はめまいの空間といえるのではないかと考え、気持ちが高ぶり、熱中し、みんなと一体感を味わえる空間が中心的な位置にあるべきではないかと考えるようになった。スポーツ施設や劇場施設の設計に応用することによってそのような考えに至ったのだが、もう一つ大きなきっかけは文学者・松浦寿輝の著書『知の庭園　一九世紀パリの空間装置』である。そのなかでパリにあるフランス国立図書館や大英図書館の旧リーディングルームをめまいの空間と取り上げていることにとても共感した。二〇一三年頃より下図のような遊環構造の概念図に変化している。

回遊空間の大きさ

もう一つの適応による気づきは回遊と循環との相違とそのスケールである。回遊とは単に一回りするだけなのだが、循環とは何回も回ることを繰り返すうちに、新たな発見や行動が生ま

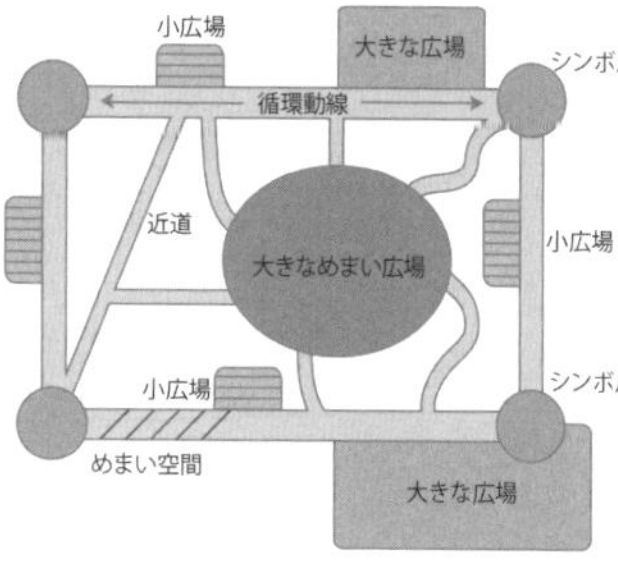

新遊環構造のモデル図（二〇一三）

カンプノウ・スタジアム（バルセロナ）

れるのではないかと考えている。例えば本を何回も読むうちに、新たな発見や気づきが得られるように、何回もまわることによって新たな変化、気づき、思いついた行動が生み出され、高次な状況になる回遊を循環と呼びたいと考えるようになった。また、その回遊は適応する建築や広場、都市のスケールに応じて意味が代わっていくように思える。例えば幼稚園での回遊は五〇メートルぐらいがこどもたちにとってとても良さそうだ。若い人たちにとっては二五〇メートルくらいが運動とか文化活動としては適切で、商業的には六〇〇〜八〇〇メートルくらいの回遊があることが良さそうで、かつ回遊することによってフィニッシュアビリティー[2]（完遂性）という、何かを成し遂げられた、何かを体験しつくしたという感覚を持ちやすいのではないかと考えている。すなわちリニアでなく、一回りすることによって、空間の物語を読みつくしたという満足感が得られやすいのではないかと考えている。これについての回遊の長さ、幅、高さ等と利用者の行動意欲や満足度との関係は、第九章で考察している。

フランス国立図書館（リシュリュー館、パリ）

[2] デイビッド・サックス（加藤万里子訳）『アナログの逆襲 「ポストデジタル経済」へ、ビジネスや発想はこう変わる』インターシフト、二〇一八年。雑誌「エコノミスト」の副編集長が十年間で百万部から百六十万部に部数を増やしたのはフィニッシャビリティだという。

筑波科学万国博覧会こども広場（1985）

1985年に筑波市で開催された科学万国博覧会の中心施設で約2.6haのこども広場である。あそびから科学的な興味や好奇心、知識をこどもたちに持ってもらう事を目的につくられたサイエンス遊具によって構成されている。270 mのおもしろチューブと噴水、体験トンネル、10万分の1の大きさの地球の一部を切り取った丘、錯覚錯視をテーマとしたエントランス広場等、科学的アイテムが遊環構造原理によって配置された。

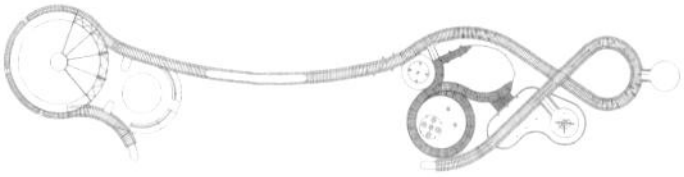
おもしろチューブ平面図

おもしろチューブ断面図

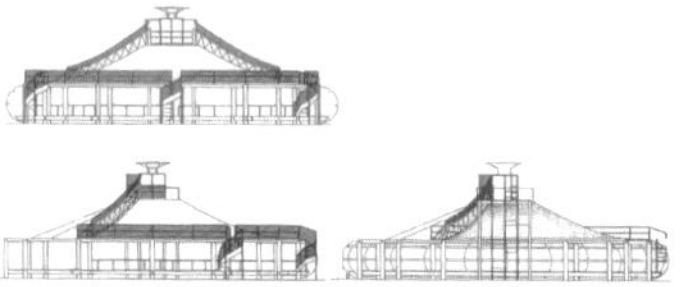

マウンテンスライダー断面図

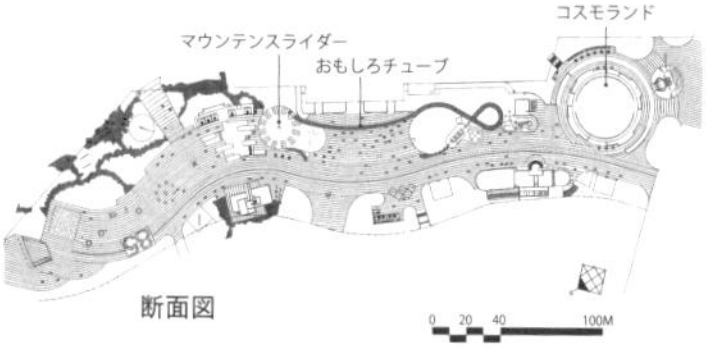

断面図

［左上］おもしろチューブ内部［右上］地球の丸みを体験できる丘
［左下］錯覚を利用したふしぎ回廊［右下］こども広場を見る

浜松科学館（1986）

遊環構造理論は1982年に考えられたが、それを適応した建築設計の最初の作品が浜松科学館である。中央部に宇宙の軸、それを取り巻く形で多様な展示室が立体的に配置されるという形式で、回遊性と多様性とが意図された。エントランスホールから透明なガラス貼りの機械室が見え、建築も水、電気というエネルギーを使う大きな機械であることを意図している。中央の宇宙の軸の空間は地下に自然、最上階にプラネタリウムをもつ構成で、30度の勾配をもつ傾斜型である。我が国における児童科学館、こども科学館の原型をなす科学館となった。1haの敷地も全体は太陽系から引用され、さまざまな科学的アイテムによって構成されている。

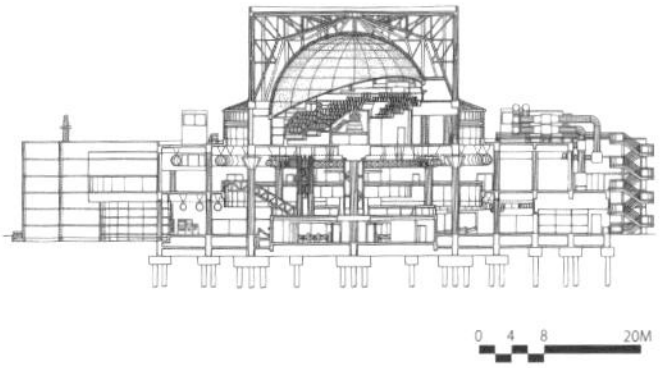

断面図

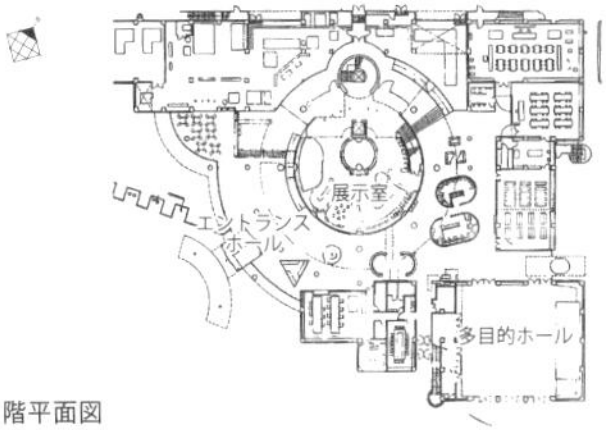

1階平面図

［左上］施設外観［右上］外の空調ダクトも展示として表現
［左下］展示室を見る［右下］展示的仕掛けが建築の内外にある

◉第五章　あそびやすい町

楽しい町とつまらない町がある。こどもの頃の思い出の量と質は、多くあそんだ町と関係しているのではなかろうか。文芸評論家・奥野健男の『文学における原風景』に影響され、あそびの原風景を調べた。

1. 原風景としてのあそび空間

こども時代の個人的体験と空間を、多くの人から聞き取ったり、スケッチをしてもらったりして、その空間を整理した。大人になってなお強烈なイメージとして残り、時を経ても感情の高まりとともに思い出されるあそび場、心に焼き付いたあそびの風景をあそびの原風景と呼び、その成立条件を考えた。

一九七〇年頃、環境デザインの課題を出した日本大学芸術学部の学生に「こども時代のプレイマップをつくる」という宿題を出した。彼らがこども時代だった時代、一九六〇年頃のこどもの様子だが、ワイルドなあそびをしている様子が描かれている。

また、一九八〇年から八一年にかけて二〇歳以上の男女約五〇人ずつ計一〇八人に面接調査を行い、一九八八年から八九

1970年代日大芸術学部学生のこども時代のプレイマップ

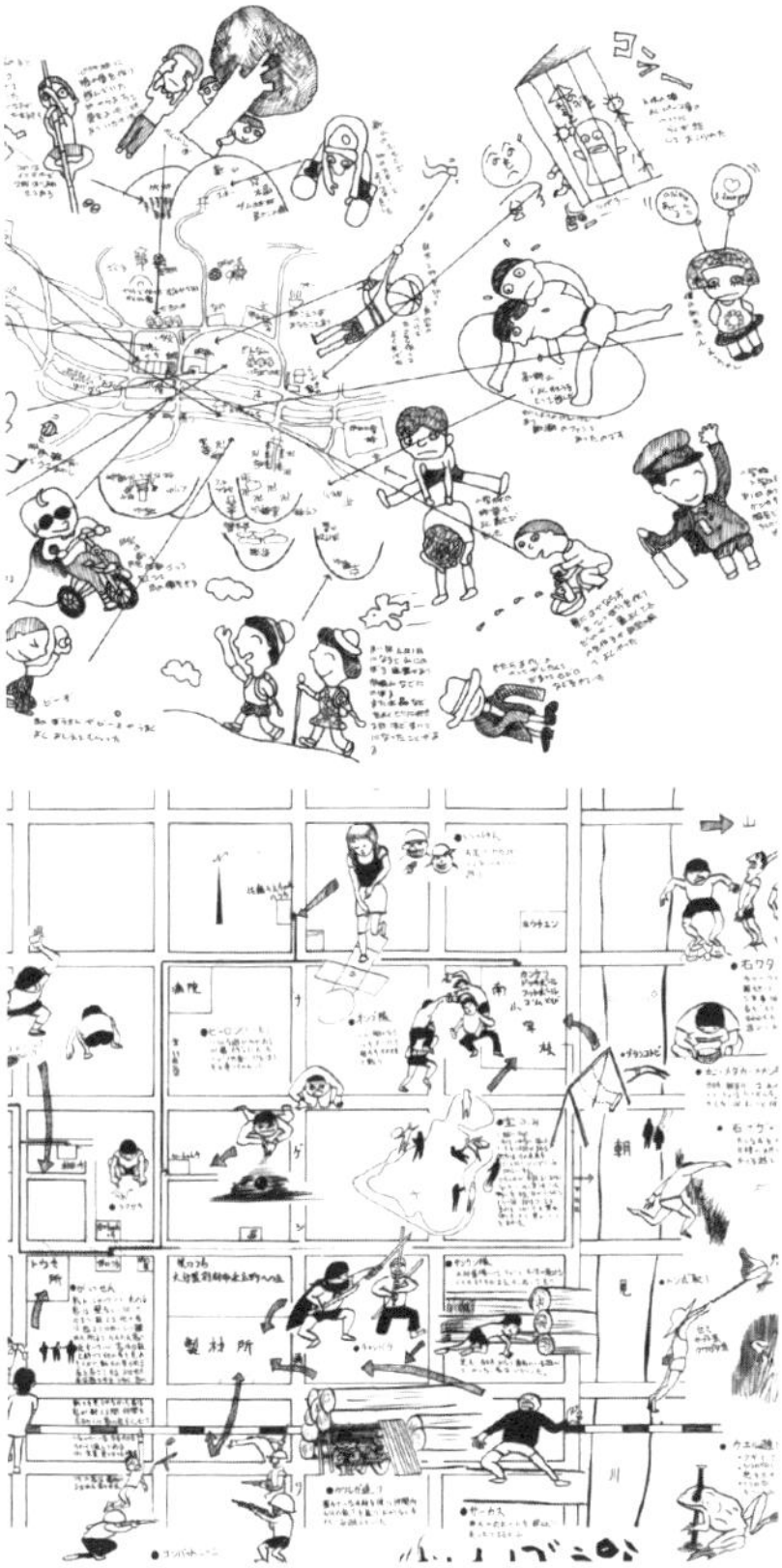

年にかけて五〇人の建築家にインタビュー調査を行った。あそびの原風景の成立条件を探すことによって、あそびやすい空間の構造を導くことができるのではないかと考えたからである。

2. 思い出のあそび場

被調査者にとって、最も印象に残っており、心に焼き付いているあそび場を「原風景のあそび場」と呼び、そのほかに被調査者が挙げたすべてのあそび場を「思い出のあそび場」と名付けて分析した。

「思い出のあそび場」は一〇八人で七九一か所あった。一人平均七・三か所のあそび場を挙げている。これを六つのあそび空間に分類してみた。ただし六つのあそび空間は日常的な外あそび空間を指すもので、採集されたなかにはそれ以外の「商業遊園地」や「汽車で行った父の田舎」のような非日常的はあそび空間や建築的空間も含まれている。ここでは下図のように分類した。なお、建築的空間は室内空間と建築周辺空間とにわけ

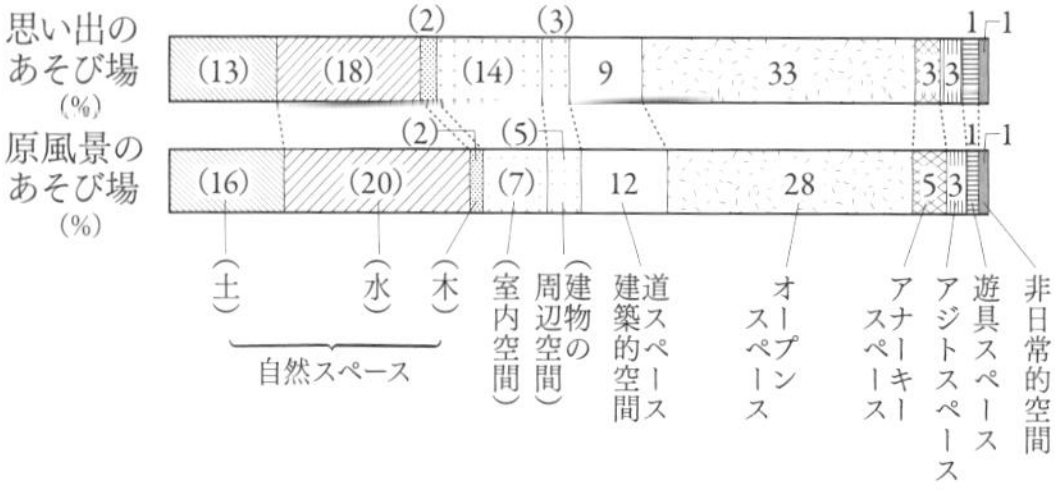

思い出のあそび場と原風景のあそび場

た。この分類で一〇八人の「思い出のあそび場」と「原風景のあそび場」を図にまとめた。これから「原風景のあそび場」は第三章で分類した自然スペース三八%、オープンスペース二八%、道スペース、建築スペース各一二%、アナーキースペース五%、アジトスペース三%の順で、自然スペースが多くの人々に強い思い出を残していることがわかる。

自然スペースのなかでも特に水、水辺にかかわる空間が、木や林のような森林系の空間に比較して圧倒的に「原風景のあそび場」になっている。

加えて自然スペースに匹敵するように、オープンスペースが「原風景のあそび場」になっており、その重要性を示している。「原風景のあそび場」の数を「思い出のあそび場」の数で除したものを原風景化率として見ると、高い値ほど、そのスペースが原風景になりやすいことを示している（下図）。

また、建築スペースのうちの室内スペースは「思い出のあそび場」として数多くあがっているが、原風景としては残っていない。すなわち機会としては、室内スペースがあそび場となる

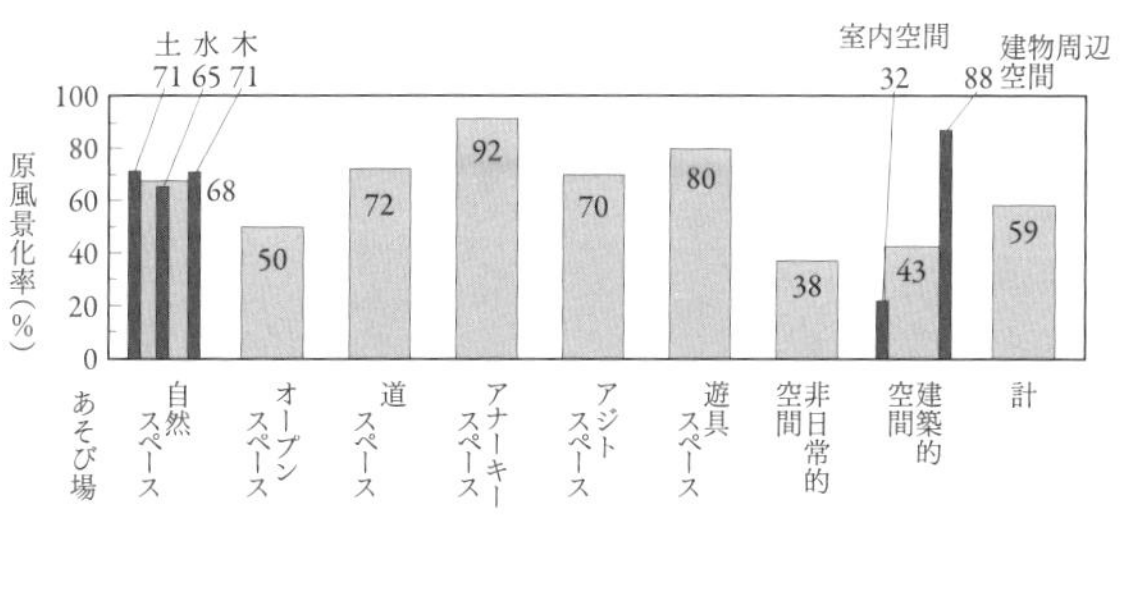

原風景化率

ことは多くあったが、印象的なあそび場として残るものが少ないことを示している。自然スペース、道スペース、アナーキースペース、アジトスペース、遊具スペース、建物周辺スペースは高い値を示し、逆にオープンスペース、室内スペース等の非日常的空間は低い値を示している。

3. あそび空間と原風景

(1) 自然スペースと原風景

自然スペースは全原風景のあそび場の約四〇%を占めており、自然スペースでの体験がこどもにとっていかに強く印象づけられていたかが示されている。そのなかでも自然スペースのあそびの四三%が生物あそびの魚を捕る、虫を捕る、花を摘むという採集のあそびである。そのうち川や田んぼのような水辺でのあそびがその六〇%を占めている。また身近な自然のなかで自然の美しさを発見し、思い出として強く残している。あそび場の美しさを表現しているのは、自然スペース以外では現れてこ

自然スペースと原風景

ない。自然スペースの美しさの感動がこどもにその風景を原風景とすると思われる。生物採集のあそびでは特に共同作業を伴う。また自然スペースでの運動あそびは〈広がりのあるスペースに面した木立〉や〈低木群と広がりのある草地〉〈坂・崖・土手〉〈川・池・田〉というスペース構成のところで展開しやすい。

（2）オープンスペースと原風景

オープンスペースでのあそびは野球などのスポーツゲームが多いが、一〇〇〇平方メートル程度の広い面積から一〇〇平方メートルの比較的小さなものに二極化している。オープンスペースの周囲に道、路地、大木、建物、土手などがあって、また隠れる機能があることであそびが発展すると思われる。

（3）道スペースと原風景

道スペースは舗装か未舗装かは問題でなく、車が少ないことが絶対的な条件である。道幅はあまり広くなく、電柱や道祖神があそびの拠点となって、家並みの間に小さな路地や隙間のあ

オープンスペースと原風景

るような変化に富んで、しかも街区を一回りするようなスペースである。また、ソリや自転車でスリルやスピードを味わう坂道の機能をもつスペースである。

(4)アナーキースペースと原風景

アナーキースペースでのあそびの原風景に特徴的なイメージは、〈暗くて隠れられる〉〈崩れ壊れている場所〉〈火あそびができる場所〉〈原っぱと廃材がある場所〉というように分けられる。

(5)アジトスペースと原風景

アジトづくりの場所は自然スペースでも林や人の目に触れない秘密めいたところである。既存の建築的なスペースをアジトスペースとして用いる場合は馬小屋、小さな納屋、倉、物置、未完成の家、廃屋、洞窟等である。スケールが小さく、人影がなく、しかもこどもの生活に身近な場所にある空間がアジトスペースになりやすい。

道スペースと原風景

（6）建物の周辺スペースと原風景

大人にとって階段は階段であり、屋根は屋根にすぎないが、こどもにとっては全く別のものに変化する。大きな階段は劇場となり、屋根は空中に浮かんだ家である。階段の下の隅っこは彼らの隠れ家にもなる。建築物の周辺はそういう意味では、こどもの想像力を極めて刺激するものなのである。そのため建物の周辺空間の原風景化率は極めて高い。すなわち思い出として深く刻まれやすい。従って、公園や道路以上にまず家の周りをこどものあそび場として見直して、彼らのあそびやすさを生み出すものにしなければならない。

4. 原風景になり得る契機

雪

雪の多い地方の人ばかりを調査対象としたわけではないにもかかわらず原風景のなかで雪あそびは高い割合を示し、男女差、世代差もほとんど認められなかった。その理由は何だろうか。

アナーキースペースと原風景

アジトスペースと原風景

雪が降ると、村であろうと町であろうと関係なく、すべての地域が一瞬のうちにこどものあそび場へと変わってしまう。どんなに自然に乏しい都市でも、雪が降ることによって、こどもは町をあそび場にしてしまう。雪はある時期のみに与えられるあそびの素材である。素材であるがゆえに雪あそびはまず「つくること」から始まる。

祭り

祭りはあそびの分類には出てこないが、原風景として数多く現れている。祭りのもつ華やかさ、猥雑さ、高まり、興奮、セレモニーへの参加、そういうものは一時的ではあるが、極めてポテンシャルの高いあそび行為である。舞台となる神社、お寺、教会の境内は日常的にもあそびの原風景に数多く現れる。神社、寺を原風景のあそび場として挙げているサンプルは二一例で、全体の二〇%（一〇八人の百分率）にも上る。このように数が多いのは単にスペースの問題でなく、そこにお祭りというあそびの集団的高まりがあるからだと思われる。すなわち場だけでなく、

雪

祭り

演出が必要であることを示している。このことは現在の公園だけのあそび場づくりに深い示唆を与える。すなわち、空間だけでは魅力が持続せず、いわゆるイベントが打たれる必要がある。

協働——あそび場をみんなでつくる

あそび場をこどもたちの仲間、青年団あるいは大人たちが協働してつくるという例は意外と多く、九例にも上った（全体比率七％）。ただしこれにはアジトづくりのような隠れたあそびでなく、地域が一体になってつくるという地域社会の開放性と温かさが感じられる。その作業に参加したり、あるいはあそんだこどもにとって、その温かな感激がそのようにしてつくられたあそび場を原風景としているのだろう。これはある意味で集団のあそびの感激という点でお祭りと似ている。

スリル、ケンカ、空想、発見——心の高まり

ケンカは集団あそびとは言えないが、原風景となる事例は多い。集団の行動というよりも、ケンカのときの心の高まりや恐

協働

スリル・心の高まり

怖による心理的なパニック状態が強烈な思い出とするのだろう。

　このようにケンカ、スリル、空想、発見というようなこどもの心に高まり、感激、驚きを与えるあそびがそのあそびを原風景とさせている。このことを逆に言えば、あそび環境は「感激、熱中、一体感」というような気持ちをこどもに起こさせる可能性をもつものでなければならないことがわかる。

5. こどものあそびやすい都市、地域と遊環構造

　こどものあそびの原風景を整理してみると、道幅はあまり広くなく、電信柱や道祖神があそびの拠点となっていることがわかる。家並みの間に小さな路地や隙間があるような変化に富んで、しかも一街区を一回りするようなスペース、道が坂になっていて、ソリや自転車でスリルとスピードを味わうことができる構造になっていた。オープンスペースではまわりに道、路地、大木、建物、家、土手などがあり、それがオープンスペースを豊かなものとしている。鬼ごっこやかくれんぼをするためには、

オープンスペースは単に広がりがあるだけでなく、その周囲に隠れることのできる木、建物、土手等がなければならない。ここでの土手の空間はすべり台にも似ためまいの空間である。こうしてみると、これらの条件は前章で述べた遊環構造の七つの条件をすべて満足していることがわかる。すなわちこどものあそびやすい都市、地域は遊環構造をもったものといえる。

6. こどものあそびやすい町への復活をめざして

原風景調査によるあそびやすい町の構造の研究は、一九八〇から八一年に行われた。その対象となった人たちのこども時代は一九六〇年代から七〇年代と思われる。まだまだ大都市にも路地があり、車が多くなっていたとはいっても、道でのあそびが活発で、町にこどもがいた時代である。確かにその時代はこどもたちが町で自由にあそべる空間がたくさんあった。

現代では、公園でも「〇〇をしてはいけない」という看板が立ち、親たちも「公園はこどもたちが犯罪に遭う場所」と考えている。二〇〇〇年代のこどもの公園利用は、一九七〇年代の約一〇分の一に減少したという報告がある。[1] 日本はアメリカ等にくらべると幼児に対する犯罪や誘拐は少ない。誘拐でいえば五〇〇分の一、犯罪でいえば一〇〇分の一といわれている。しかし、こどもに対するさまざまな犯罪は大きく報道され、公園はこどもがさらわれる場所と保護者は考えている。

学校の校庭も開放されているところは少ない。現代のこどもたちのあそび空間は、一九五五年頃と比較すると、一〇〇分の一というオーダーで少なくなっていると私は推察している。こどもたちに対してさまざまな調査研究もしにくくなっている。こどもに声をかけると不審者と思われる。かつて筆者たちはあそんでいるこどもたちに声をかけ、どこであそんでいるかを直接調査することができたが、現代ではほとんど不可能である。そのような現実はこどもにとっても大人にとっても不幸である。

こどもはあそびを通してさまざまな体験をすることによって成長していく。町でのあそびや生活もその基盤である。困難を乗り越え、生活を楽しむ人として成長するこどもには、幼児の

公園利用率の低下

三春台公園
隣接して塾があるためこどもが集まりやすいが、ついでによるというケースが多く、公園にあそびに行くという目的では利用されていないことが多い。

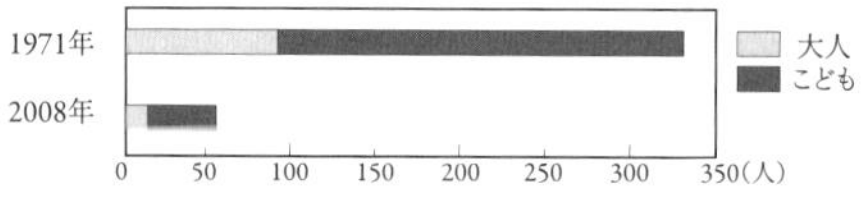

勝田第2公園
団地のなかの小さな公園なので利用頻度は高いと予想したが、実際の利用者数は極めて低かった。その原因として考えられることはあそびやすい公園計画(遊具の配置など)が適しているものではなかったからだと推測できる。

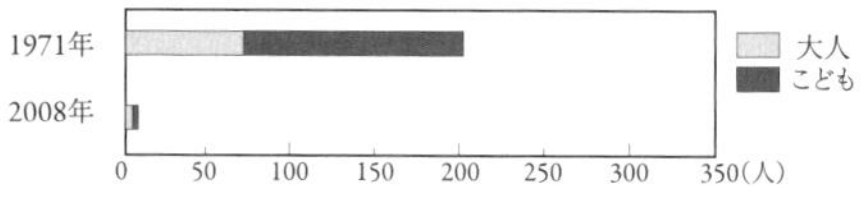

段階からゆったりとした生活時間のなかでもさまざまなあそびの体験が不可欠である。集中し、熱中する時間、大人に見守られる安心の空間、友だちと時間を忘れ夢中になるあそび、駆け回れる空間がなければならない。そういう町に変えていかねば、すなわち町の遊環構造を取り戻さねば、こどもの能力を開発する機会を奪い、その未来を明るいものにすることはできない、と。

7. こどもがあそびやすい町に変えるための戦略

我が国のこどものあそび空間は、この七〇年間で一〇〇分の一のオーダーで縮小していると思われるが、それはこども時代にあそびを通してさまざまな能力を獲得するチャンスを失ってしまっているということである。こども・若者の自殺率や不登校率の高さは、その状況を示していると考えられる。こどもが楽しい町、楽しい生活環境にしなければ、困難を乗り越え、幸せな人生を獲得できないのではないかと憂慮される。こどもにとって楽しい町にするためにはどうしたら良いか、その処方箋

[1]「こどものあそび場としての街区公園の利用実態の研究」国広・仙田研究室、二〇〇八年、および仙田満『こどもを育む環境　蝕む環境』朝日新聞出版、二〇一八年参照。

を掲げてみた。

（1）空間、時間、コミュニティ、方法を統合的に

　こどもにとって楽しい町、楽しい学校は空間を変えるだけでは不十分だ。例えばこどもの自殺の原因にはいじめ、勉強等があげられ、空間的な指摘が挙げられることはほとんどない。直接的には人間関係や教育方法という、環境の四要素でいうならばコミュニティ、時間、方法に関連することが多い。しかし空間的な環境が目に見えない形でこどもたちを逃げ場のない状況に追い込んでいる要因になっているに違いない。住宅も学校も柵や塀で隠され、壁の多い閉鎖的な空間になっていることが多い。生活も学校も高層化して、地上面から離れているのも問題だ。ポーラスという穴があいている、遊環構造の逃げ場がある空間的機能をとりもどす必要があると思われる。とにかく、あそび環境、成育環境の四つの要素、空間、時間、コミュニティ、方法を統合的に再構成してゆくことが必要だ。

（2）こども代理人の設置

こどもの視点で町のあらゆる施策をチェックし、こどもたちが生き生きと活動できる町にしていく専門の役職「子ども代理人統括官」がドイツ・ミュンヘンにある[2]。こども代理人制度である。これを我が国の地方自治体でも導入すべきである。町づくりにおいても、こどもの視点が置き去りにされることは多い。国や地域の未来を担うこどもたちが、現在つくられるシステムに何も言えないのはおかしい。少なくともこども代理人がいる必要がある。自治体でも、あらゆる組織において、こどもという次の世代を代弁する人が必要である。それを副市長、副知事というレベルに設け、あらゆる立法的、行政的、司法的施策にもきちんと反映することが重要と思われる。例えばタワーマンションの建設などを野放しにせず、ヨーロッパ諸国のように五階ぐらいに制限するようにするとか、公園とは異なるあそび場を都市的に位置づけることである。ドイツでは一九一二年にすでにあそび場法をつくっている。日本ではかつて児童公園というものがあったが、老人のゲートボールがしづらいと街区公園

[2] 各区に世話人となる子ども代理人がおり、中央の行政内には職員として他の部署とミーティングを開き、調整を行う「子ども代理人統括官」がいる。木下勇「世界で展開する子どもにやさしいまちづくり」『子どもにやさしいまちづくり〈第2集〉』技術評論社、二〇一三年。

と名称まで変えてしまった。選挙権をもたないこどもたちの場を無視されてしまったのだ。

(3) こどもの町づくりへの参加

小学生にもなれば自分自身の意見を主張できるようになる。そこでこどもが町づくりに参加できるシステムを取り入れる必要がある。こども参画である。ユニセフでも薦めており、インドネシア等では町づくりにこどもの意見を積極的に取り入れようとしている。参政権は一八歳に引き下げられたが、私は少なくとも一五歳、さらに一二歳まで下げて良いのではないかと考えている。そうすれば日本の政策はもっと未来を見据えたものになる。今、こども・若者がさまざまな場所で抗議の声を挙げている。スウェーデンの十七歳の少女グレタ・トゥーンベリさんは気候変動に対して大人たちは何もしていないと抗議の声を挙げ、国連総会で演説した。インドネシア・バリ島出身のワイゼン姉妹はプラスチックによる海洋汚染に対して声を挙げ、国際的な指示を得ている。アメリカの高校生たちは銃規制のため

グレタ・トゥーンベリ（2003-）

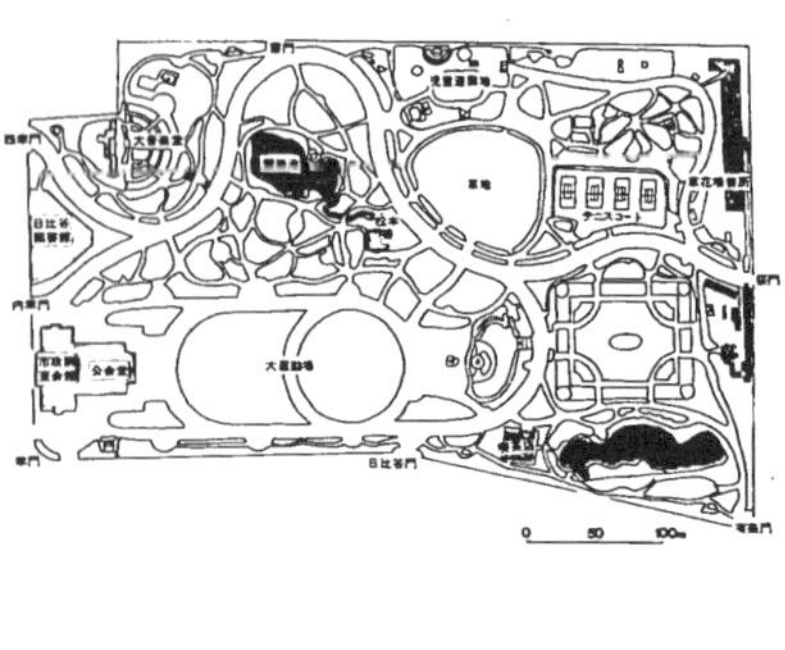

末田ますの活動した頃の日比谷公園

に立ち上がった。本当にこどもたちはさまざまな意味で町づくり、地域づくりに参加すべきだ。大人はそれに真摯に耳を傾けるべきなのだ。

（4）人がいる公園

現代、公園は緑と遊具があっても成立せず使われない時代になっていることを理解する必要がある。多くの保護者は公園はこどもが犯罪に遭う場所と考えている。戦前の日比谷公園のように人が必要なのだ。[3] 昭和初期、当時の東京市の公園課長だった井下清はヨーロッパの公園に公園指導員が

3・11のこども参加の町づくりの提案

こども環境学会では、こども参加の東日本大震災復興コンペを行った。

[3] 前頁の図は以下より。進士五十八・鈴木誠・水口聡子「日比谷公園の総合的研究-歴史的積層空間としての日比谷公園の性格と生活史的考察」日本建築学会関東支部研究報告集145-148、一九八三年。

いることに影響を受け、公園課のなかに児童遊戯係という今でいうプレーリーダー（プレーワーカー）を設置した。アメリカで学んだ末田ます等がこの係に就き、活躍した。その制度は戦後も続いたが、議会の反対にあって廃止されてしまった。今そのようなプレーリーダーのいる公園の重要性はきわめて高まっている。世田谷区の「羽根木プレーパーク」はプレーリーダーのいる公園として高い評価を住民から与えられている。そしてさらに保育園・カフェ等が公園内部や隣接した地域にもっとつくられ、多くの人がこどもたちを見守る必要がある。

（5）こどもが安全に生活しやすい街路

通学路で車がこどもに突っ込む事件も起きている。日本の街路はこどもの安全のためのハードの整備がとても遅れている。そもそも道はこどものあそびにとって、とても重要な場だった。それが自動車等によって奪われてしまったのだが、少なくとも安全な歩道のある道路の整備が行われ、細街路は車の進入を制限しなければならない。

バギーに乗せられているこども

［4］R. HELD AND A. HEIN: "Movement-produced stimulation in the development of visually guided behavior", *Journal of Comparative and Physiological Psychology*, Vol.56, No.5, 872-876, 1963.

今、日本のこどもたちは、二～五歳の自分で歩ける年齢になっても親にバギー車に乗せられて町に行く。親にとってはこどもたちが自分で自由に歩ける道になっていないため、バギー車に乗せておくことによって安全だと考えている。しかしそのためこどもたちは自分の足で歩くことをせず、身体的な開発や花や虫という路端の出来事に気づくチャンスを奪われている。[4] こどもが自分で歩けるような安全な町に変えていかねばならない。

(6) 豊かな水と緑が多くある町

我が国では空地空家が増え、人口減少が進んでいる。そして地球温暖化により、台風洪水等の自然災害も増えてゆくだろう。そのため防災的にも集住や立体化が進められねばならないと思われる。そのなかでオープンスペースや緑地の増大、集合的街場の確立、河川を制御しながら水に親しむ空間整備などを再構築してゆく必要があると思われる。空地空家の増加はある意味でこどもの成育環境としてマイナスな現象であるのだが、一面プラスに転ずる可能性もある。グランドレベルの緑化を進め、

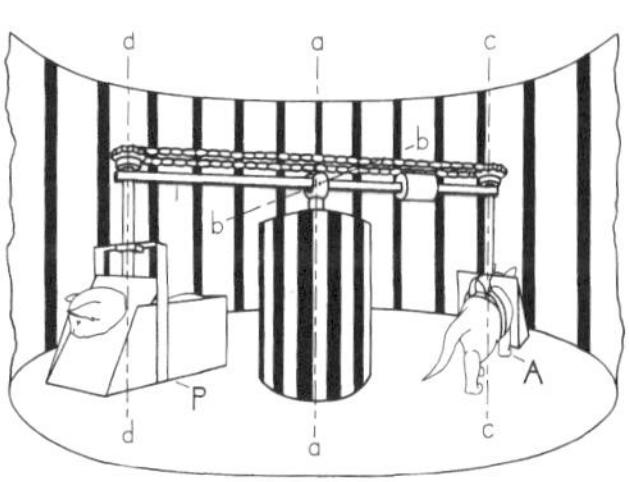

Fig. 1. Apparatus for equating motion and consequent visual feedback for an actively moving (A) and a passively moved (P) *S*.

ヘルドとハインの子猫をつかった実験

子猫による視覚と身体能力の関係の実験。この実験では2匹の子猫を一方はライド（乗り物）に乗せ、一方は床の上で自ら動くことのできる状態で、同一の視覚条件で育てた。すると、ライドに乗せられた子猫、すなわち受動的な視覚経験しかない子猫は、ライドから降りて歩くと障害物を避けられず、ぶつかったり転んだりした。それに対して能動的に歩いて育った子猫は、さまざまな障害物をうまく避けることができたという。つまり、視覚的情報は身体的な能力には寄与しないことが示されている。

小さな自然体験が可能な町に変えていくチャンスでもある。

(7) あらゆる場所にこどもの空間を

都市、地域のあらゆる場所にこどもの空間を用意すべきである。スポーツ施設、庁舎、オフィス、商店等、あらゆる都市施設にこどもたちが安全に過ごせる居場所がなくてはならない。こどもが排除されるような都市機能はそもそも必要がない。こどもたちが自由にあそびに熱中できる空間を多く取り戻すことが必要である。

(8) 楽しさのある都市空間を遊環構造に則っての検証を

歩いて楽しい町はこどもが元気に育つ町である。あそびや楽しさがあふれる町並、町角であることはもちろん、学校も楽しくなくてはならない。毎日行くのが待ち遠しい楽しい学校や、公園や、学童保育施設でなければならない。楽しさを町づくりのキーワードにする必要がある。そのためにも遊環構造が町の建築や環境に成立しているかどうかを検証する必要がある。一

緑と低層集合住宅が一体化している（フライブルク）

言でいえば、安心して鬼ごっこができる町になっているかどうかをみてゆく必要がある。

8．めまい空間をもつ都市の魅力

都市の魅力はこどもにとっても大人にとっても共通している。それはめまい空間の魅力である。スタジアムやアリーナでの祝祭的な空間もめまいの空間といえるし、伝統的な地域のお祭りもある種のカタルシスをもつめまいの空間といえるのではなかろうか。そのような人が集まり、祈り、一体感をもつ場が町にあることはとても重要だ。ヨーロッパの教会も我が国の寺院、神社もそのような空間といえる。観光というのも、そのような聖なる空間、祈りの空間が重要な拠点になるし、展望塔や洞窟もある種のめまい空間といえるだろう。高いところから展望する、洞窟やトンネル体験、そして水や美しい芝生等もある意味でめまい空間として、心を落ち着ける、人の心を惹き付ける場として機能すると思われる。

サン・マルコ広場

そのような空間を町、都市に内蔵することが必要である。私は常に「都市に聖地が必要だ」と考えている。祈りの場であり熱狂的な場である。住民も来場者もが一体感をもてる場である。聖地は遊環構造の中心に存在するめまいの空間にも相当する。それは、ロジェ・カイヨワのいう「身体的・精神的パニック状態を楽しむ場」としてのめまい空間が都市のなかに数多く存在し、あわせて中心的な位置としても存在する形かもしれない。日本でもヨーロッパでも共通する宗教都市やスポーツスタジアムがある都市の形に似ているのは偶然でない。

新広島球場航空写真

参考文献

▼1 仙田満『こどものあそび環境』筑摩書房、一九八四年

▼2 仙田満『環境デザイン講義』彰国社、二〇〇六年

▼3 仙田満『子どもとあそび　環境建築家の眼』岩波新書、一九九二年

▼4 仙田満『こどものためのあそび空間』市ヶ谷出版社、一九九八年

▼5 仙田満編著『こどもと住まい（上・下）』住まい学体系32、33、住まいの図書館出版局、一九九〇年

兵庫県立南但馬自然学校（1994）

兵庫県は小学校5、6年生に年間5泊6日の自然体験を教育カリキュラムとして位置づけている。自然体験はこどもたちにとってきわめて重要であるが、現代の我が国のこどもたちにとっては減少の一途であり、兵庫県のこの施設はきわめて高く評価される。古城・竹田城を望む山麓100haに280名の生徒が宿泊体験、自然体験を行う場として計画された。大屋根広場と呼ぶ屋根付きキャンプファイヤー場を中心に、宿泊棟、食堂、教育棟等が遊環構造を形成するように配置されている。生徒たちの日常的な自然体験活動が活性化されることが意図されている。

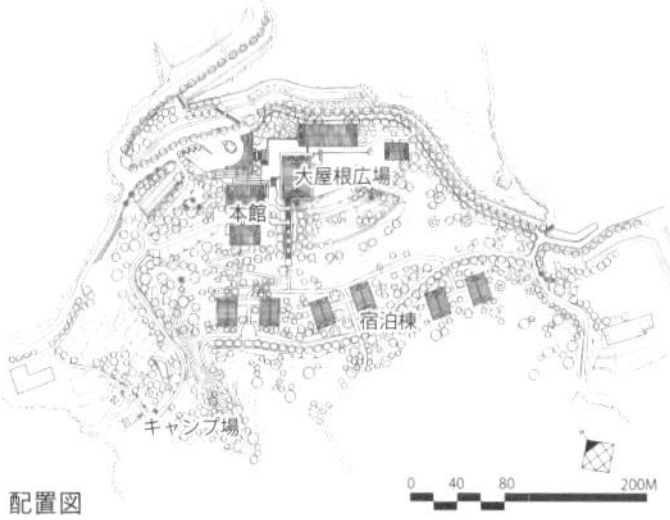

配置図

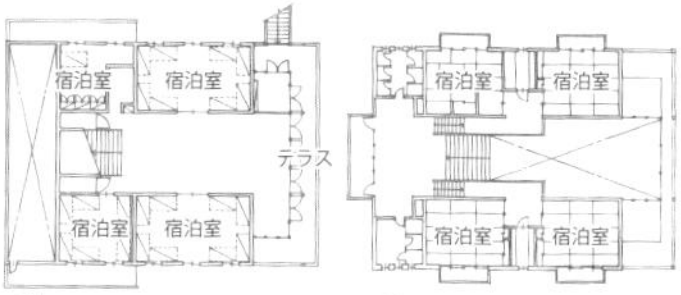

1階　2階

宿泊棟平面図

［左上］宿泊棟外観［右上］大屋根広場外観
［左下］大屋根広場内部を見る［右下］寺院の伽藍配置にも似た構成

兵庫県但馬ドーム（1998）

関西の大学等の運動部の合宿地として有名な兵庫県旧日高町の山麓に建設された、南側の約2分の1がテフロンドームで開き、北側の2分の1が金属屋根である。幅150m、高さ60mの内部容積をもっている。北側のエントランス、サービス諸室、上部のスポーツミュージアムを東西2つの階段によって回遊させ、遊環構造としている。回遊性を持たせるために、階段が立体的なギャラリーを構成している。何よりも南側のテフロンドームが回転し、開き、周囲の山々が見えると来館者に驚きと感動を与える。遊環構造による発見と驚きがこのドームの大きな魅力となっている。そのため交通の便のあまりよくない地域であるにもかかわらず年間50万人程度の利用者のあるスポーツドームとなっている。

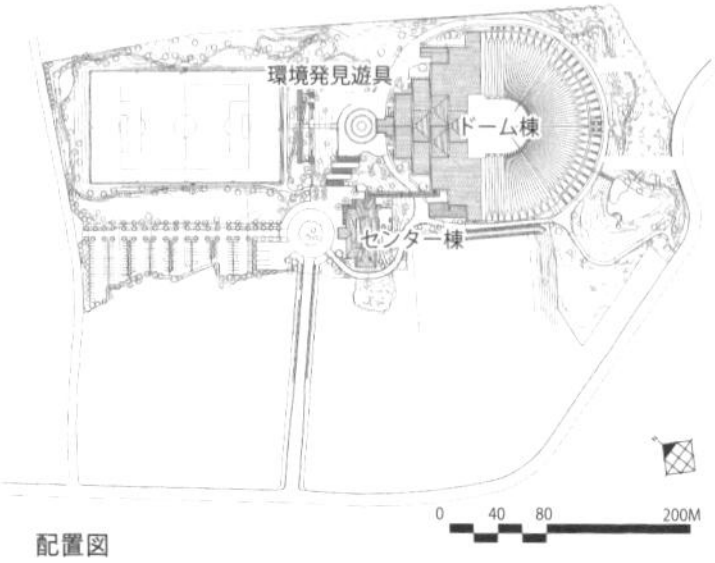

配置図

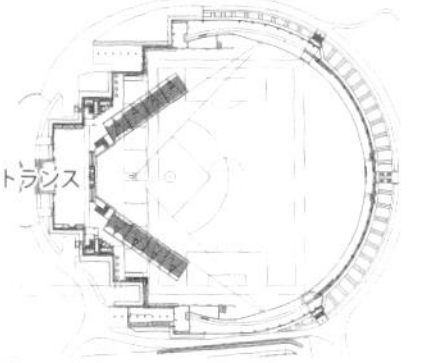

ドーム棟1階平面図

0 20 40 100M

［左上］屋根開時のドーム外観［右上］ドーム内部を見る
［左下］ドームの目前には山々が広がる［右下］景観との調和を図った全景

◉第六章　建築・庭園の廊空間

遊環構造において重要なエレメントは、循環動線であり、回遊動線である。それを歴史的な建築にあてはめると、廊という空間が注目される。歴史的な空間には、遊環構造が当てはまる場合が多い。廊空間が遊環構造を発展させる化学反応装置のような役割を果たすと考え、歴史的な建築・庭園を含め、廊空間を考察し、遊環構造のツールとしての有効性を検証した。

1．廊という概念

廊という空間に興味をもったのは、若い頃初めてベルサイユ宮殿を訪れたときだった。ベルサイユ宮殿には廊下がなかった。室から室の移動の様子を見てみると、人々は突き抜けて見学し

ベルサイユ宮殿・鏡の間

ていた。私はそれまで、建築には廊下と室という構成が当たり前と思っていた。建築には廊下があってそれに室がとりついていなければならないと考えていたので、室から室へ直接つながる建物があるということに衝撃をうけた。

考えてみれば私が育った家には廊下があったが、それは六畳間の南北にあるもので、決して室をつないでいるものではなかった。そもそも横浜・保土ヶ谷という宿場町にある小さな町屋で、たたき一坪の玄関に一坪の踏み込み、そして四畳半の茶の間、床の間のある六畳間、そして三畳の広さのある板の間の台所の延べ一三坪の小さな家だった。その家の廊下は縁側と呼ばれるもので、内と外をつなぐものであって、室と室をつなぐものではなかった。

日本において室と室をつなぐ中廊下がある形式の住宅が出てきたのは比較的新しい。ドイツ文学者でエッセイストの池内紀の『みんな昔はこどもだった』[1]のなかに出てくる脚本家の向田邦子の「中廊下のある家」はおもしろい。懐かしさも含め、昭和の日本の住まいを思い出させてくれる。池内は向田のエッセ

[1]↓本章では引用文献を章末にまとめて記した。

イを読み、中廊下と人びとの行動関係を分析している。向田の父親は保険会社に勤め、各地に転勤していたそうだ。そして来客の多い住まい方のなかで、客のいる室を通らないで別の室に行ける中廊下のある家に引っ越したことで、向田は心の安定を得たのだろうと池内は次のように書いている。「向田邦子がエッセイに書きつけたのは、それがとても貴重な空間であることを身にしみていたからだ。これ一つで日本人の暮らしが大きく変わった」。確かに家は客を招き入れる場所である。そもそも「接客がとても大きい機能だ」と言ったのは、文化人類学者の石毛直道である。彼は人間の住居では〈性交〉は必ずしも必須の機能ではなく、必須の機能として〈睡眠・休息〉〈育児教育〉〈炊事〉〈食事〉〈家財管理〉〈接客〉〈隔離〉を挙げている[2]（下図）。特に接客について「住居内に客を迎えるというのは、極めて人間的な行為である。動物の住居では、その群れの構成員以外の個体が巣のなかに侵入するというのは、通常の状態ではありえないのです」と述べている。

私の父は戦後、横浜の造船所の労働組合の委員長をしていた

石毛の住まいの機能図

社会＼行動	睡眠・休息	排泄	入浴・行水	化粧・着衣	性交	育児・教育	洗濯	炊事	食事	家財管理	生業	接客	信仰	隔離	知的活動	娯楽	美的活動	隠退
日本某家	●	●	●	●	●	●	●	●	●	●		●	●	●	●	●	●	●
トンガ	●	●	●		●	●	●	●	●	●		●		●				
西部ダニ族	●					●		●	●	●		●		●				
モニ族	●					●		●	●	●		●		●				
メガルハ族	●				●	●		●	●	●		●	○	●				
スワヒリ	●	●	●		●	●		●	●	●		●	○	●				
イラク族	●				●	●		●	●	●	○	●		●				
ダトーガ族	●				●	●		●	●	●	○	●		●				
ハツァピ族	●				●	●		●	●	●		●		●				

●主として住居内空間でなされる行動　○住居内空間で行動の一部がなされる

ので、小さな家にもいつも客が来ていた。そのときには奥の室でこどもの私は息を潜ませていたのだが、トイレに行くには客のいる四畳半を通らなくてはならなかったため、とても困ったことを覚えている。そういう点で中廊下という空間の出現はとても大きなものだったと思う。

池内は『中廊下の住宅　明治大正昭和の暮らしを間取りに読む』[3]を紹介していて、中廊下型住宅を昭和初期の若い建築家の設計競技を得て「庶民の自らの矛盾を克服しながら試行錯誤の末に作り上げたもの」と引用している。こうしたエピソードはいずれも、廊空間のありかたが、人々の生活にきわめて大きく影響する例と思える。

2．廊、廊下、廊空間とは何か

廊空間の「廊」とは廊下のことである。すでに述べたように建築には廊下がどこにでもある。しかしベルサイユ宮殿の主要部には廊下がない。部屋から部屋に扉があり、つながっている

中廊下の住宅の例

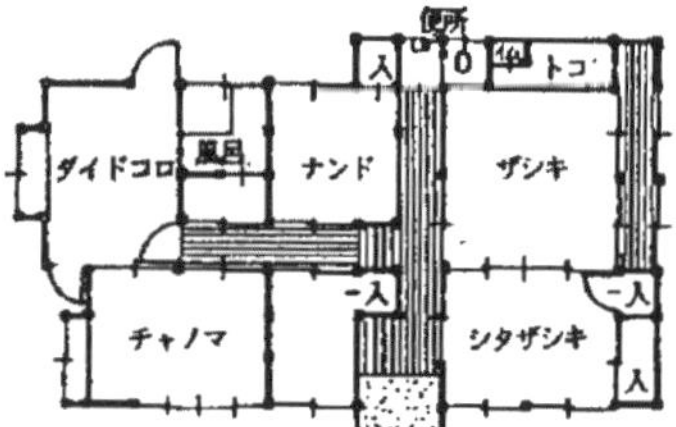

図は以下より。大岡敏昭・青木正夫「中廊下型の成立過程と座敷構成の継承　九州中部と東北中部地域における前座敷系と鍵座敷系住宅の場合　中廊下型農家住宅の成立とその要因に関する実証的研究（その1）」日本建築学会計画系論文報告集413(0) 119-128、一九九〇年。

だけである。建築の廊下は、いうなれば都市の道路みたいなもので、道があってはじめて都市があると思われるが、建築における廊下は必然的なものではないのだろうか。

（1）「廊」という空間

「廊」という漢字は、もともと「屋根の下に家来（＝廊官）がいる」状態を示し、家来のいる空間があるということである。漢学者・白川静によれば、「廊」の字義について「もと郎官の侍するところであろう」と解釈している。「廊」という字を字形学的に分析すれば「广（ゲン）」と「郎（ロウ）」から成り立ち、さらに「郎」という字は「良」と「邑（ユウ）」から成り立っている。「良」という字は穀物を選り分ける箱を表す形であり、「邑」という字は跪いている人を表す形である。つまり「郎」という字は跪きながら穀物を選り分けている人を表す。この良いものを選り分けることのできる人という意味から転じて、物事の良し悪しを見定めることのできる有能な人を意味し、ひいては郎官と呼ばれる官位、すなわち家来を意味するといわれている。一方「广」

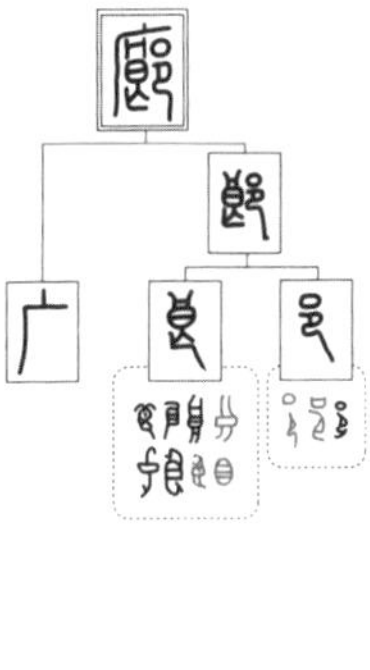

「廊」の字の成り立ち

は屋根を伴う空間を表す形である。総合すると「廊」は郎官の侍する空間を表す形であるということになる。言い換えれば主と従のヒエラルキーが空間として具現化されたものである。

（2）廊的空間の形態

人間の住居は、竪穴住居のように単純な一室空間から発展していく。平安時代の寝殿造を見ると、母屋の周囲には庇・縁側が巡り、また複数の建物同士をつなぐ廊が多数存在するようになっている。寝殿造においては、主の空間を「母屋」というのに対し、その母屋の周囲の空間を「庇《ひさし》」という。一方、「廊」は本来は主要な建物に付属する建物を指していた。つまり、どちらも母屋に対する付属空間である。

母屋・庇という関係における廊空間は、母屋を縁取るように付属する「片廊」ということができる。一方、母屋から突き出るように付属することの多い「廊」は「突出廊」と呼べる。現代的にいえばキャノピー的な空間ともいえる。例えば寝殿造の中門廊や平等院鳳凰堂の翼廊が突出廊である。

母屋と庇の関係（法隆寺伝法堂）

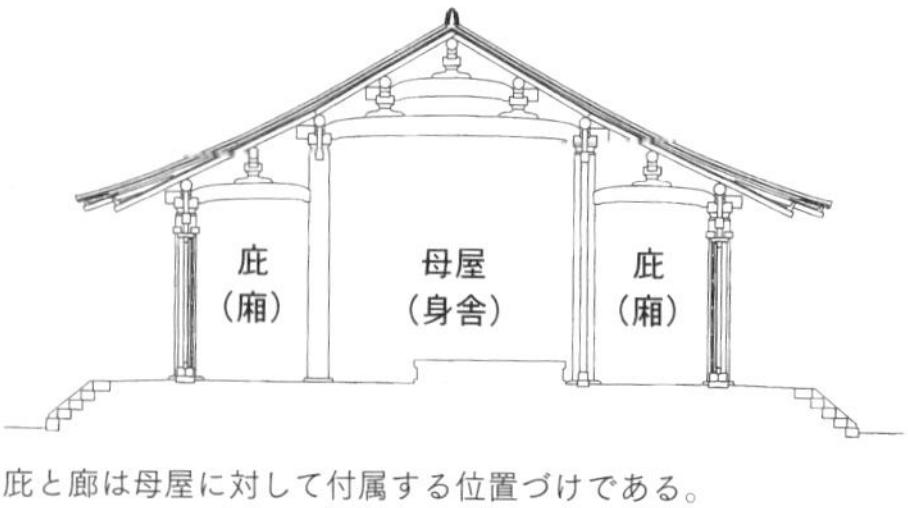

庇と廊は母屋に対して付属する位置づけである。
図の庇は廊空間の類型化（次頁）の「片廊」に位置づけられる。

「片廊」や「突出廊」は古代から見られる形式だが、これらに対し近世以前にはあまり見られない中廊下のような形式は「中廊」と呼べる。片廊、突出廊、中廊といった廊空間は、それぞれ複数の建物や部屋（主空間）をつなぐ「接続型」へ展開することがある。例えば片廊下や中廊下あるいは渡殿、渡り廊下である。一方、廊空間が特定の建物や空間を囲むように「包囲型」へ展開することもある。例えば、法隆寺などに見られる「回廊」である。

次に断面的な検討をしてみると、「片廊」の場合、片側は外部に開放されることが多くなる。「中廊」の場合、両側とも外部に開放されることはない。一方、「突出廊」はまず単廊と複廊に

庇空間の類型化（片廊・中廊・突出廊という分類は仙田・高木による）

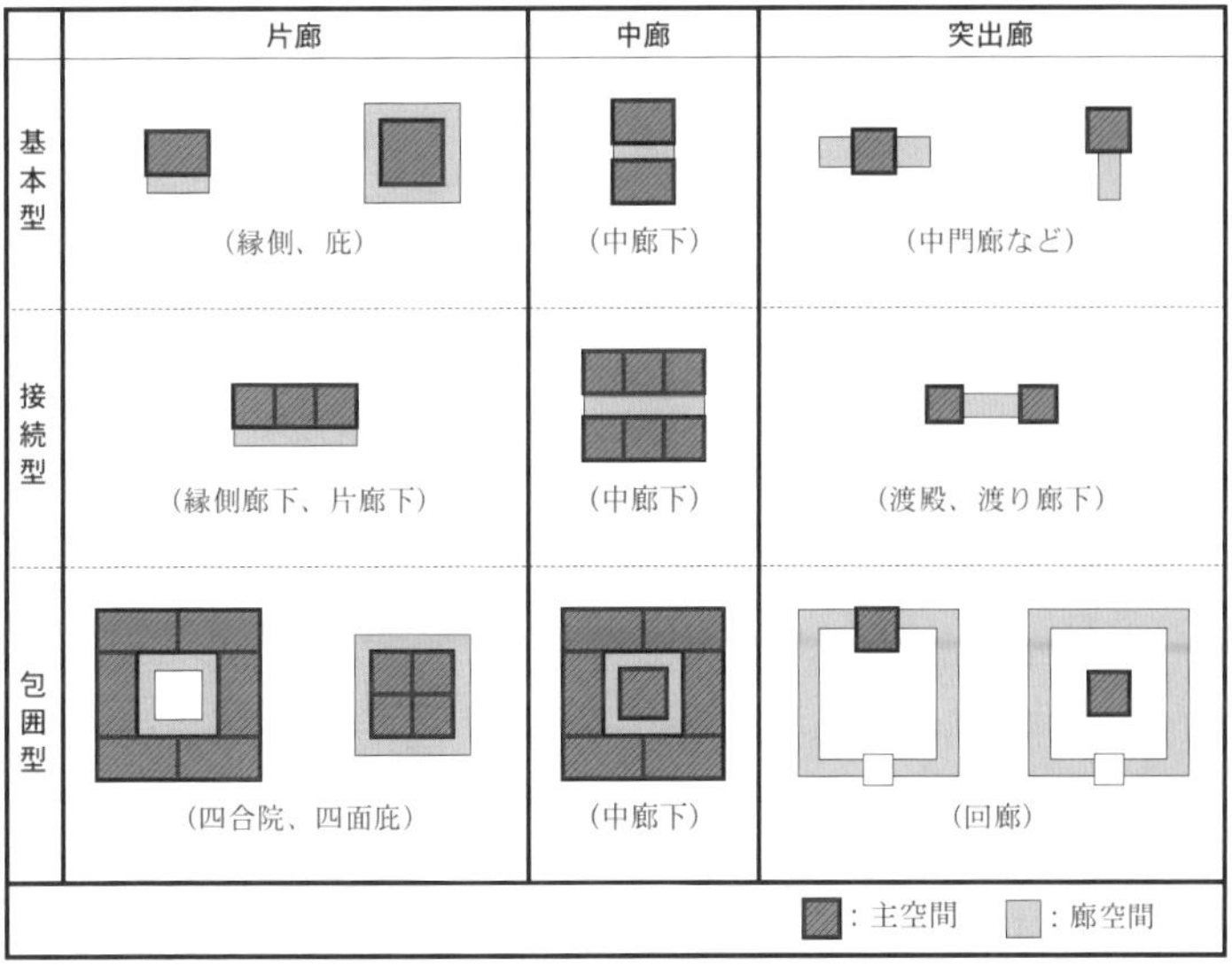

分けることができる。単廊は両側が開放されるもの、片側が壁になり片側が開放されるものが多いが、中国の庭園では両側とも壁になっていて外部に開放されないものも見られる。複廊は寺院の回廊や中国の庭園などにも見られ、中央に壁があるため、壁のない側のみが開放されることになる。中央の壁には書画が飾られたり、あるいは窓が開けられたりする場合もある。

(3) 廊と公私性

起源的概念における「廊」は主の空間に伴う郎官の侍する空間を意味しており、そこにヒエラルキーが成立していた。主のいる空間、すなわち「主空間」に連続する「廊」は、主空間の延長空間ともなり、主の出入りは多くなる。一方、主を訪れる者にとっても、主の空間に先立って「廊」までは比較的容易に立ち入ることができる。従って、この起源における「廊」は、主と主を訪れる者がともに出入りしやすい、つなぎの空間であると位置づけられる。逆に、この「主（主空間）」と「主を訪れる者」をつなぐ空間であれば、広義に「廊空間」と定義することがで

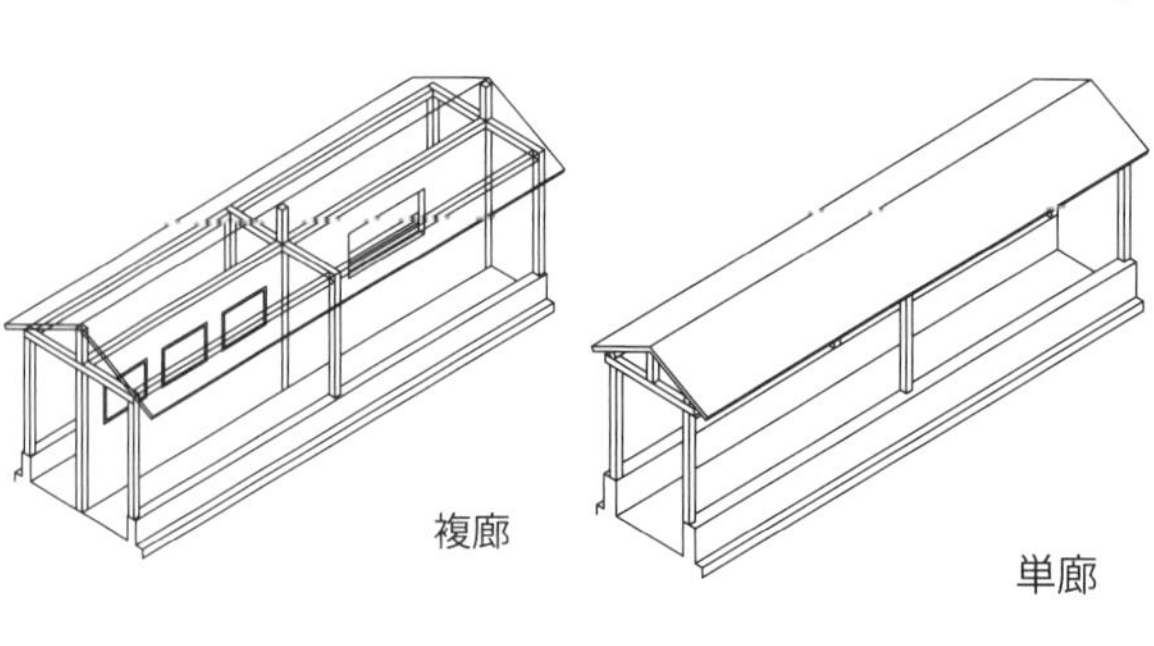

廊の形状

きる。一方、主空間が主にとっての私的な空間であり、主を訪れる者が公的空間からやってくるとすると、廊空間は公私が交じり合う空間であると言い換えることもできる。

廊空間に、屋根は必須の条件である。屋根のない廊空間はなりたたない。そして、もう一つの要素として床《ゆか》がある。特に日本の伝統建築に見られる縁《えん》は、床を延長した日本特有の廊空間である。屋根、天井があっても、土間の廊空間もあり、それらはどちらかというと公的な意味合いが高くなる。すなわち日本の廊空間においては、床のあるなしが公私との関係において影響を与えるとみることができる。

これら廊空間の機能は必ずしも通行ばかりではない。しかし主空間をつなぐ空間として、通行の機能が大きな役割を果たしていることは確かである。通行という行為は公的な場で行われる。従って廊空間は公的な役割をもつという意味で、建築的な廊空間のみならず、都市にも廊空間が存在する。それらを建築廊、都市廊と区別し、まず建築廊について考察してみたい。

「春日権現験記絵」巻五第二段（部分、宮内庁所蔵）

（4）日本の住宅における廊空間

日本的な廊空間は平安時代の寝殿造の廊空間に代表されるが、ここでは片廊と突出廊が共存している。

寝殿造の住宅の主は貴族、すなわち人であり、そこにはさまざまな官位の人や家来がいて、各殿舎に住み分けている。そのため寝殿を頂点として複数の主空間が存在する。それに伴って廊空間が多様に展開する。なかでも平安時代の代表的寝殿造として知られる東三条殿を見ると、最も高いヒエラルキーを有する寝殿の東西には接続型の突出廊である二棟廊や透渡廊があり、また西の二棟廊や東の対屋からはそれぞれ南に向かって突出廊である中門廊や透廊が延びている。これら突出廊に沿うように、片廊である縁や簀子《すのこ》が連なるというのが基本的な構成である。

主要な殿舎においては母屋と呼ばれる空間が中心をなし、それらを取り巻くように庇（廂）と呼ばれる空間があり、さらにその外側を縁取るように縁（側）・簀子といった空間があり、それから外部空間へと至る。この「縁」という呼称は「ふちかざり」の意味をもち、床のふちを巡ることによる呼称である。ただし、

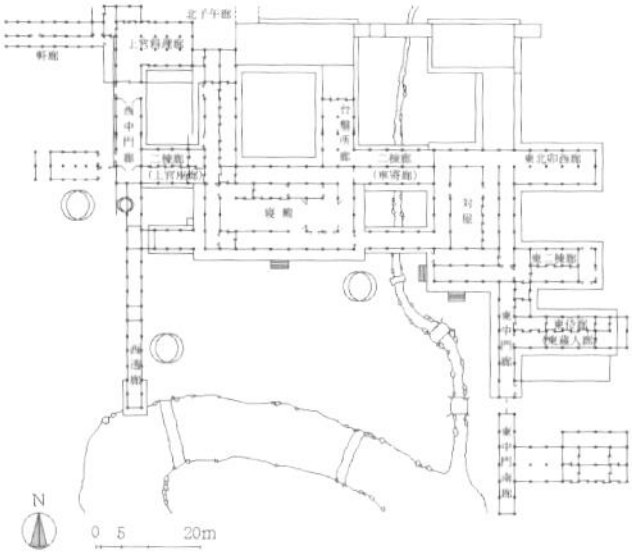

寝殿造（東三条殿平面図）

釣殿、突出廊

古代においては竹や板を目透かしに並べていた様から「簀子」と呼んでいたようである。

(5)社寺における廊空間

神社建築の主空間は本殿、寺院建築の主空間は金堂や塔などになる。神仏が奉られている建築であるが、それに対する廊空間の機能として三つあげることができる。

一つ目は空間を限定する廊空間、二つ目は空間を接続・誘導する廊空間、三つ目は空間を展望する廊空間である。

空間を限定する廊空間

寺院建築や神社建築（以下、両者をまとめて社寺建築と呼ぶ）では、回廊という代表的な廊空間が存在する。もともとは飛鳥・奈良時代の寺院建築に見られるものであり、それが次第に神社建築にも導入されていく。この回廊は、回廊の外から見て主である「神」や「仏」を引き立てると同時に、回廊の内を外の世界から切り離し、聖域性を高めている。例えば法隆寺における回廊の

空間を限定する廊（法隆寺）

空間を誘導する廊（長谷寺）

断面形態を見ると、回廊の内にある「仏」のための主空間（金堂や塔）を意識するような配置となっているが、回廊の内から外への景観を楽しむような空間構成にはなっていない。つまり、回廊の外から内へと意識が向いていることになる。

空間を接続・誘導する廊空間

複数の建築をつないだり、入口から誘導したりするための渡り廊下のような廊空間は比較的多く見られる。なかにはつながる建築の距離が一〇〇メートル以上にも達する場合もある。例えば牡丹で有名な奈良の長谷寺には、本殿までつなぐ長い廊空間があり、登廊と呼ばれている。山門より登廊の階段を上っていき、本殿から見返した長谷寺の全景は見事である。ある種の回遊性もあり、遊環構造の配置になっていて、多様で変化に富む美しい建築景観と周辺の緑の景観が調和して、訪れる人を飽きさせない。

岡山の吉備津神社においては本殿前の拝殿からえびす宮、御釜殿、本宮社などをつなぐ総延長三〇〇メートル以上にも及ぶ

空間を接続する廊（吉備津神社）

空間を誘導する廊（厳島神社）

長い廊を体験することができる。少し高いところにある本殿から弧を描くように下がっていき、大変魅力的である。

平清盛が再興させたことで有名な厳島神社の廊空間も大変美しい。この厳島神社の廊の幅は約四メートルあり、現在では清盛の時代に比べ、廊の形態が複雑になっている。厳島神社の廊は海上にある社殿へと誘導する導入空間としての役割があり、また床板を目透かしにし、高潮のときに下から押しあがってくる海水の圧力を弱めたり、海水や雨水を海へ流したりする工夫もされている。厳島神社の廊空間も遊環構造を形成している。

京都の禅寺として有名な東福寺境内にある法堂と開山堂普門院をつなぐ廊空間である通天橋は紅葉で有名である。同じく京都にある高台寺においては、やや小規模ながら庭園において、複数の主空間（建築）をつなぐ特徴的な廊空間として楼船廊《ろうせんろう》や臥《が》龍廊《りょうろう》がある。

一方、建築とは孤立して廊空間が配置されている場合、その多くは庭園の池に橋として架かっている。庭園の池を横切るような場合と、池の沖にある島へ渡るような場合があり、いわば

空間を誘導する廊（高台寺・臥龍廊）

空間を接続する廊（東本願寺渉成園・回棹廊）

エリアをつなぐ廊空間である。一般的には屋根付きの橋として「廊橋《ろうきょう》」と呼ばれることが多い。例えば京都の東本願寺の庭園である渉成園《しょうせいえん》には「回棹廊《かいとうろう》」と呼ばれる廊橋がある。この回棹廊は渉成園の印月池《いんげつち》に浮かぶ島へ渡るための橋であり、多くの来園者は池の周囲を巡るように歩きながら、この回棹廊を通り、島へと渡っている。このほか、京都の修学院離宮の「千歳橋《ちとせばし》」、岐阜の永保寺の「無際橋《むさいばし》」など、池に架かる廊橋は比較的多い。また谷間に架かる廊橋としては東福寺の「臥雲橋《がうんきょう》」や「偃月橋《えんげつきょう》」などもある。

空間を展望する廊空間

同じ社寺であっても美しく造園された庭園をもつ場合、あるいは海や山などを借景することにより美しい景観をもてる場合に、その景観を積極的に見せるための廊空間が存在することがある。東福寺の通天橋はもともと谷間を上り下りしなくていいようにとつくられたものだが、そこから見える景色がすばらしいため、後世に中央部分を振り出し見晴台のようにしている。

空間を接続・展望する廊（東福寺・通天橋）

空間を展望する廊（平安神宮・泰平閣）

時代はやや新しくなるが、京都の平安神宮の裏手にある神苑にも「泰平閣《たいへいかく》」と呼ばれる廊橋があり、廊の端部がベンチ状になっていて、座りながら景色を眺められるようになっている。

(6)中国の庭園における廊空間

　中国の庭園にはいろいろな形式があり、皇帝によってつくられた皇家庭園、貴族・文人・役人など個人による私家庭園、寺廟庭園、風景庭園などがある。北京にある頤和園《いわえん》は皇家庭園である。上海からほど近い蘇州にある獅子林《ししりん》、滄浪亭《そうろうてい》、留園《りゅうえん》などは私家庭園である。ここで特徴的なのは廊である。例えば滄浪亭の周囲に巡る廊は複廊と呼ばれ、真ん中に壁があり、その両側に屋根が架かっていて、壁に透かし窓が開けられていたり、漢詩、絵がかけられギャラリーを兼ねたりしている。もう一つの特徴は園路の主要な部分に廊が巡っていて、柱間の欄干《らんかん》のようなところに座れ、そこが休憩空間になっていることである。

　中国の庭園の廊空間の幅は、蘇州の私家庭園では狭いことが多く、一・二～一・五メートル程度に集中している。これに対し

獅子林（折廊・画廊）

留園（波形廊）

て、北京の頤和園や北海公園（旧西苑）など皇家庭園では二・〇〜二・二メートルと広いものが多い。一般的に皇家庭園の廊空間の幅が広く、私家庭園の廊空間の幅は狭い傾向にある。日本の社寺庭園の廊空間の幅は二・五〜三・〇メートルの範囲が多くなっている。しかし、日本でも個人のためにつくられたような私的な庭園では一・五メートル前後の幅の狭いものも見られる。中国の園林の廊空間も遊環構造を形成しているところが多い。

4. 廊空間での行為

廊空間での行為は、その廊空間の形態とも関係があるが、ここでは日本の寝殿造での廊空間と中国庭園の廊空間の行為の二つのタイプについて考える。

(1) 日本の古典文学・絵巻物に見られる寝殿造での行為

寝殿造における廊空間は、実際にどのように用いられたのであろうか。その手がかりとして公的な行為にとどまらず、私的

滄浪亭（複廊）

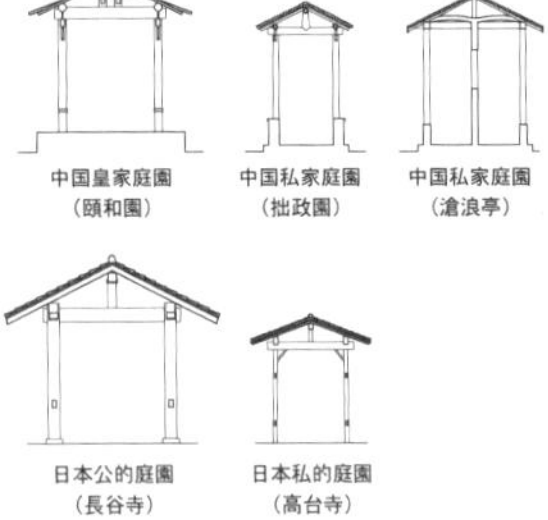

廊の断面図

な行為をも描かれている古典文学から探ってみた。岩波古典文学大系シリーズのなかから、寝殿造の様式と関わりある一四世紀以前を舞台とする計三六作品を対象として、「廊」（回廊、中門廊、廊下など廊に関連する語も含む）、「渡殿《わたどの》」（渡廊、透渡殿《すきわたどの》など渡殿に関連する語も含む）、「縁」（簀子、簀子縁など縁に関連する語も含む）をキーワードとして、廊空間の描かれている箇所を抽出し、その前後で廊空間がどのように用いられていたのかを分析した。その結果からもコミュニケーション、通行・滞留、あそび、生活にかかわるものまで、さまざまな行為が行われていたことがわかる。

例えばコミュニケーションをとる行為では『宇津保物語《うつほものがたり》』に描かれた平中納言が嵯峨院の正頼を訪れたとき、いつも対面に使用している部屋が空いていなかったので、正頼の住む北の殿の簀子にしつらいをして、対面するというシーンがある。また『源氏物語』においては、御息所を訪ねた源氏がせめて縁側に上がっての対面ぐらいならば許されないだろうかと思い縁に上がり込んでいるシーンが描かれている。このように外部から訪れた客が廊空間において対面するというシーンは廊空間のなか

訪れた貴族に対応する（『源氏物語絵巻』徳川美術館所蔵）

でも特に縁において多く確認でき、部屋に準ずる空間として、突然の訪問者による突発的な対面や男性が女性を訪れたときなどのより私的な対面に多く用いられているようである。

内部空間と廊、縁、中庭を中心とした外部空間までものすべてが一体化して儀式や行事、あそびが行われている。対面や月見、庭の鑑賞という行為などにおいても廊空間と外部空間あるいは廊空間と内部空間が一体化しているような例は見られたが、儀式・行事やそれに類するあそび行為などではさらに大規模に一体化することもある。そして、ときには中庭が舞台となり、周囲の廊空間は客席のようにもなる。むろん、一部の身分の高い者は寝殿や対屋の廂《ひさし》など内部空間にいるが、それすら廊空間を介して外部空間と一体化しているように見える。このように廊空間は、ときには部屋ともなり、ときには内部空間の受け皿となり、ときには外部空間の受け皿ともなり、さらには他の廊空間とともに内部空間と外部空間を含めて一体の連続した空間をも形成しうるのである。自在に拡張しうる廊空間があればこそ、廊空間に限らず、各空間までもが多様に用いられ、さまざ

闘鶏（『年中行事絵巻』住吉家蔵）

まな事態にも対応できたのであろう。

(2) 能舞台と廊空間

中世に生まれた能は書院造のなかで能舞台としての位置が示されている。本舞台は三間四方、見所となる広間の正面に白洲を介して相対する形である。南面した座敷に向かい、舞台は北向きが標準とされた。舞台の大きさは三間四方、橋懸り、鏡の間により構成されている。それに面する広間には広縁が設けられており、見所が設えられている。この舞台空間がある意味では遊環構造の循環動線である廊とそこに対峙し独立的な演劇的な世界、めまい空間といえるものに転じられると思われる。

(3) 中国庭園での行為

中国庭園・日本庭園ともに、客が庭を回遊しながら景観を楽しむ形であるが、中国庭園はその動線に屋根付き廊を構成しているところが特長である。日本庭園と中国庭園の人々の行動について、滞留という点から比較的に調べてみると、蘇州の庭園

寝殿造におけるイベント「大饗」(『年中行事絵巻』住吉家蔵)

においては、滞留している人（座っている人および立っている人）の割合が平均六九％に達しており、これは日本の庭園において調査した際の平均四四％に比べて高い。座っている人の割合は日本の庭園における平均八％に対して、蘇州の庭園においては平均三八％とさらに差が歴然となり、この差が全体の滞留率の差となっている。中国の庭園において座っている人が多いのは、亭や軒などの四阿《あづま》空間が存在するからというだけではなく、多くの廊空間が座れるようになっているためである。廊の構造の断面において、端部がベンチ状になっていることが多い。滞留プロット図（次頁）を見ると、「景観を広く見渡すことができる廊空間」に多くの滞留が見られるほか、「主景区から控える隠れ家的な廊空間」にも滞留している人が多い。また、長く連続した閉鎖的な廊空間（序幕的空間）からとつぜん広く景区を見渡せる開放的な空間に出たところでも多くの滞留が確認できる。閉鎖的な空間（狭・暗）を十分に体験させてから開放的な空間（広・明）に突然解き放すことで、空間をより大きく感じさせる効果があり、それが滞留の発生をうながしているのであろう。これ

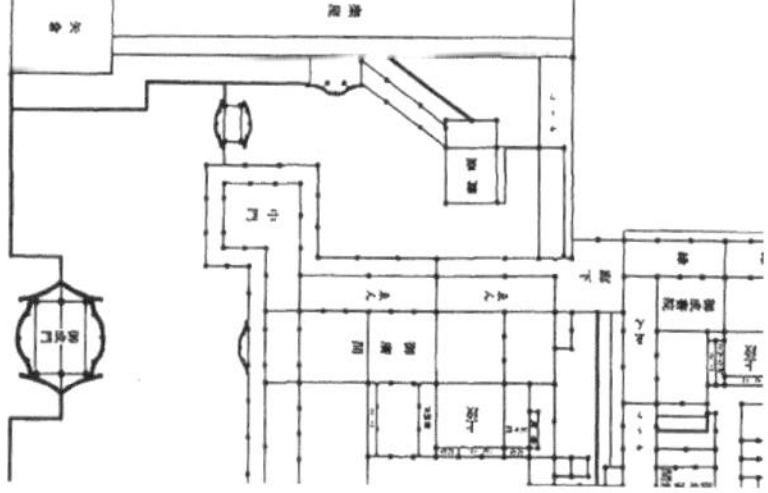

寛永期福井藩江戸上屋敷の〈表〉舞台

はいわば「小中見大（小さな空間のなかに大きな空間を見る）」と呼ばれる手法に通じる。

「景観を主とする行為」については「景観の鑑賞」「景観の写真撮影」「景観を見ながらの会話」などといった行為が見られる。これらの行為は「景観を広く見渡すことができる廊空間」における滞留や、十分な長さをもった序幕的空間を経た後に発生する滞留において、確認されることが多い。廊空間以外でも水上の橋や、水辺、見晴らしのいい場所などでしばしば確認される。一方、「景観を従とする行為」については「昼寝」「休憩」「飲食」「読書」「会話」「書画の鑑賞」などさらに多岐にわたる。こうした行為は「主景区から控える隠れ家的な廊空間」において顕著に確認され、廊空間以外でも亭や軒において散見される。また欄干に腰掛けたりしながら比較的長時間

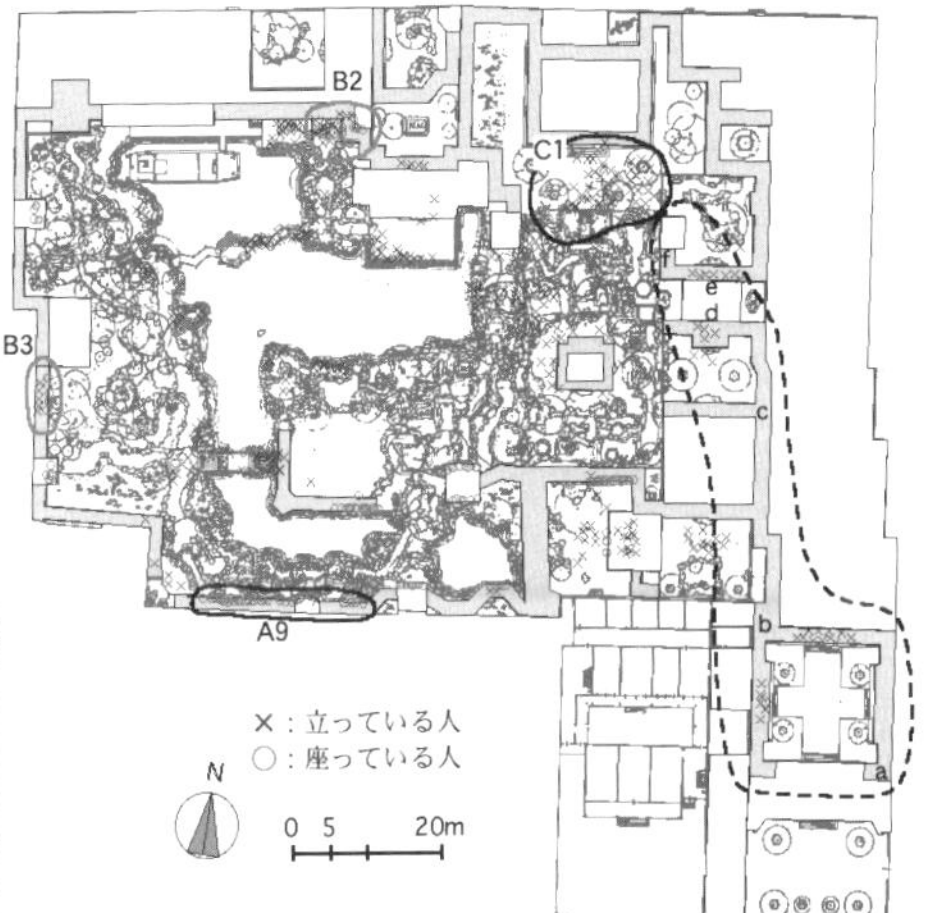

獅子林での人々の滞留行動と分布図

にわたって行われることが多い。

中国の廊空間は遊環構造的デザインだが、その長さも浙江園の場合全長七四〇メートルほどで、近道をすると四〇〇メートル。留園の場合は大回りは五五〇メートル、近道で三一〇メートル、獅子林では大回りは四七〇メートル、近道では四二〇メートルほどである。これに複数の回遊路が付属しているため、実際にはこれよりも長く複雑になる。しかしこの距離感覚は集客力のある博物館の動線の長さ（第九章）と近い点に注目したい。

（4）遊環構造と廊空間

はじめて中国式の庭園を訪れたのは台湾の台北にある林家庭園という園林だった。その後、中国・蘇州の園林を見たが、一ヘクタールほどの園地に年間一〇〇万人もの人が訪れていることに驚いた。何よりも注目したのはその構成が遊環構造そのものだったことである。日本の回遊式庭園と異なるのは、基本的に回遊路に屋根があるということであった。また、その廊に座れる場所が用意され、全体に漢詩や絵が飾られ、ギャラリー化している点である。きわめて繊細な池や、さまざまにデザインされた石、細工等によって構成されていた。あくまでも個人の庭としてつくったものである。現在は観光的な場所としての回遊的動線を構成しているところもあろうと思われたが、調査でもみられるように、休息や滞留がしっかりとなされているところが魅力的だと思われた。中国の園林を遊環構造的に見た時にきわめて多くの示唆を得ることができた。なかでも休める場所を多く、体験、見せ場を数多く用意すること、暗いところ、明るいところの空間的変化をつけることなどを学ぶことができた。

　また、我が国の庭園においても、登廊や廊橋と呼ばれる展望体験をもつ廊は遊環構造における変化のアイテムとして大きな意味を発見した。

5. 現代の廊空間

(1) 日本の住宅建築における廊空間の変化

日本の伝統的な住宅における代表的な廊空間といえば縁側で

林家庭園

ある。縁側は、縁側廊下として内部空間化されているものと、より外部空間に近い濡れ縁とに分けることができる。例えば内部空間化されたものであっても、建具などを取り外せば外部に開放的な空間となる。縁側や縁側廊下など外部に開放的な空間に対して、日本の現代住宅に見られる廊空間は中廊下が主流となっており、外部には閉鎖的なものである。

　一九九六年に二〇歳代〜六〇歳代以上の各世代の人々に対して「こどものころ（小学校高学年ごろ）に過ごした住宅に、縁側（片廊下）のような外部に開放的な空間があったのか、中廊下のような外部に閉鎖的な廊空間があったのか」を聞いてみた。その結果、一九六〇年代以前の住宅では外部に開放的な廊空間が主流だったのが一九七〇年代頃を境にして、一九七〇年代から八〇年代にかけて縁側や縁側廊下が減少し、主流になったのが中廊下であることが明らかとなった。縁側廊下でも中廊下でも通行は重要な機能であるが、廊空間では通行以外にもさまざまな行為が行われており、そうした機能については外部に対して開放的であるか否かで大きく異なってくる。例えば、庭の鑑賞

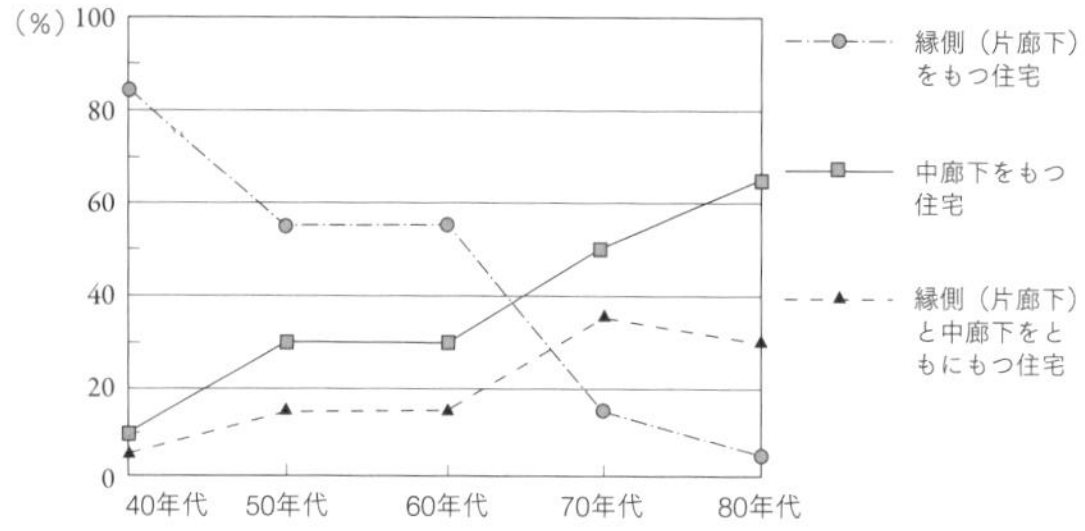

縁（側）をもつ住宅が少なくなった

や月見等、自然と一体になる行為や、庭いじり等汚れを伴う行為や、コミュニケーションをうながすような行為などは、外部に開放的な縁側であるからこそ発生しやすいといえる。先に池内紀を引いて紹介したように庶民の住宅に中廊下という形式は大正時代に生まれたと思われるが、一九六五年頃、テレビの一般家庭への普及により、こどものあそび方法が外あそびから内あそびに代わって行ったと同時期に、住宅における廊空間が内部化していったという事実はおもしろい。その時代から日本の住宅街は外部に対して閉鎖的になっていったのではないだろうかと推察できる。

(2) 幼児施設の廊空間

日本の建築のなかで、外部に開放的な廊空間を継承していると思われるのは幼児施設である。幼児施設では、テラスから出入りする形式をもつことが多い。幼稚園、保育園での廊空間であるテラスにおけるこどもの行動調査を行ったところ、そのテラスの幅が二メートルぐらいだとほとんど通行的な行動しか見

幼稚園の廊における滞留(1)

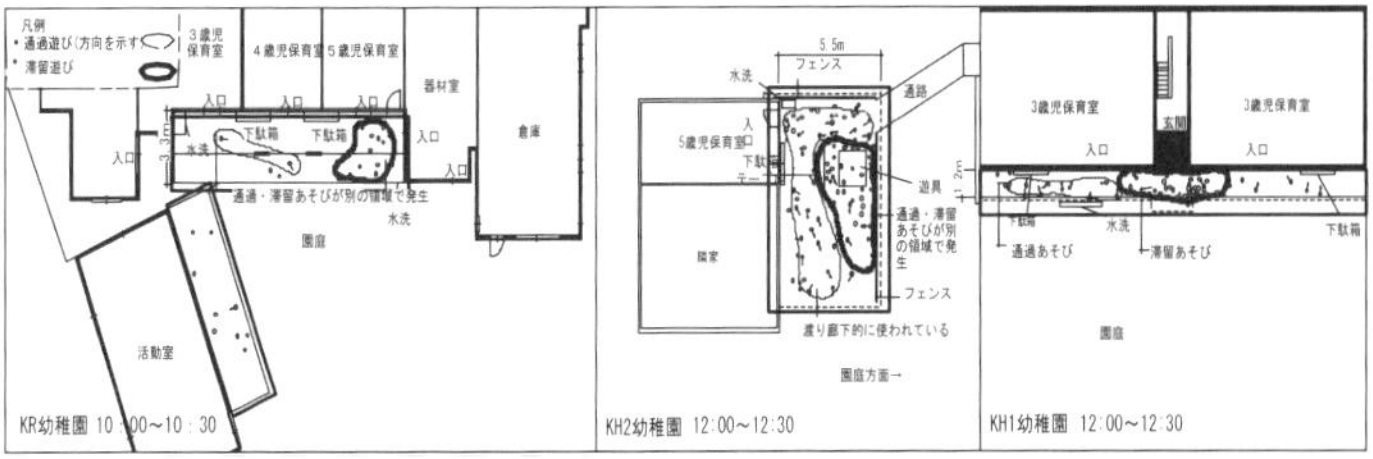

られないが、三メートルぐらいになると滞留やあそびなどの多様な行動が見られるようになる。二メートルを超えると小さな滞留は可能となり、三メートルを超えると広がりが必要な集団あそびが発生しやすくなる。五メートル近くあるところでは、さまざまな集団ゲームあそび行為が見られた。つまり、通行の機能に加え、滞留機能が付加されるには三メートル以上の幅が必要ということになる。また、敷地や予算の関係で全面的に三メートル以上の廊空間をつくれない場合でも、部分的に三メートルの滞留空間を設けることは有効である。

(3) 遊環構造をもつ幼児施設

遊環構造という仮説を作り上げたのは、一九八二年であり、廊空間の研究を始めたのはその一〇年後、一九九二年頃からである。その頃、幼児施設におけるこどもの行動も調査し、こども施設における廊の重要性に気が付き始めた。私が最初に設計した保育園は片廊型であるが、同時に外部にも櫛の歯状につながっている変形タイプの片廊である。この野中保育園は片廊が

幼稚園の廊における滞留（2）

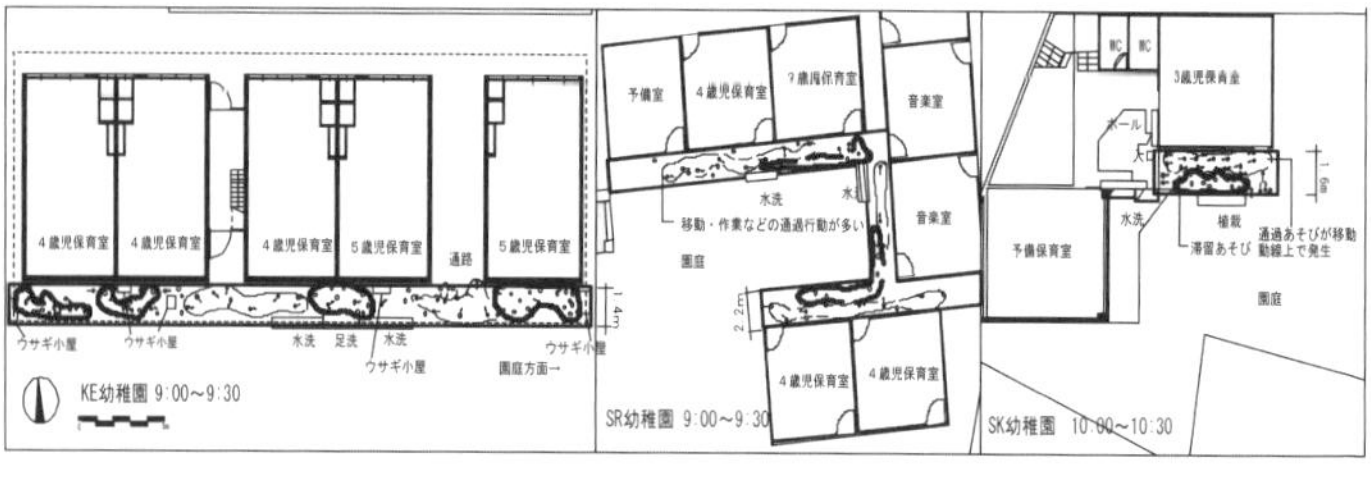

中二階をもつ立体的な遊環構造を形成する。遊環構造仮説が生まれる前の作品だが、極めて遊環構造的と言える。二〇〇〇年代に入って、内部の回遊性と外部の回遊性という平面的な遊環構造をテーマにした園をいくつかデザインした。四街道さつき幼稚園は改修改築であるが、内部と外部に片廊壁を保育室をはさむ形でもつタイプの施設である。

外廊という形式で、かつ回遊性をもち、内部の保育室よりこどもたちがすぐ外の園庭にアプローチする形式をもつ究極の遊環構造型の園舎園庭の構成は、今まで三園で実現されている。横浜のゆうゆうのもり幼保園、関東学院六浦こども園、そして名古屋の椙山女学園大学附属幼稚園・保育園である。回遊する外廊の幅は一・五メートルと広くない。前項で述べたように、幅三メートルが望ましいの

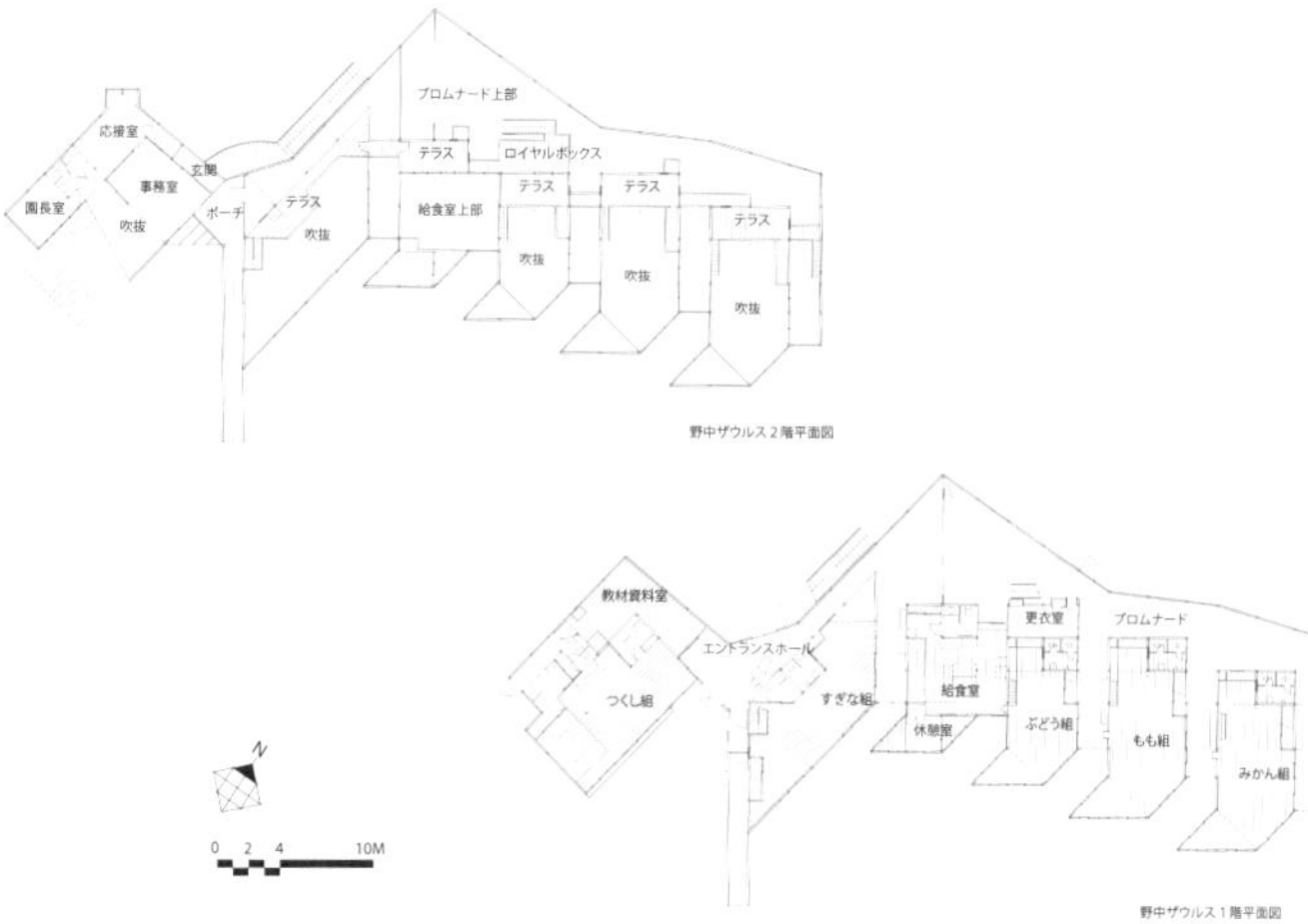

野中保育園（野中ザウルス）平面図

だが、庇が出すぎると保育室が暗くなる、また全体面積が大きくなりすぎる恐れがある。保育園・幼稚園にもっと十分な予算がかけられると良いのだが、限られた予算のなかで建築家としていつも頭を悩ませる。しかし、実際に一・五メートルの幅でも外周に外廊を回し、保育室から直接外部空間にアプローチできることは、こどものあそびの促進装置として大変有効だと実感している。ゆうゆうのもり幼保園と椙山女学園大学附属幼稚園・保育園では内部にも回遊する廊をもっており、その二つのリングの間に保育室がある構成となっている。将来的に、幅三メートル以上の外廊をもつ幼児施設をぜひ実現したい。

　外廊ではあるが、外廊が一部回遊型になってその回遊の廊に保育室がとりつくタイプが港北幼稚園（一五一頁）である。しかもこの廊

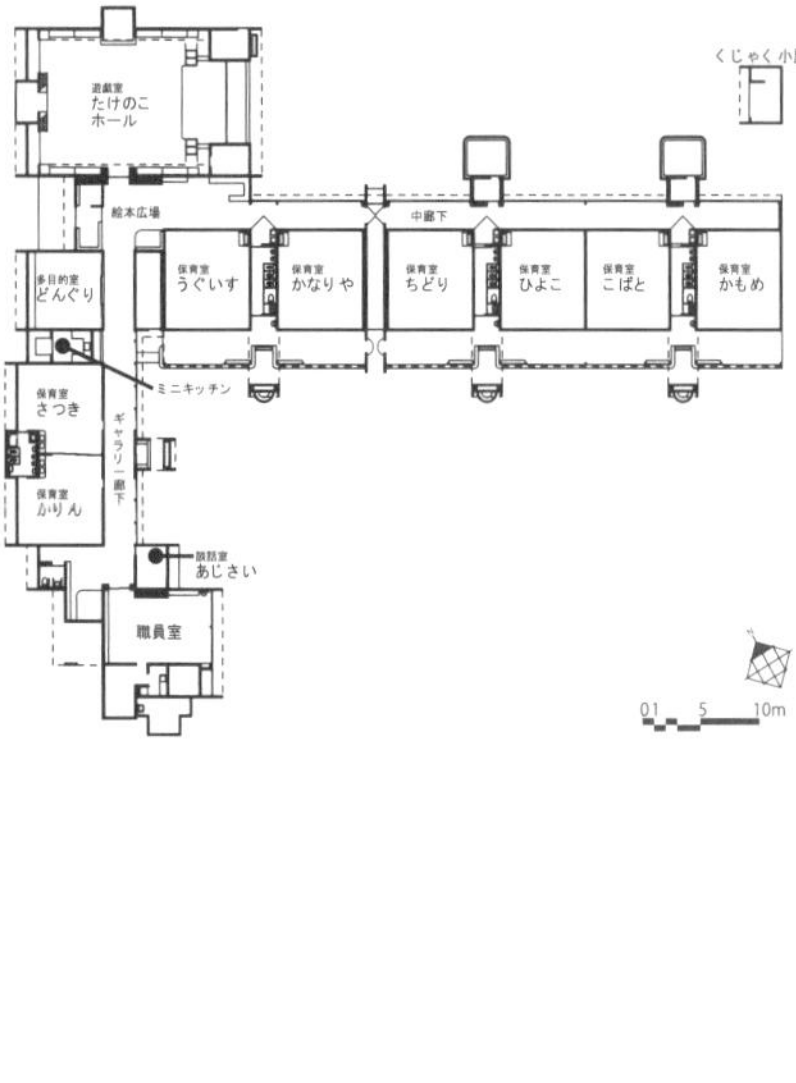

四街道さつき幼稚園（一階平面図）

空間は二階建てになっており、立体的な回遊動線を形成している。ここでも遊環構造は廊に囲まれた中心的な空間として遊戯室とボードデッキに構成されたイベント広場である。全体として遊環構造が形成されている。廊空間は幼児施設においてはきわめて重要な空間と位置付けられる。そしてそれが遊環構造的に形成されることによって、よりこどもたちの行動が活性化すると考えている。

廊空間を遊環構造の回遊路・循環路という観点みると、歴史的世界のなかに多くの学ぶべき要素をみることができる。それは逆に廊空間を遊環構造の要素として十分に取り込むことで、居心地のよい楽しさをもつ空間構成をつくり上げることが可能と思われる。特に小さなこどもたちの施設づくりに適応しやすいことに気づかされる。

ゆうゆうの森幼保園（平面図）

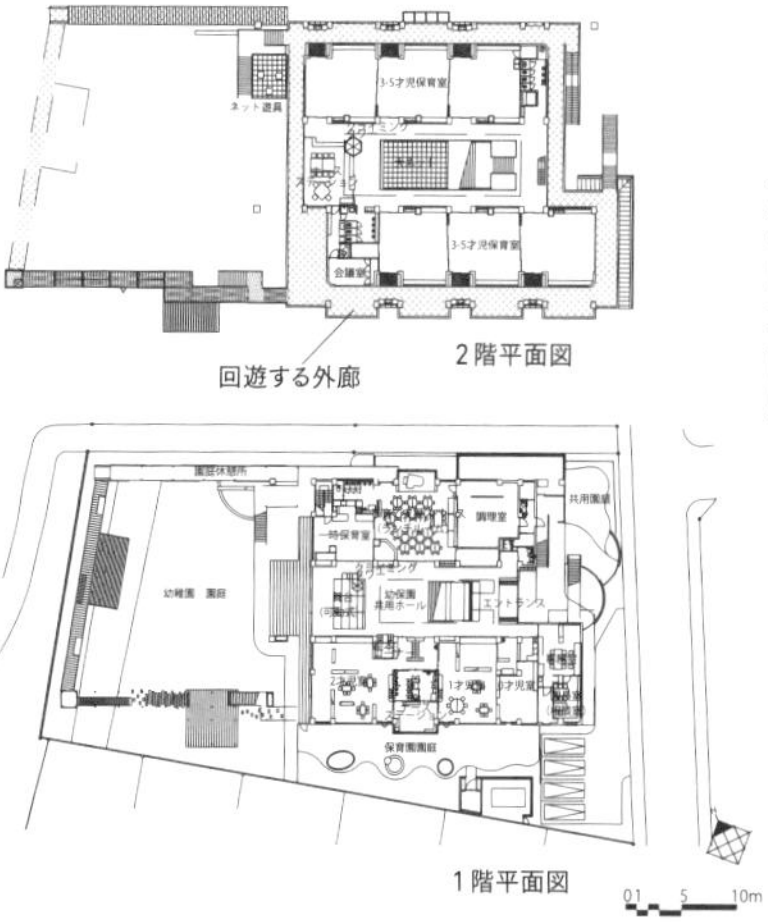

回遊する外廊（2階）

関東学院六浦こども園（平面図）

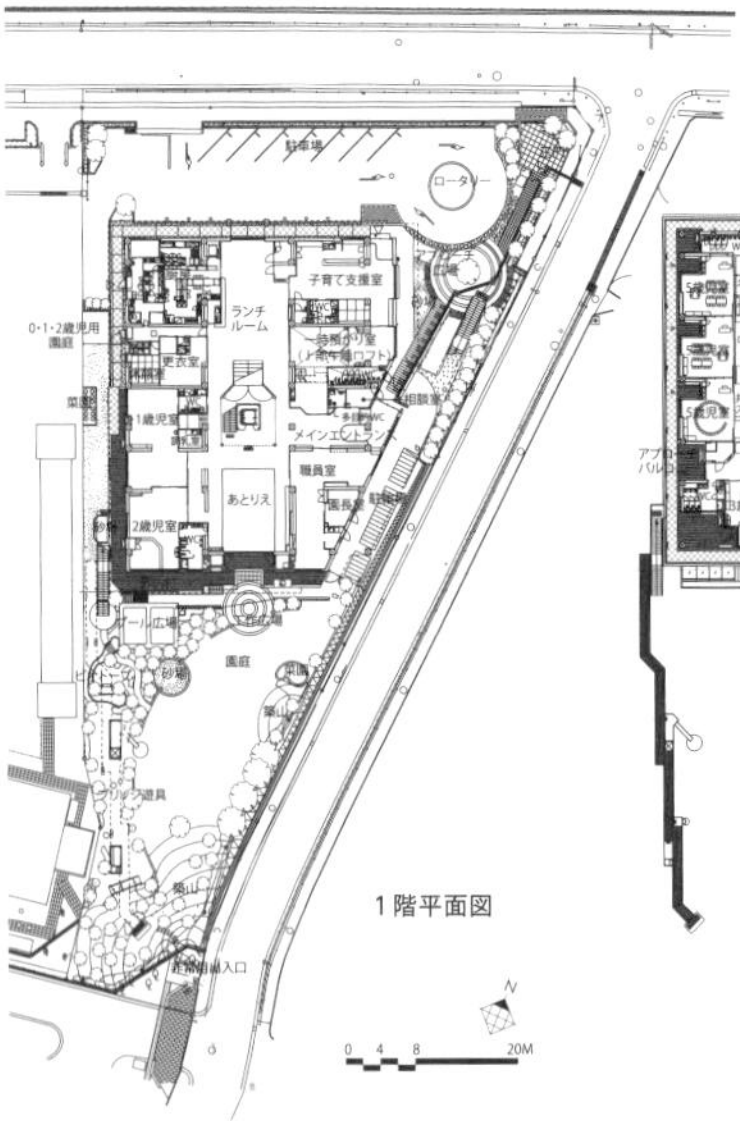

1階平面図

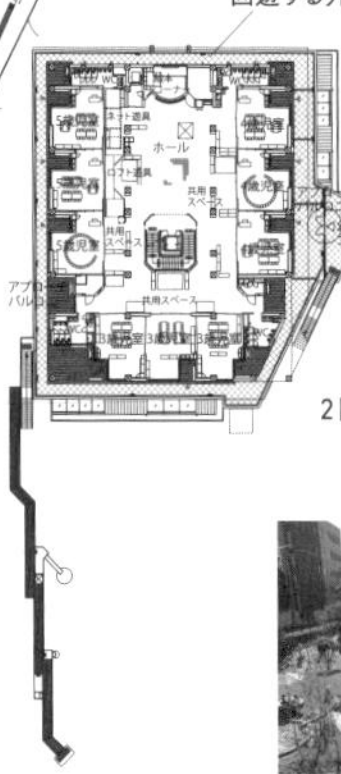

2階平面図

回遊する外廊（2階）

椙山女学園大学附属幼稚園・保育園（平面図）

回遊する外廊（2階）

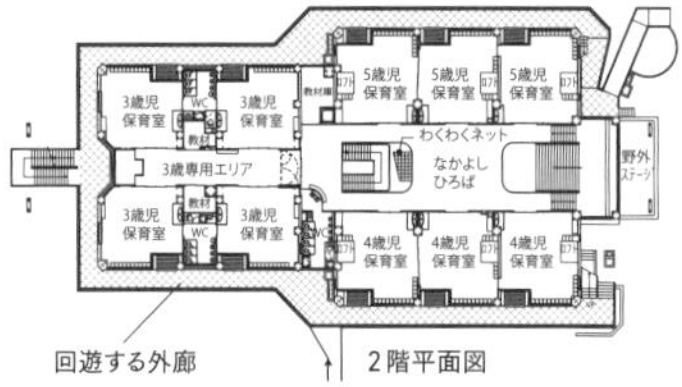

2階平面図

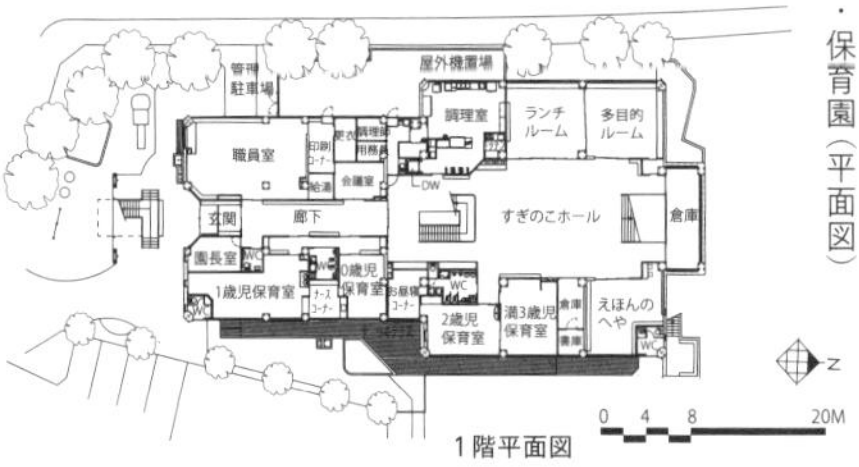

1階平面図

引用文献

［1］池内紀『みんな昔はこどもだった』講談社、二〇一八年

［2］石毛直道「住居空間の人類学」SD選書（54）、鹿島研究所出版会、一九七一年

［3］青木正夫・岡俊江・鈴木義弘『中廊下の住宅　明治大正昭和の暮らしを間取りに読む』住まい学大系102、住まいの図書館出版局、二〇〇九年

歴史的建築・庭園における廊空間については、以下の文献より引用

・鈴木裕美・仙田満・高木真人「日本社寺庭園における廊的空間に関する研究」日本建築学会学術講演梗概集F-1、都市計画、建築経済・住宅問題、869-870、二〇〇〇年、一一五頁

・高木真人・仙田満・鈴木裕美「利用者の行為よりみた日本社寺庭園における廊的空間に関する研究」日本造園学会誌66(5), 417-420、二〇〇三年、一一五頁

・高木真人・仙田満「古典文学にみられる廊的空間に関する研究　廊・渡殿・縁における行為を中心として」日本建築学会計画系論文集No.514, 263-268、一九九八年、一二一頁

・小川一人・仙田満・高木真人「中国園林における廊的空間に関する研究　来園者の行為と意識より見て」日本建築学会学術講演梗概集F-2、建築歴史・意匠、549-550、一九九九年、一二四頁

・仙田満・高木真人・小川一人「中国園林における廊的空間に関する研究　利用者の意識と行為よりみて」日本建築学会計画系論文集66(542), 261-267、二〇〇一年、一二四頁

・任莅棣・高木真人・仙田満「中国の皇家庭園の廊的空間における利用者の滞留特性に関する研究」ランドスケープ研究68(5), 421-424、二〇〇五年、一二四頁

・山崎純・仙田満・内藤昌ら「屋敷雛形における能舞台の研究」日本建築学会計画系論文集No.504, 219-226、一九九八年、一二五頁

・高木真人・小川一人・仙田満「昭和期住宅の廊的空間における機能に関する研究　縁側・廊下におけるこどものあそび行為の変遷を中心として」日本建築学会計画系論文集No.507, 95-101、一九九八年、一二八頁

参考文献

▼1　仙田満『環境デザイン講義』彰国社、二〇〇六年

▼2　クリストファー・アレグザンダー他（平田幹那訳）『パタン・ランゲージ　町・建物・施工　環境設計の手引』鹿島出版会、一九八四年

認定こども園ゆうゆうのもり幼保園（2005）

2階部分に幼稚園、1階部分に保育園があり、中央部に吹き抜けのネット遊具を上部に持つ遊戯室で構成されている。2階の保育室には外周からこどもたちはアプローチし、外周に沿って庭に接続している。幼稚園児たちは直接2階にアプローチし、2階の各保育室の玄関より外に出る形式である。こうすることによって、外側に円環状の動線をもち、こどもたちが外に容易に出やすくなる。また吹き抜けに面して回遊する廊下があり、それが吹き抜けの大きなネットと接続している。二重の円環状の回遊、遊環動線によって連結された幼稚園という、今までにない保育室の構成をもつ園になっている。

2階平面図

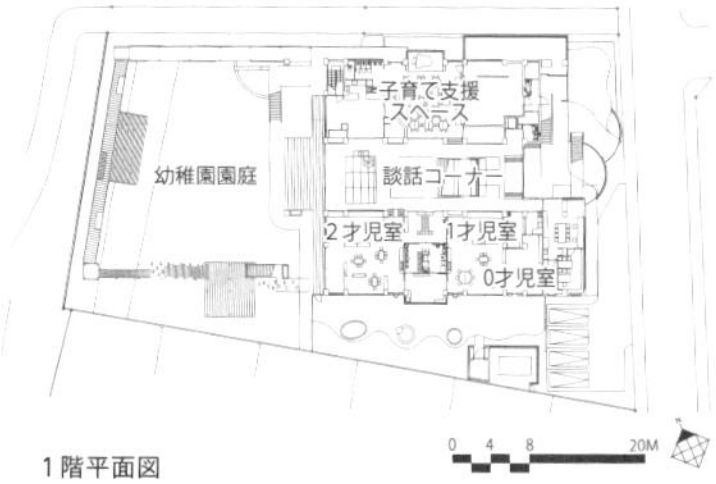

1階平面図

［左上］園庭をめぐる回廊［右上］中心には大きなネット遊具
［左下］エントランスを見る［右下］緑豊かな環境

港北幼稚園（2014）

木造の園舎であるが、保育室、遊戯室はそれぞれの棟として独立している。防災基準に従い、それらの木造園舎をつなぐ廊は鉄骨造である。全体に鉄骨造の廊下が遊環構造の循環装置形式をもち、遊戯室を中心として各保育室がブランチしている。遊戯室自体が遊環構造形式をもち、2階構成であるが、中央のホール自体も循環動線を形成している。この園では木のぬくもりと平面的、立体的な循環性をもった保育空間によって、発達障害のこどもたちも含め、年齢差を超えたこどもたちが生き生きとあそんでいる。遊環構造園舎がこども達の行動の活性化に寄与している。あそびを主体にした保育を行う園の方針と遊環構造園舎の環境が相乗効果を上げている。

2階平面図

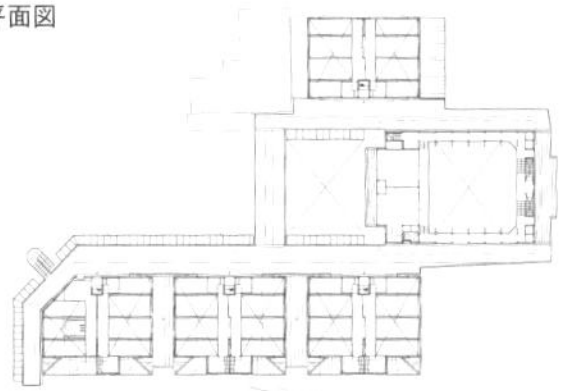

配置図兼1階平面図

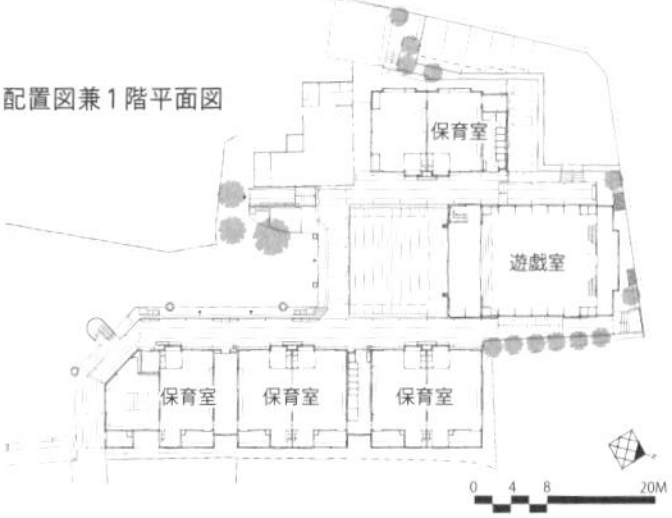

［左上］遊戯室から連続する中庭デッキ［右上］2間幅の広々とした渡り廊下
［左下］遊戯室の空中ブリッジ［右下］園舎外観

◉第七章 都市の廊空間

都市は道と建築と大きく二つの構成によって成り立つと考えることもできるが、もう一つその中間として、都市廊という存在に注目したい。道は、車や自転車等、ライドと呼ばれる乗り物のための道と、人が歩く歩道とに分かれる。私はここで屋根が付いて人が歩く道を都市廊（歩廊）と名付け、その機能と効果について考えてみたい。なぜ屋根付きかといえば、より人間のための空間で、遊環構造的にはより強い回遊性、循環をもつと考えられるからである。

1. 都市廊の四つの類型[1]

都市廊の形態は建築廊と同様に、片廊、中廊、突出廊の三種類がある。ヨーロッパや日本では、片廊形式が古くから存在し、中廊形式は歴史が浅い。都市廊の役割を、街路を人間化する都市廊、広場を活性化する都市廊、街路を室内化する都市廊、都市美を形成する都市廊という四つの類型で考えてみたい。これが都市における遊環構造を形成する型になると思われる。

(1) 街路を人間化する都市廊

街路は人間のみならず、車や物が通行する場である。かつては物を運ぶために馬や牛、象やらくだ、ろばといった動物が使われ、牛車、かご、人力車、荷車、そしていまは自動車や自転車が行き交う。古くはローマ時代のポンペイの遺跡において、車道から分離された歩道という形式に、人間のための街路を見ることができる。さらにその歩道に屋根をかけた建物の形式を都市廊と呼ぶことにしたい（歩廊と呼ぶこともある）。ここは主に人間が通行するための空間として形成されるが、公と私の中間的な領域でもある。もともとは公的領域にはみ出す形で発生したものが多いが、私的領域から持ち出された形式も見られる。雪

[1] 井上寿・服部ひかる・仙田満・高木真人「廊的空間の構造に関する研究」日本建築学会学術講演梗概集F-2、建築歴史・意匠、539-540、二〇〇〇年

や雨、夏の暑さという自然の厳しさを和らげ、歩きやすいという歩行者のための機能が追求されたものが多く、街路を人間化する都市廊と呼べる。

多雪地方に見られる日本の都市廊

現代の日本において、都市の公共空間に対して展開する都市廊といえば、全国各地の商店街に見られるアーケード空間があげられる。このアーケードという形式は、その現代的なデザインなどから見れば、決して日本の伝統的形式ではないように思われる。しかしなかには近世より存在したような形式の都市廊も存在し、その延長上に位置づけられるアーケード空間も現存している。

雁木・こみせ

その代表的な事例が新潟を中心とした多雪地方に見られる「雁木」と呼ばれる空間である。雁木は通りに面した側に軒先を延ばした住宅が何軒も連なることから「雁木通り」とも呼ば

雁木通り（三点とも新潟県旧栃尾市）

れる。雁木の連なる総延長から見れば第一位は新潟県上越市高田の一八キロメートル、以下長岡市の約一〇キロメートル、旧栃尾市（現在の長岡市栃尾）の約三・五キロメートルと続き、ほかにも秋田や長野の一部で見られる。また、青森県黒石市にもこみせ（小店・小見世）と呼ばれる同様の空間が存在する。その形状や積雪時における歩行空間の確保という機能から見れば、雁木と同種の空間といえる。多雪地方では積雪が二メートル以上にも達することがあり、除雪車などがなかった時代には雁木・こみせがなければ冬季積雪時の通行空間の確保は困難であったと思われる。この雁木・こみせは上越市高田では一七世紀後期ころから存在していたようである。

　雁木・こみせは多雪地方での冬季の快適な通行空間の確保が主目的で発展してきたものであり、通行が主たる機能である。また特に雪への対策として屋根裏に雪下ろし道具や屋根に登るための梯子等さまざまな道具を収納しているというのも特徴である。雪が吹き込むのを防ぐために、冬季には柱間に建具を入れることもあった。もちろん、冬季以外においても、日除けや

雨除けの空間として快適な通行空間を形成し得る。さらに、公私のあいまいな空間であることから、雁木のとりつく家・店と雁木を通る人をつなぐ空間ともなり、コミュニケーションをうながす機能も持ち合わせていた。

日本の都市廊の公私性

　雁木・こみせの空間が私有地なのか公有地なのかは、形態や機能にも影響を与え得る重要な要因といえるが、地域や時代によっていろいろな場合が見受けられる。多くの場合、当初は公有地上に設置されているが、積雪時の通行空間を確保する必然性があるため、私有地から供出する場合も見られる。そして、公有地上に設置されたものでも、明治時代には私有地化したものが多い。ただし、長岡市のように戦災で焼失した雁木を再建する際に公有地化したところもあり、歴史的にみても公と私のあいまいな空間であることがわかる。

　戦後の車社会の発展とともに、特に車道の拡張のために雁木・こみせは大幅に減少してきた。また、連続することにより

こみせ（青森県黒石市）

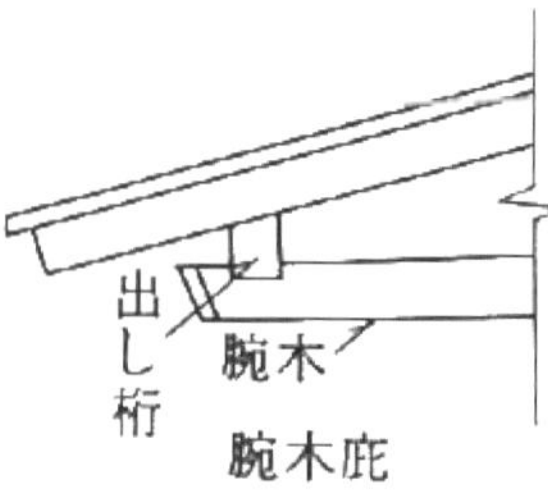

雁木のディテール

意味をなすところを、車庫の確保などの理由で雁木が取り払われ、連続性が失われたところも多い。しかし、その一方で、例えば栃尾のように雁木を用いた町おこしを行うなど、雁木・こみせの良さを再認識しようという動きも見られる。

江戸・東京における庇下

江戸の町においても、軒先すなわち庇を三尺あるいは一間ほど延ばすことにより、庇下空間による都市廊が形成されていた。庇の幅については三尺というところが多く、大伝馬町や南伝馬町、そして銀座地区周辺では一間の幅をもっていたようである。ただし軒先を支える柱がないというのが雁木・こみせとは形態上、大きく異なるところである。「釣庇」あるいは「腕木庇」とも呼ばれるこの構造は、それほど雪が積もらないために可能だったのであろう。

江戸の町は明治維新の後に大きく変貌する。江戸は東京と呼ばれ、また大規模な都市計画も進められる。銀座においては、イギリス人建築家であるウォートルスによる大規模な銀座煉瓦

ウォートルスの銀座煉瓦街

街計画が進められ、その際に都市廊（歩廊）も計画され、その総延長は六六〇〇メートルにもなる。この計画において、都市廊は私有地から供出される空間となっており、公道の道幅によって敷地の階級から都市廊の幅まで決められていた。錦絵に描かれている銀座の煉瓦街の様子を見てもわかるように、柱のデザイン、三メートルを越す高さ、屋根上の軒勾欄など、それまでの日本の都市廊とは大きく異なっている。

アジアにおける都市廊――香港・中国における騎楼

一八九五年以降、第二次世界大戦終戦の一九四五年までの約五〇年間、台湾は日本の植民地となり、日本政府による都市計画が行われた。一般にこの時代は「日治時代」あるいは「日拠時代」などと呼ばれている。台湾では現在でも全土にわたって都市廊が広く見られるが、その多くは日治時代に法制化されたため今日まで残っている。例えば、台湾の中心都市である台北市の萬華地区や、台北郊外の大渓などにも、当時の煉瓦造の建物が連なり、片廊形式の都市廊が形成されている。現在では、

銀座煉瓦街（歌川国輝、東京都立中央図書館蔵）

中国の大陸側と同様に「騎楼」とも呼ぶようであるが、もともとは建物の前面に取り付く亭という意味で「亭仔脚」と呼んでいた。そのためか、大渓などにある古いものを見ると、必ずしも重層の建物ではなかったり、ファサードや柱の配列などに中国大陸の騎楼とは違う特徴をもっている。

台湾の気候は亜熱帯に属し、年間を通して気温が高く、また降水量も多いため、暑い日差しをさえぎり、雨をしのぎながら歩行できる亭仔脚の存在は不可欠であるとも予想される。しかし一方で、同じ高温多雨である香港においては、次第に都市廊は見られなくなったことから、やはり台湾における亭仔脚による都市廊の拡がりには、戦後も継承された都市計画上の法制度による影響が大きかったものと思われる。

台湾における亭仔脚は原則的に民有地で、道路に面する約二間（約三・六メートル幅）をピロティ状にして、屋根付歩道として供出するものである。その歩道上部は建物が建てられる。これにより歩道が民間事業で屋根付歩道としてできてしまうのである。しかし、上部に高い建物が載ると耐震性が弱く、かつて台湾中

香港の騎楼

台湾の亭仔脚

部での地震の際、この亭仔脚が原因で建物が倒壊したため、近年ではこの方式が見直されている。私が一九八〇年代に海外のこどものあそび環境を調査した際に、台湾の騎楼（亭仔脚）がこどものあそび場として定着しているのを観察した。台湾では当時都市地域における公園の形成が十分でなく、こどものあそび空間が少なく、特に都市部では深刻であったが、この騎楼がこどものあそび場として機能していた。

中国伝統都市における都市廊[2]

開港都市のなかでも天津など北方では騎楼は見られず、中国東南部に位置する福建省や広東省の都市に集中している。しかしその一方で、西欧の文化の影響をそれほど受けなかった伝統都市においても、都市廊が見られる。長江下流域のいわゆる江南地方は、湖や川・運河などが多く、水資源に富む地域である。縦横に巡る運河に面するように住宅が連なる光景を見ることができ、そうしたもののなかに、長い軒先が連なり都市廊を形成しているものがある。このように軒先が連なることにより、形

台湾の騎楼でのこどもの遊び

[2] 高木真人・仙田満・任莅棣「中国の都市廊に関する研究　起源と機能について」都市計画論文集32(0), 535-540、一九九七年

成される廊空間を「軒＝檐による廊」という意味で「檐《えん》廊」と呼ぶこともある。例えば、浙江省のやや北よりにあり、紹興酒で有名な紹興という伝統都市にも中国の伝統的な形式による都市廊を見ることができる。一七九二（乾隆五七）年刊行の『紹興府志』で、商業のために無秩序に発生し、その後整備されていった過程をうかがい知ることができる。

現在の紹興に見る都市廊は、形態からも使われ方からも一八世紀初期頃の都市廊を継承しているように思える。八～一〇メートルほどの運河の片側には幅三～五メートル程度の軒先が連なり、不整形な都市廊を形成している。先にあげた『紹興府志』からは、騎楼のように重層の建物上層を張り出す形式が、すでに一八世紀初期から存在していた事実も確認できる。

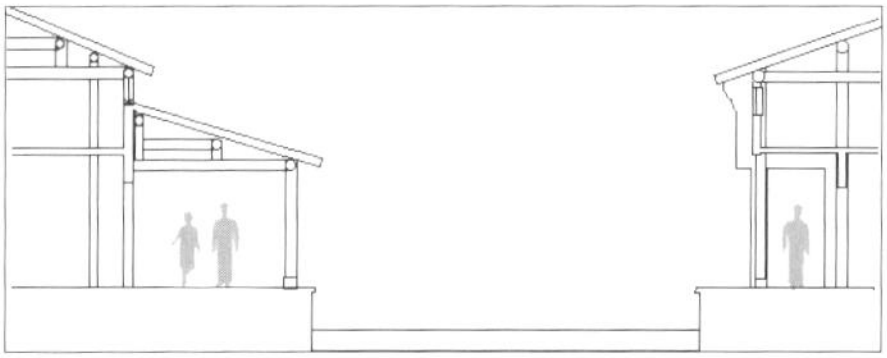
安昌鎮の廊の断面図

紹興の安昌鎮の廊

東南アジアにおける都市廊

シンガポールは一八一九年にイギリスの支配下に入り、イギリス政府による都市計画により発展した東南アジアにおける貿易の拠点都市である。その人口の約四分の三が中国系住民で、さらにインド系住民、アラブ系住民、マレー系住民が混成する多民族国家である。このシンガポールには、廊空間ベランダウェイのついた店舗付き住宅ショップハウスが連続することにより形成される片廊形式の都市廊が見られる。この場合の都市廊の大きさは幅一・五〜二メートル程のものが多い。都市廊の外側にオープン庇（二メートル程）が設けられている事例もある。

シンガポールより古くから西欧諸国に開発されていたマレーシアのマラッカやペナンなどにおいても、一八世紀後期頃からショップハウスが建てられ、そのため現在でも伝統的なショップハウスが残されている。

ヨーロッパにおける都市廊

イタリアのボローニャやパトヴァにおいては、現在でも町中

シンガポールの都市廊とショップハウス

にポルティコと呼ばれる片廊形式の都市廊が広範囲に展開している。例えば、町並みが世界遺産として指定されているボローニャでは、中世以来のポルティコが現在でも町中に連なり、雨の日でも傘なしで歩けるくらいである。ポルティコの発生は一二世紀頃まで遡れそうである。当初は城壁内の人口増加に対応するため建物上層部を張り出していたが、次第に張り出し幅が広くなり、柱が降りてきたことから発生した空間である。また、当初は木造の簡素なものだったが、次第にレンガや石材で耐火性と装飾性をもつようになったと言われている。

(2) 広場を活性化する都市廊

ヨーロッパの広場はしばしば廊空間によって囲まれている。広場は誰もが自由に立ち入れる公共的空間だから、広場を囲む廊空間は都市廊といえる。そもそも古代ギリシャの広場アゴラも列柱廊をもつ建物ストアによって囲まれていたといわれるが、実際に廊空間によって囲まれた広場がヨーロッパに広がっていったのは、ルネサンス期以降のことである。そうした中で、

マレーシアのショップハウス

ボローニャの都市廊（イタリア）

古くから東方世界との交流があったイタリアのヴェネツィアでは、それより三世紀ほど早い一二世紀後期から、廊空間ポルティコに囲まれたサン・マルコ広場が形成されていた。

サン・マルコ広場

ヴェネツィアにあるサン・マルコ広場は、中心的シンボルであるサン・マルコ寺院の玄関部分にある大アーチも含め、広場周辺にポルティコが連続的に連なっているのが特徴である。ポルティコが広場を巡るという構成は、サン・マルコ寺院がほぼ現在見られるような姿になった一二世紀頃までは遡れるという。その後、広場周囲の主要な建物は、次々に建替えられていくことになるが、一五世紀初期頃までに建替えられた総督宮のドゥッカーレ宮殿をはじめ、一六世紀初期頃から一七世紀中期頃までに新築・改築された旧行政館、図書館、新行政館等、いずれも下二層に開放的なアーチが連なり、連続性をもつように設計されている。時代、様式、設計者等が変わっても先代のコンセプトを継承し長年かけて整備されている。一九世紀初期に

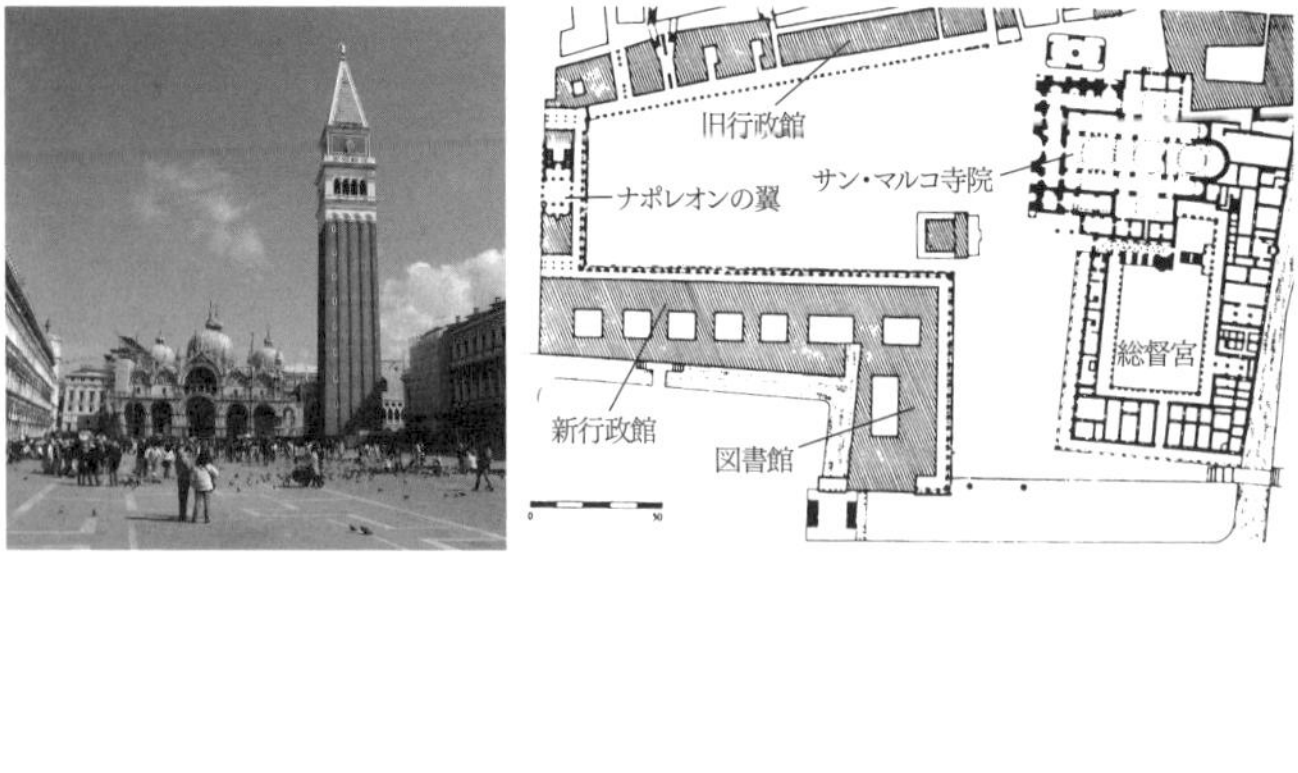

サン・マルコ広場とその平面図（ヴェネツィア）

ナポレオンの支配下となった際に、サン・マルコ広場のポルティコは、主役であるサン・マルコ寺院と広場を引き立て、統一的景観をつくり出している現在の姿となった。

パリのヴォージュ広場

廊空間によって囲まれる広場は、一五世紀末期以降ヨーロッパに広がっていく。そうしたものの一つとして、例えばフランスの首都パリの中心的広場であるヴォージュ広場もあげられる。四方の建物が同じ様式・用途・高さであり、もともと一体的な景観をもっているうえ、サン・マルコ広場におけるサン・マルコ寺院ほどの存在感の強い主空間も、一見見当たらない。現在は広場に柵が設けられ、廊空間と広場は一体的なものとなっていない。しかし、かつては広場でイベントが催され、多くの人が廊空間を歩き、主空間としての広場とその輪郭が浮き彫りにされていたのであろう。廊空間に面して美術品を扱う画廊巡りが楽しい。

パリのヴォージュ広場とそれを囲む廊

(3)街路を室内化する都市廊

街路が室内化された形式が、現代の日本の商店街にも多く見られる中廊形式のアーケード商店街である。その原型はイスラム世界のスークと呼ばれる屋根付商店街、そして近代のパサージュと呼ばれるガラス屋根の形式である。

イスラムのスーク

中廊形式の都市廊は、片廊形式に比べ歴史が浅い。しかしイランやトルコなどの中近東イスラム圏には、古くから中廊形式の商店街が存在する。一般に中近東イスラム圏の商店街は「スーク」あるいは「バザール」と呼ばれ、しばしば屋根が架けられている。葦状のものを架け渡した簡単なものから、ドームが連なるような重厚なものまでさまざまであるが、強い日差しをさえぎる必要性が高いのであろう。例えばトルコのイスタンブールにある屋根付き商店街として有名なグラン・バザールの起源は一五世紀まで遡れる。イスファハンをはじめとしたイランの古都には、さらに古いものもある。

断面を見ると、ドームの頂部に開口がとられているようなタイプと、壁面上部横にハイサイドライトとして開口がとられているものがある。特に砂漠に近い地域では、開口から雨が降りこむことはさほど問題ではなく、屋根により強い日差しがさえぎられることと、開口より抜ける空気による通風の効果の方が期待できるため、こうした形式が早くから広がっていたのであろう。

ヨーロッパのパサージュ

現在の日本の商店街にも多く見られる中廊形式のアーケード商店街の直接の原型は、一九世紀にヨーロッパで展開した「パサージュ」であろう。一八世紀後期より、鉄材やガラスが発達してきたのにともない、透明なガラス屋根で覆うような形式として急速に広がっていった都市廊である。

本来「通り抜け路地」を意味するパサージュの元祖は一七八八年にパリのパレ・ロワイヤルにつくられたギャルリー・ド・ボワである。当時のパリの道路は、馬車に占領され安全でないう

グラン・バザール（イスタンブール）

え、衛生的でもなく、人間のための街路が求められていたのである。そのため、当初のギャルリー・ド・ボワは、デザインが優れていたわけでもないのに大変多くの人を集めた。以降、装飾性や照明や暖房・換気等の機能性を高めながらパリの町中に展開していく。当初はスケールも小さく外部に対して閉鎖的な空間であったが、次第にスケールを大きくしながら、ドイツ、ベルギー、ロシア、オーストリア、イタリアなどヨーロッパ各地、さらにアメリカに広がっていった。特にミラノのガレリアは有名である。

(4) 都市美を形成する都市廊

ヨーロッパにおける宗教建築

キリスト教などの宗教建築においては、聖堂などが主空間となるが、なかには廊空間が積極的にその主空間を引き立てているような事例もある。代表的なものはヴァチカンにあるカトリックの総本山として有名なサン・ピエトロ寺院の「コロネード」である。このサン・ピエトロ寺院の前面につくコロネード

パリのパサージュ

ミラノのガレリア

や広場は、バロックの巨匠であるジャン・ロレンツォ・ベルニーニにより設計され、十一年かかって一六六七年に完成した。一寺院の広場ではあるが、その規模や広場の公共的性格は都市的な広がりをもっている。

広場は、前方の楕円形の部分とその奥の台形状の部分を組み合わせ、その周囲を列柱廊としてのコロネードで囲むことにより構成されている。なるべく多くの市民を収容できるように、楕円形＋台形の構成をとっているが、台形部分は遠近の錯覚であまり奥行きを感じさせない。そのため、正面から見たときには、聖堂の両付け根に近い位置から曲線状のコロネードが延びているように見え、聖堂はコロネードによって中心性をもちながら引き立てられている。

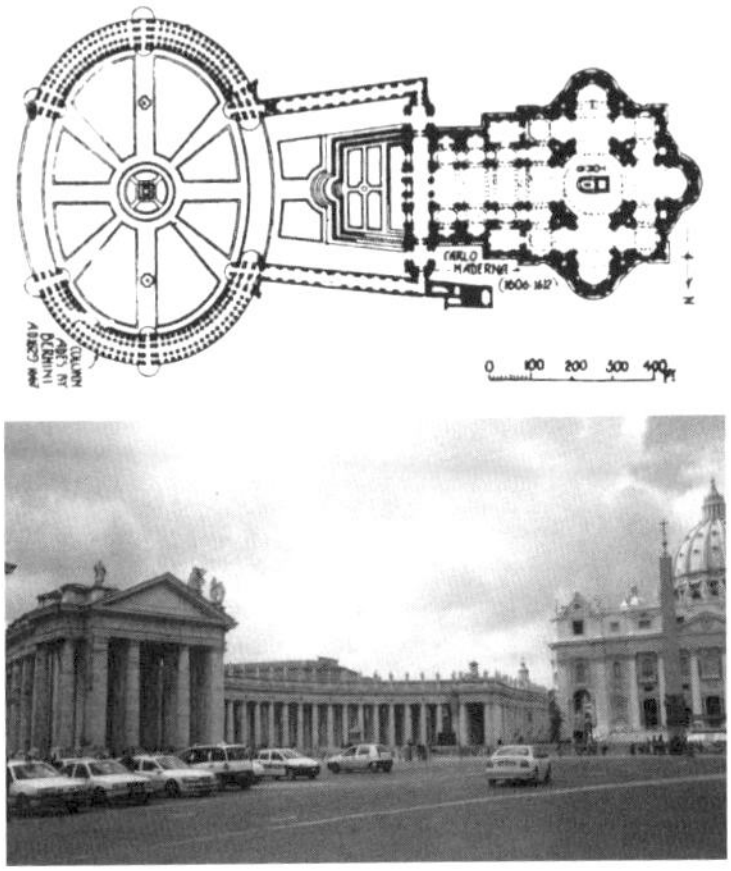

サン・ピエトロ寺院「コロネード」による平面図と広場

日本の宗教建築と中国の庭園

日本では規模の違いから都市的な展開をもつ

までには至らないが、京都の宇治にある平等院鳳凰堂にサン・ピエトロ寺院と同じような形式を見ることができる。主空間となる中堂の両側に翼廊が延び、中堂の背後には尾廊が延びる。平面的に見れば、伝説の鳥である鳳凰を模したものであるが、池を挟んで立面的に見ると中央の中堂が両側に延びる翼廊によって引き立てられているのがわかる。この翼廊の上層は、天井が低く、人が利用することはできない空間となっていることからも、正面から見た立面を重視してつくられたものといえる。

　中国の庭園においては、しばしば廊空間が多用される。特に広大なスケールをもつ皇家庭園においては、池や湖などに沿うように線状の廊空間を配することが多いが、それらのなかにも、主空間が廊空間によってひきたてられている事例を見ることができる。例えば北京市内にある北海公園（旧西苑）においては、主空間といえる山の上にある白塔と山を囲むように廊空間が配され、スケールの大きさに合わせ二層になっている。二層とすることにより、湖を挟んで遠方から見た際にも、白塔およびそれを引き立てるように囲む廊空間という空間構成が確認でき、

平等院鳳凰堂

また都市的な広がりをもつことになる。

2. 都市廊の形態と行為

建築と同様、都市廊においてもそのスケールが機能ときわめて密接な関係を持つと考えられる。従って都市廊に接する建築への光の量や人の流れだけでなく滞留あるいは休息をもふくめて、そのスケールは考慮されねばならない。

(1) 都市廊の断面形状

これまで述べてきたように、都市廊の形状はさまざまである。日本における雁木、東南アジアのショップハウスのベランダウェイ、およびヨーロッパのポルティコ等、多様である。クリストファー・アレグザンダーは、著書『パターン・ランゲージ』[3]で、「いかなる空間の高さも一定の状況における人間間の適正水平社会距離と等しくせねばならない」と述べている。つまり天井が高くなればなるほど、互いに離れているように感じ

北海公園の長廊（中国）

[3] C・アレグザンダー他（平田翰那訳）『パタン・ランゲージ　町・建物・施工　環境設計の手引』鹿島出版会、一九八四年

る。一方、エドワード・ホールは『かくれた次元』[4]で「他人同士の快適距離は相手の表情の細部が読み取れない距離だ」と述べている。彼はその距離を一二〜一六フィート（三・六〜四・八メートル）としている。以上を合わせると、適正な天井高は一二〜一六フィート（三・六〜四・八メートル）となる。しかし、人々が座ったり、立ち話をしたりする場所では、適正距離はもっと近接する。ホールはその距離を四〜七フィート（一・二〜二・一メートル）としている。従って、活動のある場所や「外縁部（エッジ）」の天井高は七フィート（二・一メートル）でよいことになる。

　アレグザンダーによれば、人々が匿名的に通過できる中央部の天井高を一二〜一六フィート（三・六〜四・八メートル）とすると、人々が立ち止まりたいという気になり、建物内の活動に関わりをもつようになる端部の天井は、低めがよいということであろう。なお、通路の規模によってはさらに高い天井となる。また伝統的な都市廊のある地域では、発生要因や地域性・使われ方などを考慮することも重要であろう。例えば多雪地方においては雪が吹き込みやすいような高い天井は必ずしも歓迎されない。

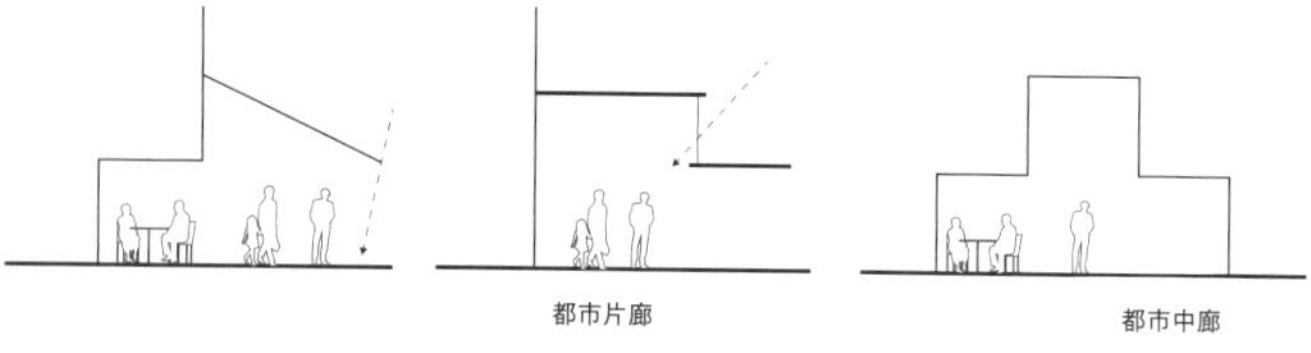

都市中廊と片廊のイメージ

都市片廊　都市中廊

また、歩行空間と商業空間を兼ねるなど、公私の交錯が頻繁に起こるような場合には、より広い幅員が必要となる。

(2) 都市廊での行為

都市廊における行為としては、まず「通行・歩行行為」があり、これに支障をきたさないように、快適な歩きやすい空間であることが求められる。特に片廊形式では、車道を通る車の通行量によって、相応の配慮が必要となる。ついで、中国の伝統都市やイスラム圏のスーク・バザール、ヨーロッパのパサージュなどのように商品の陳列や飲食のための席を置くなど「商業行為」と結びつきが深い都市廊も多い。そうした場合には商売のしやすさを念頭におかねばならない。

通行空間としての「公」と、店舗や住宅の「私」が交錯しやすいことから、立ち話や取引などのコミュニケーション行為や休息・食事などの行為、そしてこどものあそび行為も発生しやすい。また、中国の都市廊では、洗濯をしたり、洗濯物を干したりといったより私的な生活行為も見られた。一般的に私有地上

[4] エドワード・ホール(日高敏隆・佐藤信行訳)『かくれた次元』みすず書房、一九七〇年

の都市廊であるほど私的な行為が行われやすいといえる。また、その方が歩いていて楽しい場合も多い。

3. 都市廊の現代的展開

(1) 都市廊アーケード

都市は人間のためのものでなければならないのに、我が国では往々にして自動車や物流のための場と認識し、それらが優先される傾向にある。しかし都市がにぎわい、多くの人が交流しそして経済的にも発展性をもつためには、人間のため、歩行のための空間として、楽しく、快適なものである必要がある。そのための空間装置として、都市廊は極めて有効なものと思われる。そして、都市廊のデザインが都市全体のデザインに与える影響力の大きさも認識すべきであろう。

一九五〇年代から一九六〇年代にかけて、日本でも各地の商店街にアーケードがかけられた。しかし、一九九〇年代に入ってからはその多くが取り壊された。それは老朽化や大型店舗の

京都錦市場アーケード

進出による地域店舗の衰退に加え、そのデザインおよび都市装置としての内容が不十分であり、時代的変化に対応できなくなったためである。従来型のアーケード型の商店の前に付けた庇型ではなく、都市的に一階が道路側をセットバックし、その分容積率を緩和する等して、騎廊型、ピロティ型の都市廊により、普及する方向を考えるべきである。また中廊形式の廊空間を都市のなかでの遊環構造における快適な近道動線等としてより展開されるべきと思われる。こうした流れのなかで、京都の錦市場などはデザイン・スケールなどの点で注目でき、現代的な展開が期待される。

（2）都市廊と遊環構造

建築においての廊が内部空間と外部空間の中間領域であるように、都市においても道と建物の間の中間領域が都市廊と考えている。その都市廊が遊環構造的であれば、楽しい都市空間を形成できるのではないかと仮説を立て、都市廊のさまざまな展開を調査してみた。高松市では新中心市街地活性化基本計画が

丸亀商店街の内部空間

二〇〇七年に制定されている。二〇〇八年に定期借地権方式とまちづくり会社による管理運営など、先端的な事業方式に取り組み、定住型の立体住居等を導入し、定住人口の獲得等により丸亀町商店街Ａ街区の再開発が完成し、歩行者量の回復がみられた等が報告された。ここではガレリア型の都市廊が平面的に井型を形成し、全体に回遊性のある遊環構造となっていることが、極めて有効に働いているのではないかと推測できる。屋根があることにより、雨や厳しい日照からの保護がなされているが、休憩休息空間が用意されることが不可欠だろう。屋根のある公共空間として、今後さまざまな展開が考えられ、その構成のなかで遊環構造としての検討がなされることによって、都市的な活性化に誘導できると思われる。

参考文献

▼1 氏家武『雁木通りの地理学的研究』古今書院、一九九八年

▼2 鈴木恂『回廊』中央公論美術出版、二〇〇四年

▼3 バーナード・ルドフスキー（平良敬一・岡野一宇訳）『人間のための街路』鹿島研究所出版会、一九七三年

町田市鶴川緑の交流館（和光大学ポプリホール鶴川）（2012）

東京都町田市の鶴川駅より徒歩２分、高層住宅群に囲まれ、鶴川街道と沿線に挟まれた敷地に建つ複合施設である。南北に斜面緑地を遠望するいわゆる谷間の地形に位置しているが、比較的低層として、斜面緑地との連続性が意図された。敷地の商業的・事業的ポテンシャルより地域の環境価値の向上を優先すべきと考え、市民へのサービス施設として機能し、かつ町並み、環境形成へ寄与することを強く意識した計画である。メガシェルフという構造的核を中心とし、地階に300人収容の音楽主目的多機能ホール、１階にカフェや展示コーナー、総合案内機能、２階に地域図書館、３階に市民活動諸室を配し、全体としてポーラスで高い回遊性をもち交流意欲を喚起させる空間構成としている。

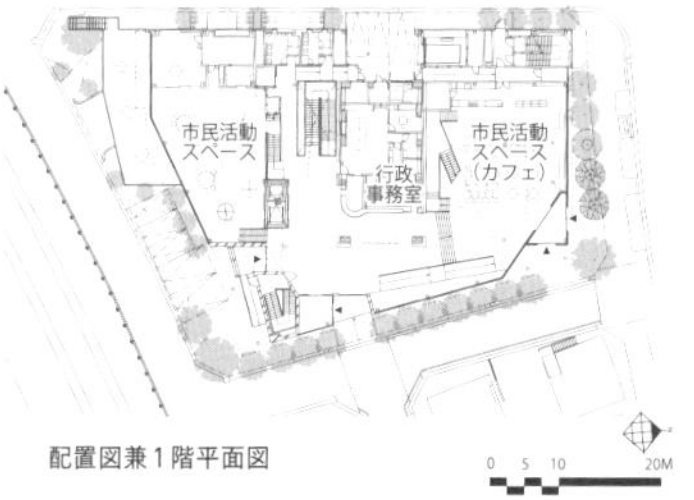

配置図兼１階平面図

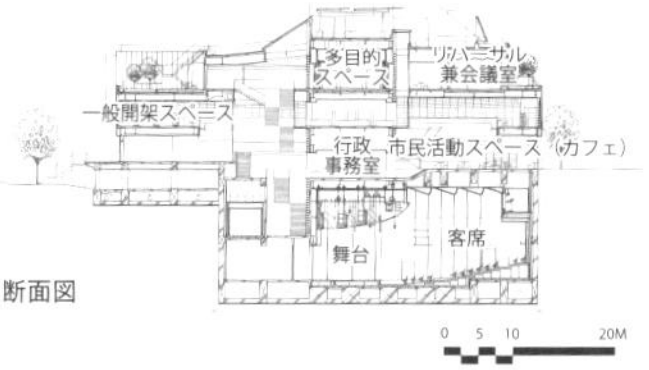

断面図

［左上］小田急線沿線に建つ［右上］回遊性を生み出す吹き抜けと階段
［左下］音響性能を重視したホール［右下］吹抜けを囲む２階書架スペース

LaLaGran（2018）

渥美半島の中ほどにある田原市の中心市街地である三河田原駅は、半島観光の玄関口である。駅前の工場跡地を半島観光、町観光のにぎわい拠点として計画された。商業施設三棟と子育て支援施設が回廊で結ばれ、中央には噴水と芝生によって、あそび、休め、楽しめる広場が設けられた。全体として心地よい、遊環構造が形成された。中央の噴水広場はイベント広場としても使われ、エントランス部分には現代アート作品がアトラクティブな景観をつくりだしている。経済産業省の町づくり助成をうけ、市が出資するまちづくり会社が全体の計画を進めた。2018年に商業施設がオープン、1年後の2019年に子育て支援施設が完成し、にぎわいが大いに高まった。

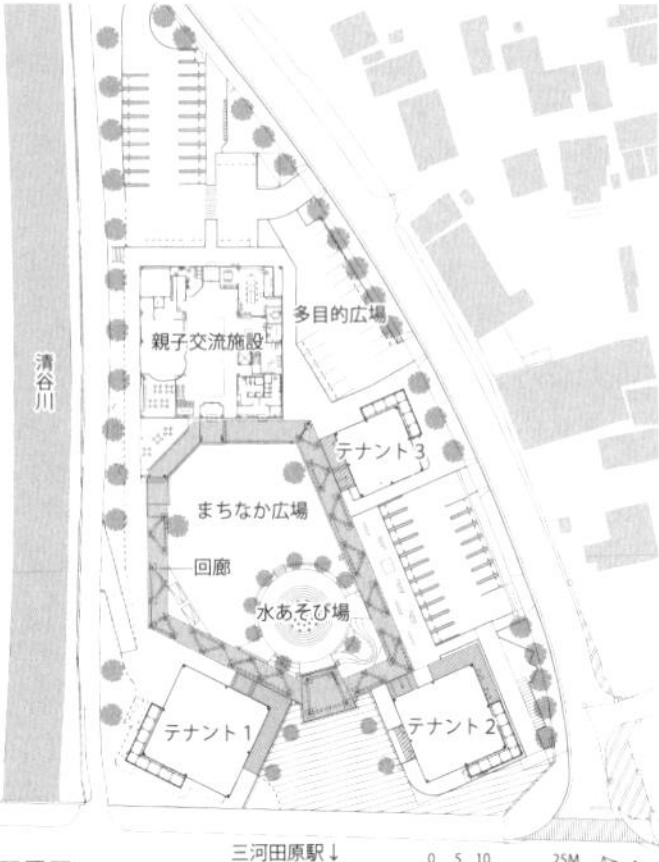

配置図

［左上］広場の噴水で遊ぶ［右上］分棟の各施設を結ぶ回廊
［左下］エントランスを見る［右下］まちなか広場と水あそび場を見る

◉第八章　回遊性とイベント性

遊環構造の中心的なエレメントは回遊性であり、循環性である。その行動においては主に歩いて楽しい町という視点が極めて大きいテーマだということに気づかされる。私たちの町は歩いて楽しい町、もっと歩きたくなる町になっているだろうか。歩いて楽しい町、回遊しやすい町をつくるためには、道はどうあらねばならないかを考える必要がある。

1. 歩行線形

(1) なぜ歩行線形か

建築の設計に比較して公園の設計は難しい。建築では多くの場合、機能が明確である。その機能を満足する空間のボリュームと性能が要求される。まずそれが計画・設計の出発になるが、公園の設計ではその機能が建築ほど明確でない場合が多い。

一九七〇年代、横浜市より、根岸森林公園をもっと市民が利用する公園に変えるにはどうしたら良いかという調査依頼を受けた。それをきっかけに、公園を設計する場合に何をよりどころにすべきかを考えた。もちろん広場があり、植栽があり、園路がある。このなかで人が多く歩いているのは園路である。この園路をどうつくったら良いかが、若かった私にはわからなかった。

建築家は普通、直線的な廊下をつくるが、公園の園路の場合は直線でいいのかどうか。多くの公園の園路は曲がっている。なぜ曲がっていなくてはいけないのだろうか。例えばジョギングしていて曲がろうとすると、スピードがあるから直角には曲がれない。ある曲率をもって曲がり、道が狭い場合は大変ストレスを感じる。しかし、エジソンやベートーヴェンが歩いている姿を思い浮かべると、おそらく思索しながら大きな曲率をもって歩いていることだろう。ある曲率をもった歩行線形が継

横浜根岸森林公園

続する思考を可能にしているのではないだろうか。気持ちがよい公園というのは、歩くことがスムーズで思考を中断させないはずである。また、運動しやすい園路の形態があるのではないか。歩きやすく、心を解放する道をつくるにはどうしたらよいか。これが人間の歩く動線、軌跡のあり方を研究しようという動機になった。

(2) 都市の歩道の歩きやすさ

一九八四年に沖縄の国立琉球大学に赴任したとき、沖縄復興のシンボル、那覇の国際通りを歩いた。県から国際通りの街路計画の相談を受けたこともあり、観光客の多さと賑わいを感じながら、歩きやすい町とはどういう歩道形態なのかを考え始めた。それが最初の歩行線形研究である。

歩道と建物の足元周り

国際通りの車道と歩道、それに接する建物の足元周りの形式はいろいろである。歩道に対して建物がセットバックしないで

国際通り（一九八七）

国際通り（二〇〇八）

建つ場合、歩道に対して少しセットバックしていて段差がない場合。段がある場合でも、一段ある場合と多数段ある場合に分かれる。

　国際通りの場合、問題は歩道の幅が一・五メートルという狭さである。沖縄の場合、道路に対して多くの建物がセットバックしている。あるいは台湾の騎楼（亭仔脚）の影響もあり、歩道の上に建物がピロティ状に乗っかっている場合もある。そのときに公私の境として段差がつけられる場合が見られる。また、車道側には並木が植えられる。平面的に見ると並木のピッチは五メートルだが、樹木の周囲には支保柱やツリーサークル、そして縁石が立ち上がっていたりする。従って歩道の幅は実質的に一・五メートルととても狭くなっている。目抜き通りだからたくさんの人が歩く。日曜日ともなると歩道が混んで大変である。反対の流れもあるから、歩道から人があふれ出してくる。そうすると歩道に面しセットバックしている店先空地に人びとがしみ出してくる（次頁下図）。

　両側がセットバックしない建物で挟まれたアルコーブ状の店

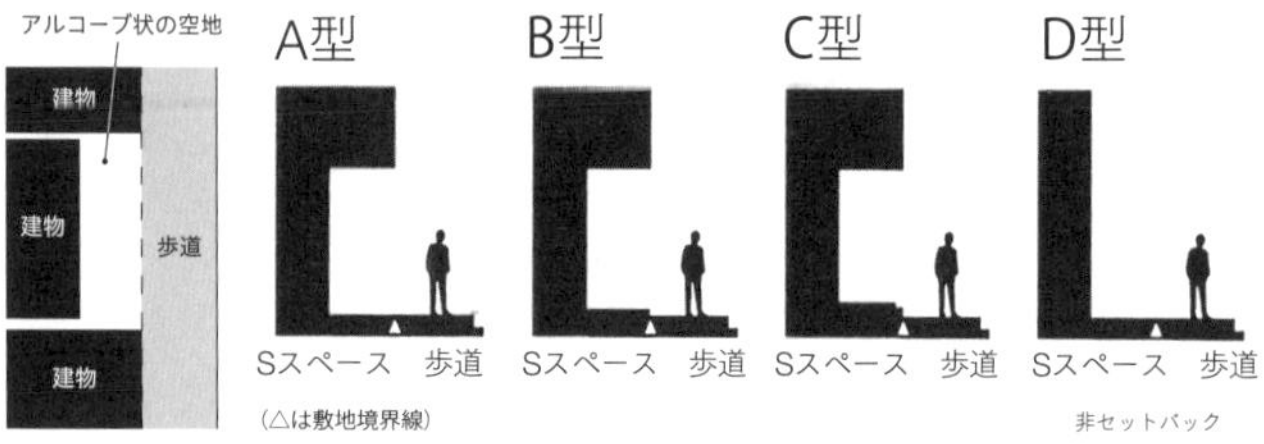

国際通りの歩道と建築の際の断面パターンと平面イメージ

先空地を調査すると、一分間に一・五二人／平米という歩行密度の場合にはアルコーブ状の空地にしみ出してくる。しみ出しは境界に段差がある場合とない場合とで異なる。段のないA型の場合は一・五二人でしみ出しが始まり、B型のように一つの段差がある場合は二・四一人になるとしみ出しが始まる。このように歩行密度としみ出しの関係が見られる。歩行密度が上がっても、歩道との境界に三段も段差があると、しみ出しはほとんどない。混んでいても三段まで上がって前に進もうとはしない。すなわち三段という段差は通行に極めて大きなバリアだといえる。

店に入りやすい街路形態

歩行密度としみ出しの関係から考えてみると、段が一般の人にとっても通行の大きなバリアになっていることから、次のように推論できる。段があると、ふらっと店に入る感じではなくて、目的をもって入らなくてはいけない。段は人の行動に対してある制約を加えている。商業施設はだれもが入りやすいよう

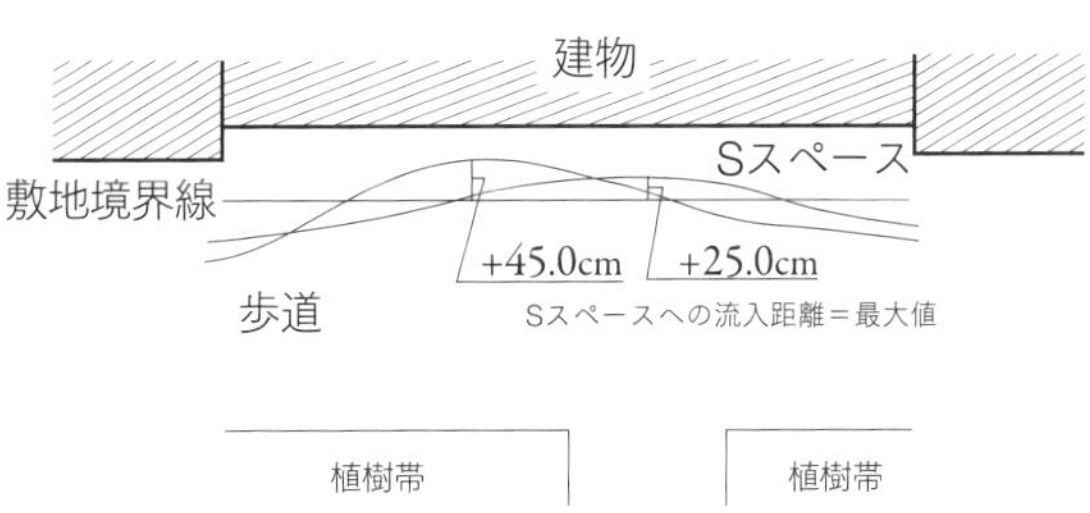

段と歩行のしみ出しパターン

につくるべきかというと、必ずしもそうではない。それを買いに来る人が入りやすいようにつくるべきである。例えば宝石店はお金を持っていない人には来てもらいたくないはずで、お金を持っている人に来て欲しい。宝石店は差別化が必要な店である。そういう意味では段がある方がいい。段があることによってある制約が働く。一方、どのような人でも受け入れるショッピングセンターの場合、段があると、それだけでお客は減る。道路と同じレベルをもったエントランスでないとふらふらっとは入らない。私は好まぬ言葉ではあるが、差別化のために階段は有効である。

　また、しみ出しの平面線形は角度として約二六度であった。流入角度が約二六度であるというのは、歩行密度が上がっても（二・四一人／平米毎分）、人の流れは二六度以下に流れるということである。このことは道路に対して人がふらふらっと入ってくるのは二六度の範囲内であることを示す。だから、その範囲の外に出入口をつけると目的があって入ることになり、入りやすい範囲とはこの接道しているドアが二六度で構成された領域の

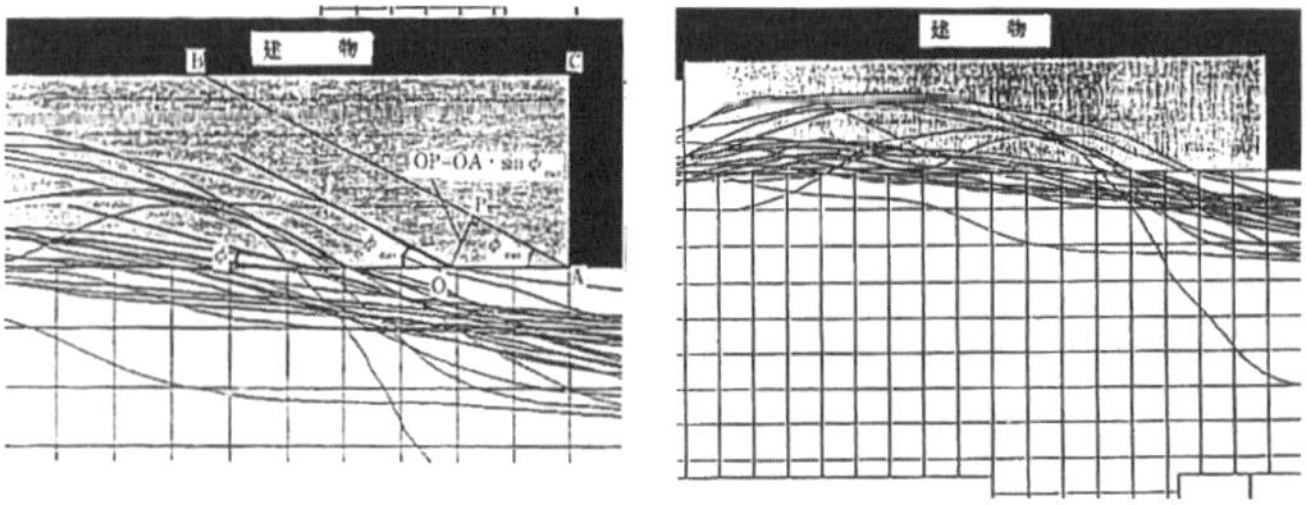

店先空地に飛び出す歩行線形

内側である。それ以外は入りにくい。目的性をしっかりもたないと入れないといえる。宝石店をデザインするとき、階段をつけたり、出入口を道路から遠くに設定したりするのも、差別化という点では必要なことである。歩行線形を考えることで、都市における階段の有無や、建物の入口の意味が明らかになる。

エントランスと歩行線形の関係

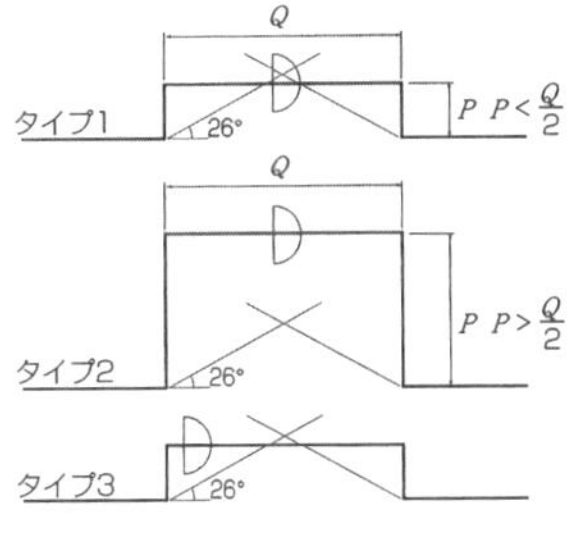

(3) モールの歩きやすさ

モールという商店街

次にモールという商店街の街路について考えてみたい。歩行者が優先されている商店街では、ベンチ、植栽、時計等のいろいろなストリートファニチャーが多く置かれているのが特徴である。日本でモールとして最も早くつくられたのは、旭川の買い物公園（一九七二）、横浜市のイセザキ・モール（一九七八）である。その後、多くの都市で商業モールがつくられた。

旭川買い物公園

そもそも日本の商業モールに影響を与えたのは、一九六七年にアメリカのランドスケープアーキテクト、ローレンス・ハルプリンによりつくられたミネアポリスのニコレットモールで

あった。郊外にできた大型ショッピングセンターによって活力を失った中心市街地の再活性化策として、歩行者優先のモールがつくられたが、大きくうねる舗道デザインのハルプリンによるニコレットモールの成功は世界中に伝播した。

モールでの歩行線形

モールのような大きな歩道であっても、そこに置かれるストリートファニチャーとしてのサイン板、ベンチ、水飲、公衆電話ボックス、植栽等は歩行する際には障害になる。モールで重要なのは、明確な目的性のある購買でないウィンドウショッピングと、「ぶらぶら」と楽しみながら歩くという歩行形態である。できるだけそういう動きを妨げられないのが重要である。モールでの人の歩行形を見てみると、植栽がある周辺は人が歩いていない。障害になっているのがわかる。人の流れもふらふらと向きを変えながら歩く「ふらふら線形」と、両側の商店を緩やかに大きくうねりながら歩く「うねり線形」が見られる。

さらにストリートファニチャーと呼ぶ障害物の外形（平面形）

ニコレットモール

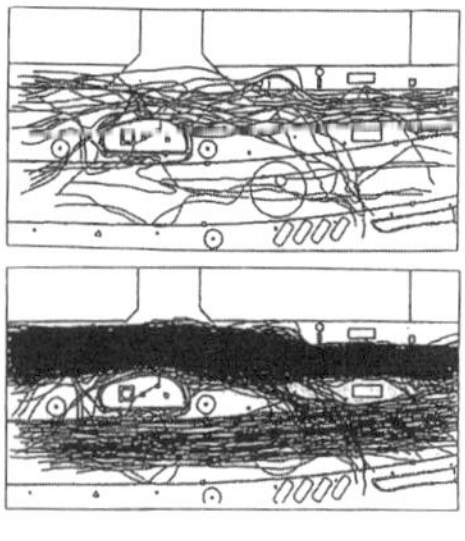

ふらふら動線（上）とうねり動線（下）

が、四角い場合と丸い場合では人の流れが異なる。歩行線形としては約一一度から一八度が歩行線形としては人が右側から左側、あるいはその逆に自然に移行していく角度となっている。

ストリートファニチャー・オブジェの設置間隔

ストリートファニチャーやオブジェは角の部分によってどうしても歩行行動の範囲を狭めてしまう。だから楕円形や円形にすることによって、この幅を広げてよりスムーズに移行することが可能になる。すなわち下図に示すように、オブジェの幅が一メートルの場合、オブジェの間隔は九メートルぐらい離す必要がある。ストリートファニチャーの配置は、人の歩行行動によって決定することが必要である。

(4) 町角のデザイン

都市のなかで町角というのはかなり大切であると考えられる。渋谷のハチ公前広場のように町角の緑も景観的に重要だが、ここでは町角の人の流れについて考えてみよう。町角では信号待

ストリートファニチャーの間隔

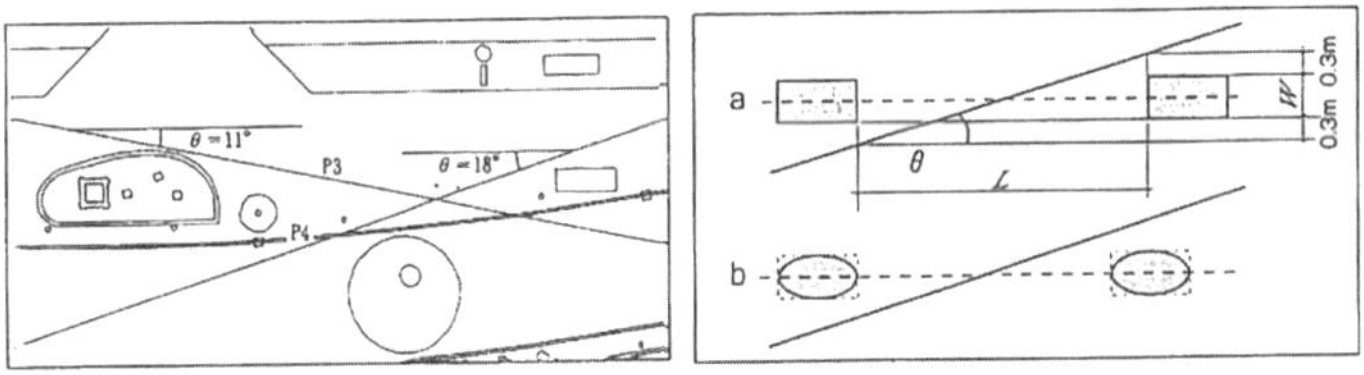

移行の流れを妨げない最低間隔（L）は、オブジェの幅（W）が1.0mのとき、θ=10°とするとL=9.1m。

ちを含め、流れと滞留が起こる。歩道の幅が非常に広い場合には隅切りをする必要はないが、狭い場合には隅を切らないと人の流れがスムーズにならない。信号待ちをしているとき、歩道が広い場合は後ろ側を通る人に問題はないが、狭い場合はほとんど通れなくなる。

下図に掲げている例（東京銀座）では主街路で歩道幅五・三メートル、副街路で歩道幅二・五メートルである。歩きやすい町をつくるためには、こういう場合でも隅切りをとる必要がある。例えばこの主街路と副街路が二対一の割合であるとき、三・五メートルぐらいで隅を切る形で建物をセットバックさせる。または一階の部分だけセットバックさせる。そういうことが街路に対する建物の作法と思われる。

こうしてセットバックした場合に、敷地いっぱいに一段あげて、段状の犬走りをつくる場合がある。私有地と公有地の境を明確にするためではあるが、

街角の歩行線形と滞留

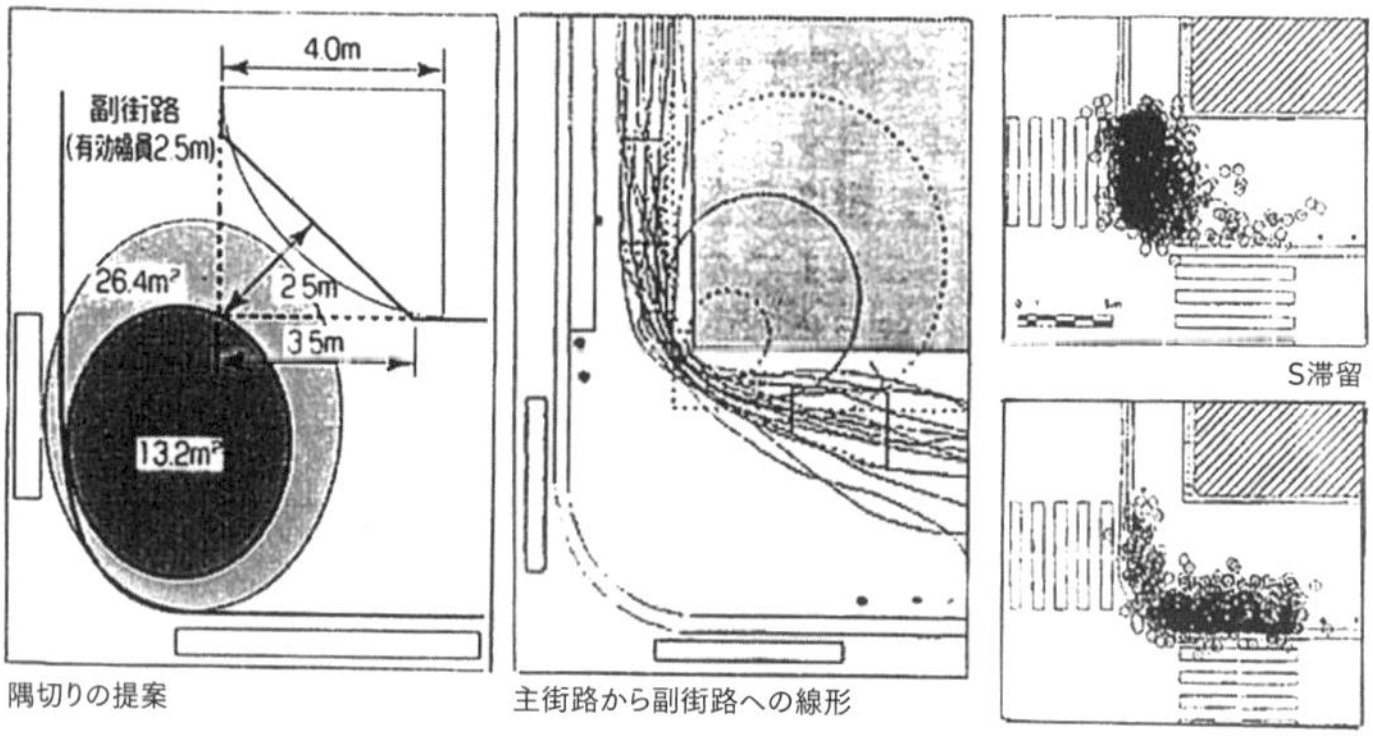

隅切りの提案

主街路から副街路への線形

S滞留

M滞留

これは好ましいデザインではない。段があっては人の流れのバリアになり、通行を阻害するので、犬走りをつくらず、周辺の道路レベルと一体化すべきである。

2．園路の形態と歩きやすさ

(1)園路における歩行線形

次にランドスケープにおける歩行線形について考えてみよう。歩行者のさまざまな心理状態によって歩行のスピードや角を曲がる曲率は異なるのではないかということを検討してみよう。考え事をしているときは大きな曲率が必要ではないかと仮説を立て、心理設定をした実験を行った。例えば①リラックスしている自然の状態、②非常にリラックスして公園を散歩しているような状態、③急いでいる状態、④考え事をしている状態で比較して、その歩行線形の差異を見ることとした。

ベートーヴェンが曲想を練っていたり、エジソンが発明のことを考えながら公園を歩いているとき、スピードは一・三秒／

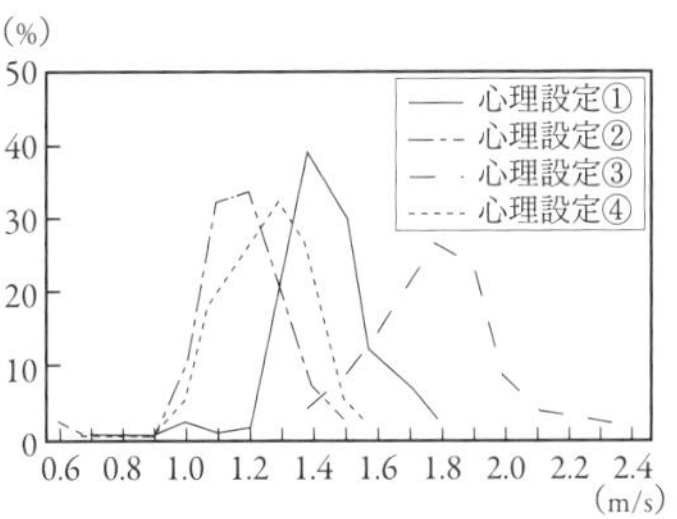

心理設定	右折	
	最大曲線処理域(m)	最小曲線処理域(m)
①リラックスした状態	8.8	5.8
②非常にリラックスした状態	10.8	5.5
③急いでいる状態	9.8	6.8
④考えごとをしている状態	12.2	7.4

行動の状態と歩行線形の曲率

メートル程度と思われる。慌てている状態というのは当然速いほうにシフトする。やはり考えごとをしながら歩く速度はゆっくりしている。急いで歩くとき、考え事はできないといわれている。聖路加国際病院理事長だった故日野原重明は「人間はいろいろな悩みを抱えるけれど、そういうときは走ればいい」と言っている。走ることによって悩みから解放されるというわけである。

　実際、図（前頁）のように考えごとをしているときは最大の曲率も最小の曲率も一番大きい。考えごとをしている人は歩くスピードは遅くて、かつその曲率半径は大きい。急いでいる状態よりももっと大きいという結果が出ている。思索、考えごとをする空間は、道幅が広く、曲折部の形状は最小曲率を七・四メートルとするのが適当だと明らかとなった。ストレスのない都市とは歩きやすい都市ではなかろうか。そういう意味において、十分ゆとりのある幅を持つ街路、ゆとりのある曲率半径を持つ園路、街路が重要と思える。

（2）園路の形状とこどもの活動

アメリカの造園学者、ノースカロライナ大学のニルダ・コスコ教授は、園庭の園路の形状を直線型から円形の回遊型にしたら、こどもの活動が二二パーセント向上した、と日本のこども環境学会で報告した。その園庭の幅によっても行動は影響されるが、とても興味深い報告である。私のこども時代、校庭に先生が大きな楕円形に白線を引いたら、こどもたちがそこをぐるぐるまわり出したのを、今でも鮮明に覚えている。その白い長円の線がこどもたちにぐるぐるまわれと呼びかけているように

通路幅平均別による隅切りの例

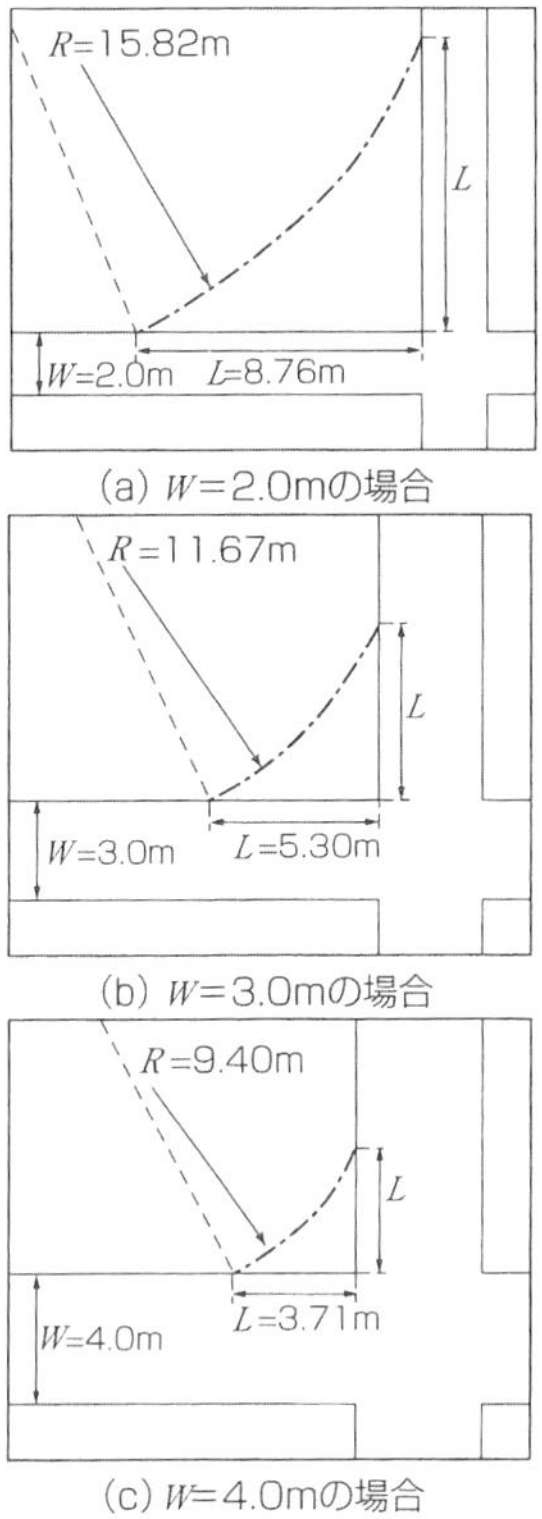

近道の線形の設計方針

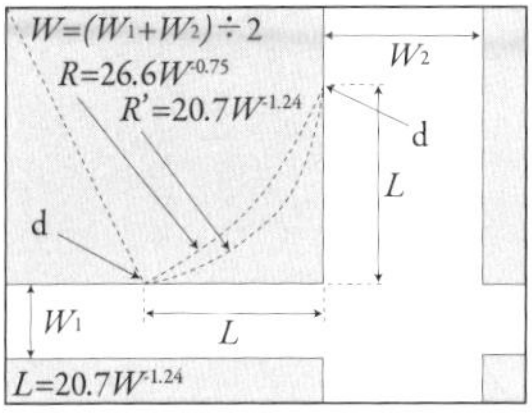

思えた。

(3) 近道の線形

考える、走る等のさまざまな心理行動状態は、建築と造園の通路や園路の線形に関係があると考えられる。例えばＴ字型に通路がぶつかっている公園の園路では、人は直角に曲がらないで必ずショートカットして歩く。だから道路外の芝生のところを歩かれ、芝生がはげてしまう。それでは近道行為はどのくらいの範囲で行われるかということを調査すると、園路の道幅が狭いほど曲率は大きくなり、広い園路の場合には隅切りでいいことがわかる。例えば園路の幅が二メートルのときは半径一五メートル近い近道園路をつくらなくてはいけない。四メートルの園路だと少し隅を切るだけですむこととなる。人間行動と園路には相関的な関係がある。それを理解して環境をデザインすることが重要である。

3．廊下の歩行線形

（1）廊下での出会いがしらの事故

日本の多くの小学校は、一九六〇年頃から建替えが始まって、防火性能や耐震性能を高めるためにコンクリート構造になった。その時代につくられた小学校は、多くが片側廊下で廊下幅は二メートル程度と狭い。その廊下が曲折しているところでこどもがよくぶつかった。そういう衝突事故は日常的に起きていた。そして平均年間一人程度亡くなっていると、私が廊下でのこどもの行動を調査した一九九〇年頃に報告されていた。廊下でぶつかって死ぬなんてと思うかもしれない。しかし、愛知県下の小学校で調査したものでは（下表）、「廊下でぶつかったことがあるか」という質問に六〇パーセント以上のこどもが「ぶつかったことがある」と答え、「二回ぶつかったことがある」と答えるこどもも結構多い。けがをしたこどもも一割いる。けがの内容は打撲、挫傷だが、実際小学校の廊下の隅で事故はよく起きている。

廊下の曲がり角でぶつかった経験（岡崎市立小学校におけるアンケート調査）

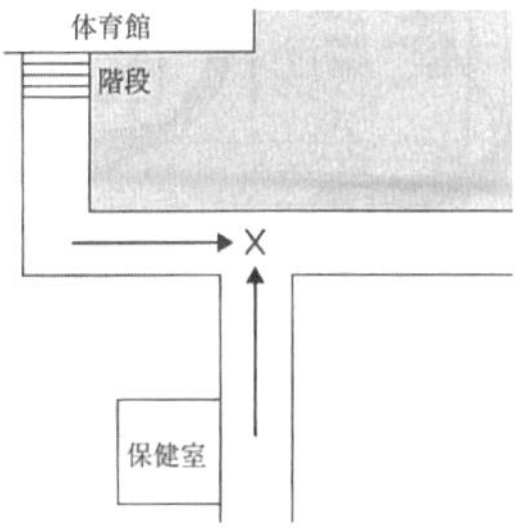

小学校の廊下での衝突事故

安全性を議論するときにハインリッヒの法則がよく紹介される。保険会社に勤務していたハインリッヒは事故の確率を研究し、次のような法則を発見した。「重傷以上の事故が一件あったら、その陰には二九件の軽傷を伴う事故があって、その背景には傷害はなくても危うく大惨事になりそうだった三〇〇件の事例がある」。これは事故、犯罪が起きるときによくいわれることである。例えば多くのこどもが死傷した池田小学校の事件、あれほど悲惨ではないけれども、それに似たような事故は三〇件ぐらいあり、そしてその背景には三〇〇件くらいの問題となるような事件があったのではないかと推定される。

廊下における衝突事故でも同様なことがいえる。どこの学校でもたくさんのこどもがけがをしている。多くの場合、先生は「廊下を走るな」と言っている。要は教育でカバーしようとしているのだが、実際にこどもは「廊下で走るな」と言われても、調査してみると秒速一・四メートル以上の駆け足で走っているこどもが四〇パーセント程度はいる。通常でも小学校の廊下でこどもの四〇パーセントは走っているという状態ということだ。

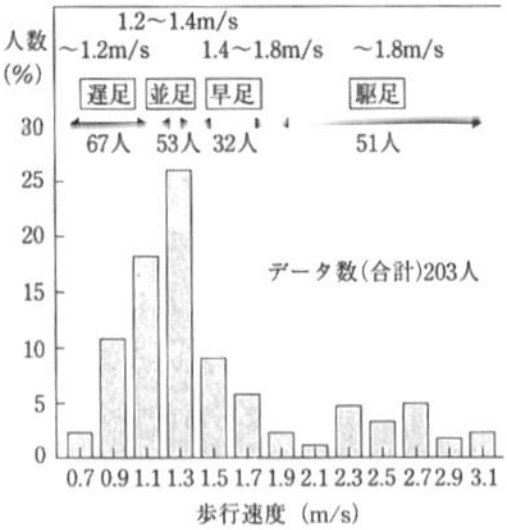

児童の歩行速度

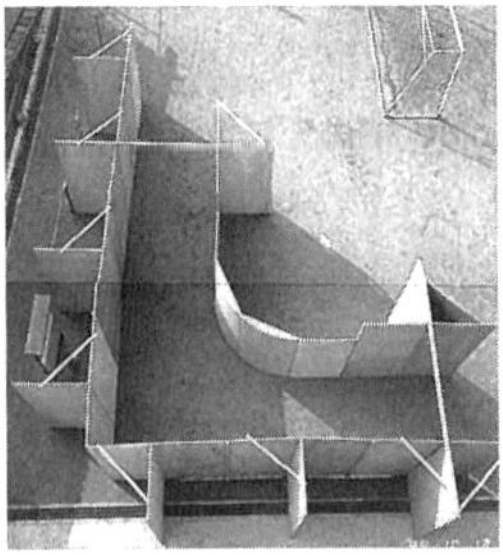
模型の設置状況

こどもに「走るな」と言っても難しい。そもそも少しくらい走ってもけがをしないような廊下の形状にしなければいけないのだ。

小学校の一般的な形で、事故が起こりやすい廊下の曲折部を調査し、こどもがどのような歩行軌跡をもっているかを見てみた（下図）。走ってきたこどもと反対側から来たこどもの歩行軌跡が交差するときに、事故が起こる。実際に模型実験をして、廊下をつくって、そこでこどもがどう動くかということを調査した。通路幅は二メートルとすると、その場合、隅切り半径を二・六メートルにすれば衝突事故は起こらない。しかし隅切り半径が〇・五メートルぐらいではなかなかうまくいかない。ぶつかる。また廊下の幅が狭ければ狭いほど、隅切り半径は大きくなくてはいけない。すなわち通路幅も衝突危険率に深く関係していることになる。

(2) 幼児施設の廊下

こどもの歩行を観察すると、小さなこどもは歩くのと走るのが未分化で、小さいこどもの方がふらふらして回転半径が大き

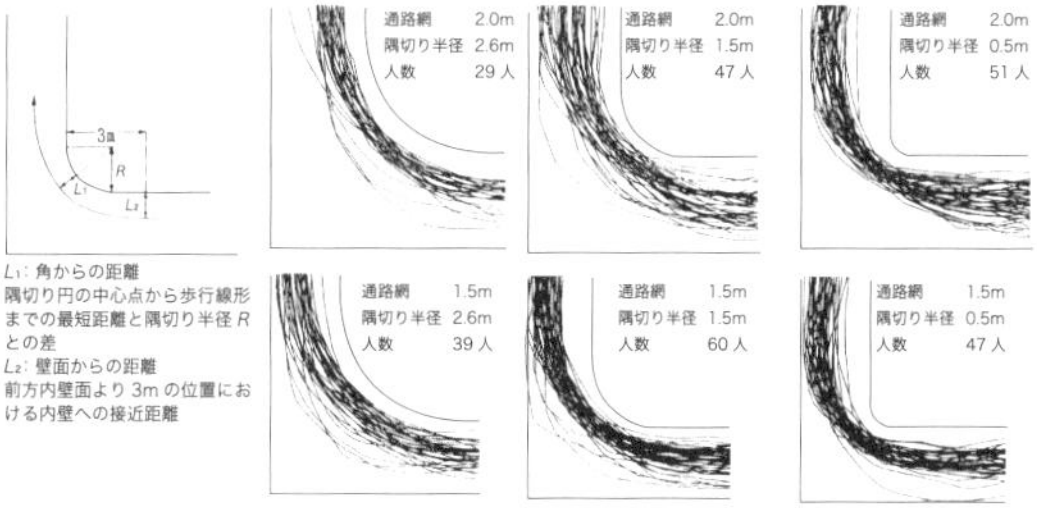

廊下の軌跡（実物大模型による調査）

く、小さいこどもの方が小学生よりも速く移動している。すなわち小さいこどもであればあるほど、スピードが速くてふらふらする確率も高く、想像とは逆に小さいこどもの施設の方が廊下の幅を広く、廊下の隅切りも大きくとらなくてはいけないことを示している。実際には保育園の隅の部分は多くは直角である。しかし大きく隅切られることが必要と思われる。

(3) 禁止をなくす空間のつくり方

公園でも学校でも町でも、今こどもたちに「○○してはいけません」という禁止が多い。公園などは禁止だらけだ。「走るな、球あそびをするな、声をあげてあそぶな」。とにかく、あそぶことや自由な行動を抑える禁止条項が多すぎる。直角にまがる細い廊下をつくり、走るなというのは、大人の都合でしかない。効率的に空間を配分することにきゅうきゅうとしている。そのような建築づくり、町づくりをやめよう。こどもたちにストレスのない町づくり、建築づくりをしよう。

理想的には廊下の幅を三メートルにして廊下の隅角部は三

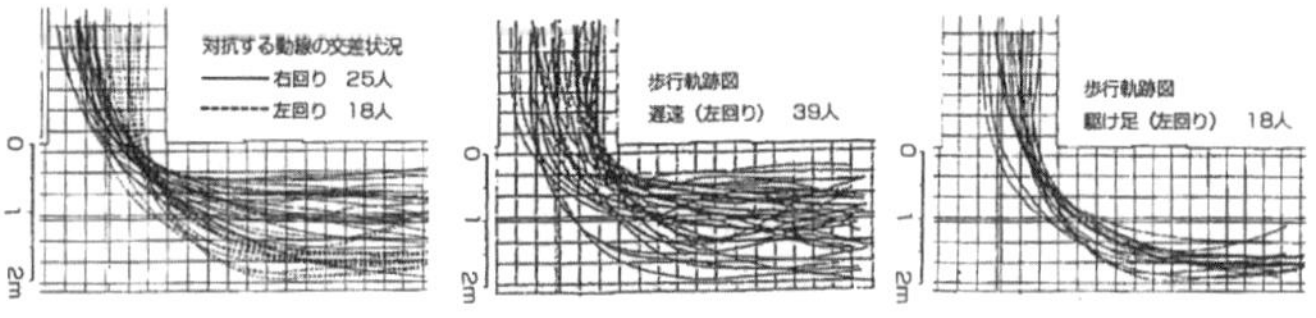

幼児施設の歩行線形

メートルのアールをとろう。そういうゆとりある小学校をつくっても、工事費は一〇％も上がらない。我が国はこどもの教育、保育の空間づくりにもっと投資すべきなのだ。

4. 街路空間の評価

都市において、遊環構造の重要な要素である回遊路を形成するものは街路である。街路の形態はさまざまである。日本国内でも京都と城下町の街路構成は異なり、海外では地域・文化によって大きく異なる。「居心地が良く、楽しい街路をどのようにつくるべきか」は私にとって大きな課題であった。

(1) 街路空間の奥行き

都市の街路の設計においても公園の園路の設計においても、いつもその街路とその視覚的な奥行きという点が設計者にとって問題になる。街路は京都のように直線的な街路もあれば、東京・田園調布の円形街路のようにゆったりと弧を描くやわらか

街路空間における直線型と曲線型の単相関図（次頁も）

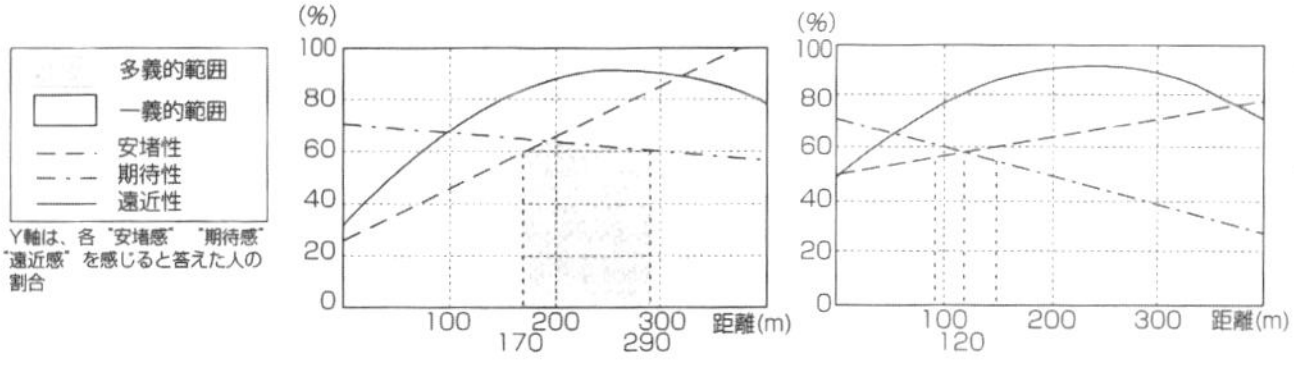

単相関図［折曲型］　単相関図［直線型］

な街路もある。

　見る人をあるいは歩く人を惹きつけなくてはおかないような魅力的な街路を設計してみたいと設計者は考えるのだが、そのときに私は、街路の幅と周辺建物の高さの関係だけでなく、街路の奥行きが非常に重要なのではないかと感じ、やすらぎや期待性といった心理的要素と見通し距離をもとにした街路の空間規模との関連性を求めようと長年考えてきた。

(2) 街路形態と心理構造

　名古屋・京都・常滑の三都市内においてランダムに一三二か所の街路を平面的パターンおよび道の舗装状況、歩車分離・混合等によって分類し、規模等に偏りのないようにして三二の街路空間を選定した。次にこれらの街路空間についてＳＤ法による心理評価実験[1]を行った。

　心理評価実験で得られた各評定尺度を変量とした因子分析を行った結果、「安堵性」「期待性」「遠近性」の三軸を得た。

　街路形状が直線かどうかによって前述した規模にも相違がみ

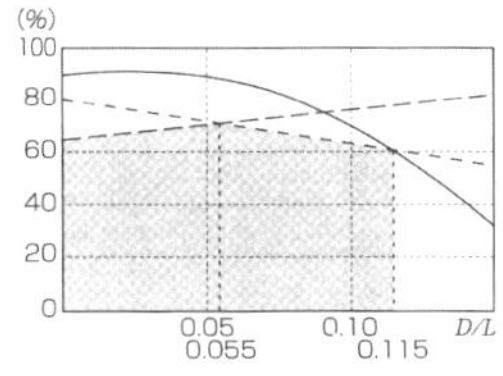

［単相関図（D/L）］

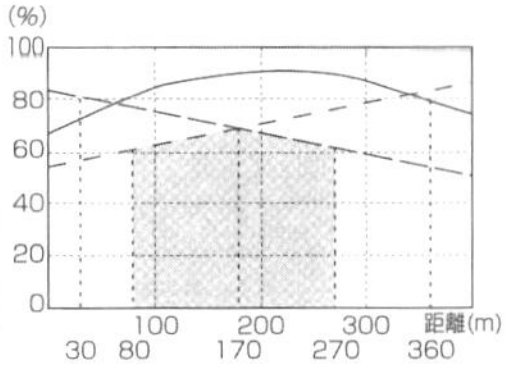

［単相関図（見通し距離）］

られると思われるため、街路を直線型、折曲型とに分類し、その比較を試みたところ、特に見通し距離[2]において顕著な傾向が現れた。

まず直線型では折曲型に比べて意識変化距離が小さいが、これは見通しがきくことで「期待性」に劣る反面、「安堵性」が高まったからだと考えられる。一方折曲型の方が「安堵性」の回帰線の傾きが大きいことから、同じ距離だけ長くするのであれば直線型よりも効果的に「安堵性」を増すことができると考えられる。また前述の総合分析で得られた意識変化距離[3]を超えると折曲型のほうが評価が高くなることが認められる。

街路の奥行きの設計

街路における奥行きについての心理構造では「安心感がある」等の安堵性と、「期待感がある」という期待性および「遠い—近い」という遠近性という三つの側面によって評価されることが明らかにされたが、安堵性と期待性とは相反する傾向をもっている。街路の見通し距離が一七〇メートルで、道路の幅（*D*）と

[1] 心理評価実験手法　街路上で撮影した写真について、二十四の形容詞対を用いてＳＤ法による心理評価実験を行った（被験者は名古屋工業大学社会開発工学科学生二十九名）。

[2] 見通し距離　実験時、評価対象として提示した写真の白黒コピーした用紙上で奥行きを感じる部分にマーキングをさせ、全被験者が示したうちの最頻度地点と写真内の最も手前にあたる地点までの距離。

[3] 意識変化距離　物理量を「見通し距離」とし、三因子との単相関図を作成・合成した際に意識変化点となる見通し距離。

奥行き（L）の関係がD／L＝〇・〇五ぐらいがある意味で意識の変化点といえる。[4] 六〇%の人が安堵性と期待性を感じるのは、見通し距離が八〇メートル～二七〇メートルで、三〇メートル以下では期待性が、三六〇メートル以上では安堵性のみが感じられる空間となる。

また、見通し距離一七〇メートル以内ならば直線型の街路が、それ以上ならば折曲型の評価が高い奥行きとなるようである。

(3) 住宅地におけるT字路の空間期待

ヨーロッパの街路でも日本の街路でも、魅力的な街路はどんどん中に引き込まれてしまう。自然に足が向いてしまうと表現した方が良いほどである。特に街路の突当りがT字状に分岐している場合、好奇心によって近づいてしまう。しかし、その空間形状によっても、その引きつける力は違うのではなかろうか。それを空間期待と名づけ、住宅地におけるT字路をいろいろ調査して、空間期待の高まる要因を考察し、都市デザインにおける街路設計に役立てようと考えた。住宅地において選定した

[4] 意識変化点・多義的範囲・一義的範囲　三因子の代表的評価尺度と物理量について評価の高かったグループを選び、単相関分析を行い、三因子の単相関図を合成した。さらに、「安堵性」「期待性」の回帰線が交差するところを「意識変化点」とした。また、三因子のいずれもが六〇%を示す範囲を多義的範囲、いずれかが六〇%を示す範囲を一義的範囲とした。

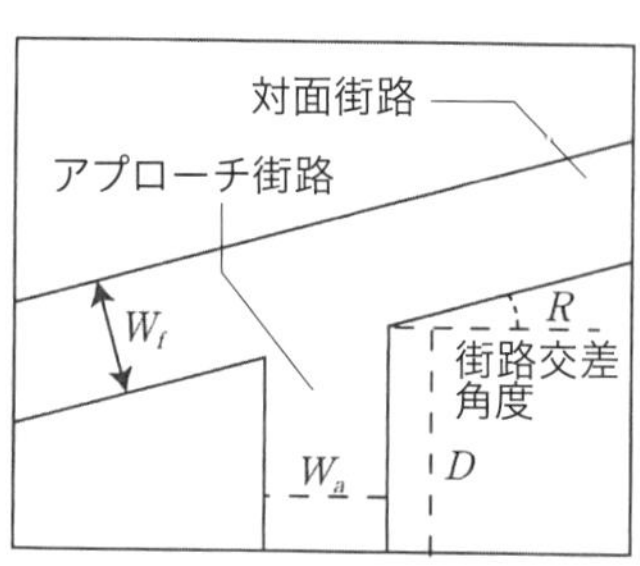

三五か所の遠景・近景二枚一組のT字路スライド写真をもとに、SD法による心理評価実験[5]を行った。

(4)空間期待がなされる計画・設計

空間期待を高める街路をまとめてみると、次の七点が挙げられる。

①対面街路[6]に見える対象は、空間期待の要因として最も寄与が大きいが、空間期待を高める対象は緑であり、魅力ある建物である。

②街路交差角度は空間期待の要因として対象に次ぐ寄与の大きさがある。その際、空間期待を高める交差角度は一五度以上の角度であり、四〇度までの範囲ならば交差角度は大きいほどよい。

③街路幅員において、アプローチ側幅員が三・二メートル以下であると、空間期待は減少する。

④視点距離[7]が増すと空間期待が減少するが、二五〜三〇メートル以上になると激減する。

[5]心理評価実験の手法　各T字路サンプルに対する空間期待度を二十五の形容詞対を用いてSD法による評価実験を行った（被験者は東京工業大学学生十九名）。

[6]対面街路　図参照

[7]視点距離　スライドにて判断される見かけの値を用いた。

⑤アプローチ街路[8]に面する敷地に塀が連続している、もしくは高い建築物があると空間期待は減少する。

⑥アプローチ街路の明るさに対して、対面街路の明るさに変化があると空間期待は増大する。

⑦対面街路に面する敷地に空隙があれば、空間期待は増大する。

以上の検討から、空間期待の観点から住宅地の街路設計に応用した例を試みた（下図）。例1は空間期待の高まるT字型のスケールおよび要因から、Dは二五メートル以下、W_aは三・二メートル以上、Rは一五度以上であり、対面に緑がある。例2は傾斜地における見かけの角度増加を利用したT字路計画である。例3は対面街路にポケットパークを設置し、植栽を行って魅力を増した計画である。

(5) 住宅地の街路網の複雑性

私は古い町、新しい町を含め、いろいろな町に住んだのだが、町の印象は街路のパターンによって大きく左右されるのではないか、そしてその重要なポイントが快適性と複雑性ではなかろ

住宅地の街路設計

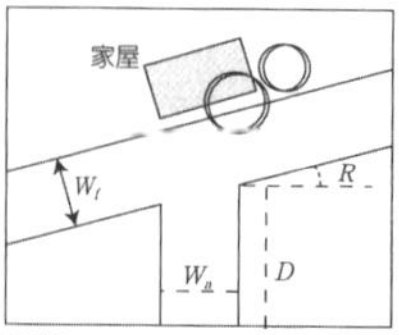

■例1
空間期待の高まる観点からT字路の空間スケールおよび要因を計画した例
D 25m以下 W_a 3.2m以上
R 15°以上 対面に魅力ある建物、緑

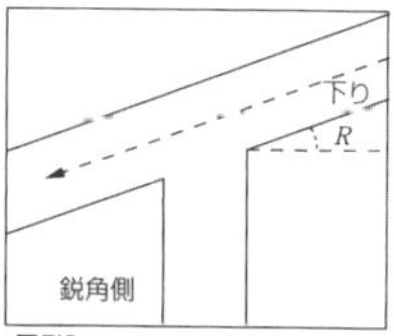

■例2
傾斜地における見かけの角度増加を利用したT字路計画例
対面街路下り方向のRを鋭角側にすることにより見かけ上のRを大きくし空間期待を増加させる。

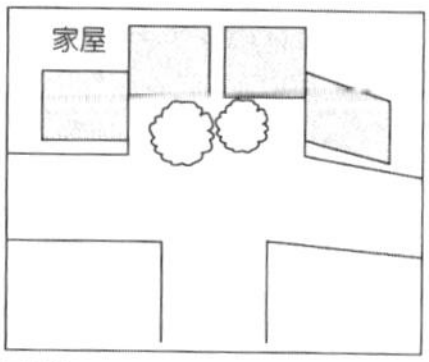

■例3
対面道路にポケットパークを設置し、植栽を行うことで既存のT字路の空間期待を高めた例

うかと考えた。一般的には、わかりやすく単純な街並みが快適であるとして、住宅地のマスタープランには格子状の街路網グリッドが多用されてきた。しかし、複雑な街路構成をもった町も魅力的だ。住宅地の基本的性格を決定する街路網のパターンの作成は、住宅地計画における重要な過程である。街路網の複雑性は、住宅地のわかりやすさや景観的な変化、ひいては快適性にもかかわりの深い基本的な評価指標と思われる。

東京都二三区及び市部にあって特徴的と思われる道路網を持つ住宅地（三六ヘクタール前後の区域）を二四地区選択し、それぞれの地区内を全体的に歩いて街路景観の一〇分間のVTR映像を得て、SD法による評価実験[9]を行い、「複雑性」「評価」「密度感」「自然度」の四因子を抽出した。

街路網の複雑性が「面白さ」「期待感」「変化」「個性」「あたたかさ」といった街並みへの評価と意味的な関わりがあるのは明らかである。

二四調査地区は、クラスター分析により〈A〉〈B〉〈C〉〈D〉〈E〉の五群に分類される（下図）。グループAは複雑性が低く評

因子得点による地区分類

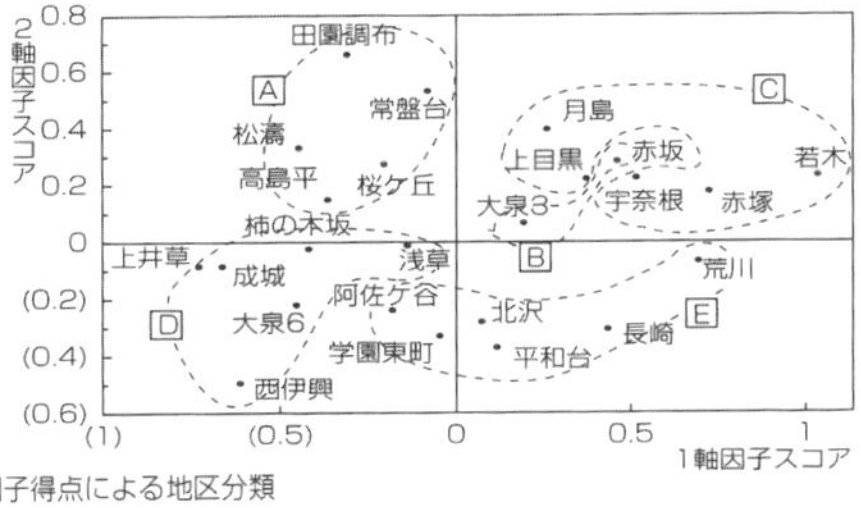

因子得点による地区分類

[8]アプローチ街路　図参照。写真撮影地点にあたる街路、対面街路の対義語。

[9]評価実験　三十三の形容詞対を用いてSD法による評価実験を行った（被験者は東京工業大学建築学科学生十五名）。

価の高い地区群であり、非直交格子型人工的地区に一致している。基本的にゆったりとした格子状の街区構成ではあるが、湾曲道路が埋め込まれ、とぎれることなく続くシーンの連続が評価を高くしているものと思われる。グループB・Cは複雑性が高く、かつ評価の高い地区群である。低密度自然発生的地区の割合が多く、平均緑率の高い地区が大部分である。湾曲した幹線道路が走り、内部に向かって自由にサービス街路が入り込んでいるのが特徴である。グループDは人工的な開発によって形づくられた単純な碁盤目状の地区群であり、複雑性、評価共に低い。見通しのよい明快な街区構成であるが、景観の変化や街角の特徴といったものが非常に希薄であると考えられる。グループEは複雑性が一部を除いて高く、評価の低い地区群である。要素的にはグループB・Cに類似してい

各グループの代表的街路網

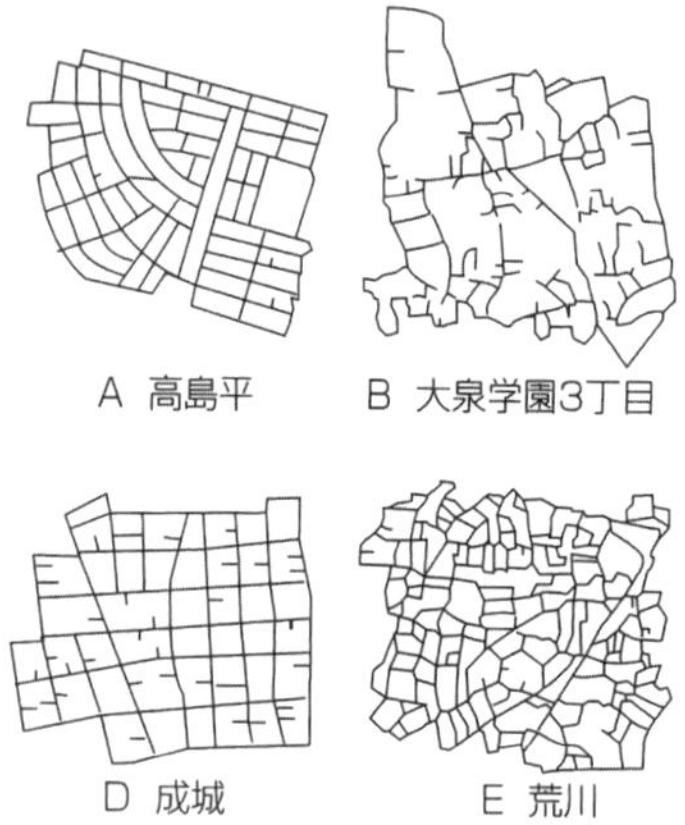

るが、非常に高密度なために街角のイメージが混同し、迷いやすいものと思われる。C群とD群は複雑度（第Ⅰ因子）、複雑性が高く、かつ評価（第Ⅱ因子）、快適性も高い地域である。

（6）複雑性の要因

①複雑性は五項目の指標によりほぼ説明されることがわかった。平均街区辺数・道路密度・三差路率は一%有意であり、平均街区面積、対道路差路密度は五%有意であった。「快適な―不快な」への評価（快適性）は「平均緑率」「行き止まり率」「平均道路幅員」「対道路差路密度」「平均街区辺数」の六変数で記述できた。

②平均道路幅員三・五メートル以上で約六〇%の評価者が「快適」と評価する。

③差路密度：一ヘクタールあたり六～七個以上になると地割の細かさによる複雑な印象が生じる。

④対道路差路：道路延長一キロメートル当たりの差路数で、目的地への移動の際の機動性、あるいは道なりに導かれる度

合いを示す。一五個／キロメートル以下で、約六〇％の評価者が「複雑」と評価する。

⑤平均緑率：視界のおよそ二割以上を常に緑で埋めることによって、快適な印象を与える要因として働くと思われる。その他の形容詞対との関連からみて、緑の多さは街並みの乱雑な印象を和らげる効果がある。

(7) 複雑で快適な街路網の設計

快適性は高いが評価の低い地区である成城を事例に取り上げ、現在は低い「面白さ」「期待感」といった複雑性の効果を高める街路網計画とはどのようなものかを検討した。この地区の現状は次頁図①に示すとおりである。複雑性と快適性の二本の重回帰方程式の変数を同時に操作するシミュレーションにより、快適性を維持しつつ複雑性を増加させることが可能である。②は円環道路を埋め込んで道路密度を上げるとともに、四差路をところどころ食違いにして三差路の割合を増やした例である。③は九つの街区ごとに新たに街区をはめ込み、三差路の割合と街区平均辺数を上げた例である。その結果、複雑性がそれぞれ〇・二五ポイント、〇・六一ポイント増加するとの結果が得られた。同様に複雑でかつ評価の低い地区の快適性を操作させることも可能と思われる。これはあくまでも図上での操作であるが、新たな住宅街路設計には参考になる。

そもそも、この研究はモロッコのメディナの調査が発端である。メディナの細く、細かい網目状の、そして行き止まりの多い街路は私にはとても快適には思えなかった。スークと呼ぶ商店街は城壁に囲まれたメディナをほとんど縦横に貫いていた。私は閉所恐怖症である。そういう点では迷路は嫌いである。しかし、迷路的な空間が魅力的なのも事実である。ロジェ・カイヨワは、めまいの体験を一時的なパニック状態をたのしむと定義しているが、迷路体験もめまいの体験空間と言えよう。モロッコ

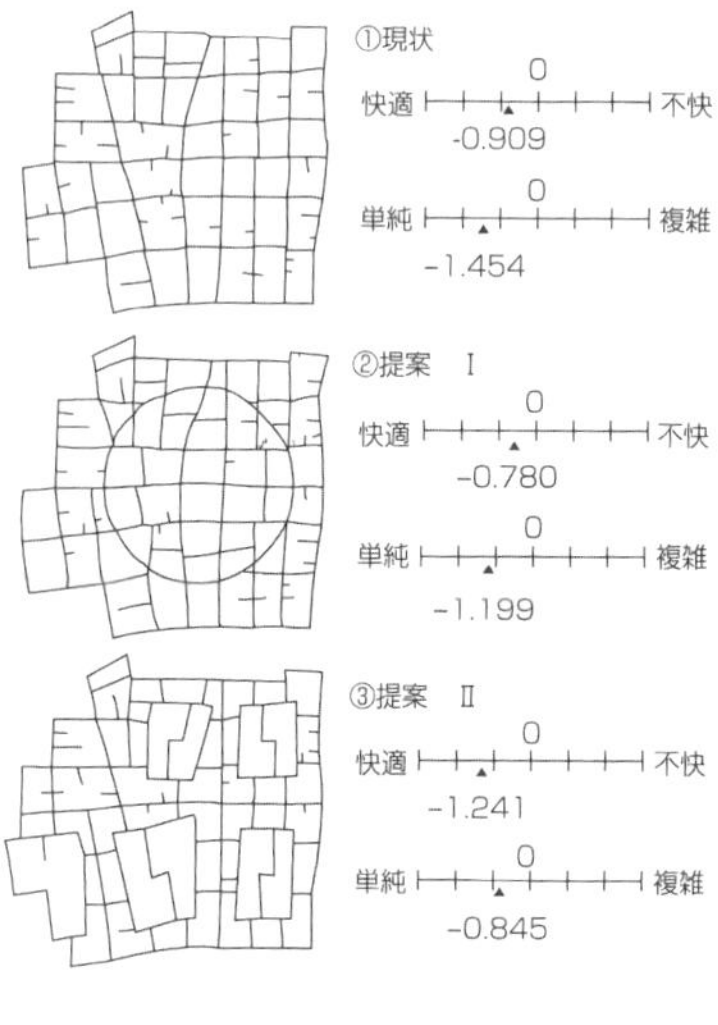

成城地区への複雑で快適な道路網の提案

のフェズでは本当に出られないのではという恐怖を感じた。

ここでは複雑と快適というある意味では相反する性格によって街路を評価しようとし、また複雑でかつ快適な街路を設計するための方法を導こうとした。結果としては前項に掲げた平均幅、差路密度、対道路差路、平均緑率等のある目安と、それらの関係を示すことができたが、これもひとつのたたき台であり、今後のプランナーや建築家の確認と検証が必要である。

5. 建築と都市における滞留

(1) 小さいこどもの滞留

次に滞留について考えてみよう。こどもの歩行線形と留まる場所を調査すると、結論としては隠れられる場所「閉所」、畳などが敷いてあるようなこどもにとって特別な場所「別所」、それから高い場所である「高所」、この三つの空間が滞留の場所になっていることがわかる。

フェズの街路

小さいこどもが隠れられる場所とは、穴のような空間である。よく「デン」あるいは「アルコーブ」と呼ばれる空間がある。「すみっこ」「はじっこ」というような場所もこの「閉所」という滞留の空間に入れることができる。また「別所」はテンポラリーなものにも出現する。敷物を敷く、あるいは積み木で囲むなどして、自分たちの領域を設定できる空間に滞留し、ままごとなどを始める。ある意味で床を限定することによって、「見立て」の空間をつくりあげることができる。高い場所もこどもの視点を高いところにできる場所である。この場合も広さは二メートル角から広くても三メートル角というようなところである。ここでは展望という機能がとても重要である。こどもはいつも低い位置から環境を見ている。高いところはそれだけで特別な場所なのである。

　私が設計した愛知県児童総合センターで、どういうところで、こどもや大人の滞留が発生しているのかを調査した。滞留には大人の滞留とこどもの滞留があって、大人の滞留はこどもがあそんでいるのを見守る、あるいは休憩するという行為が主と

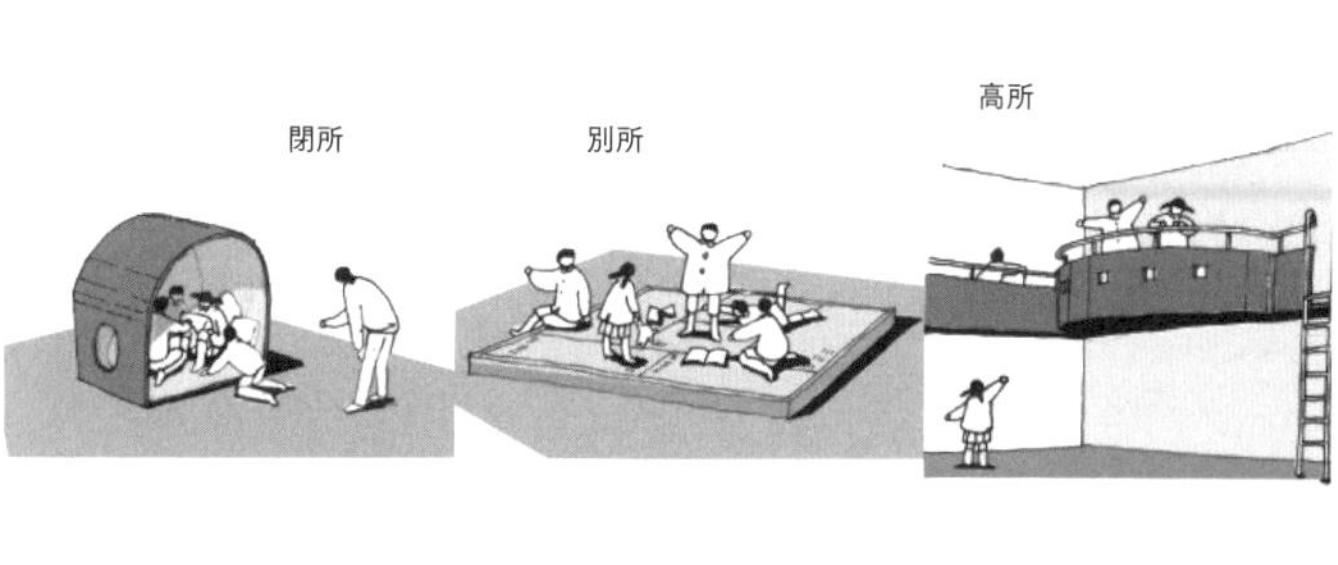

こどもの滞留の場

なっている。大人の場合、滞留の発生するところにイスや休憩のための装置が必要である。こどものあそぶエリアと大人の滞留のエリアの距離は、幼児レベルで一五メートル、それ以上になると三〇メートル以内が適切である。往々にしてこのようなこどものための施設では、こどもばかりを考えて大人の滞留は考えられていない場合が多い。滞留の空間はくつろぎ、休み、見守る空間として、その位置や素材に十分に配慮しなければならない。

(2) アトリウムにおける滞留

室内での広場の人の流れと滞留

愛知県児童総合センターの滞留図

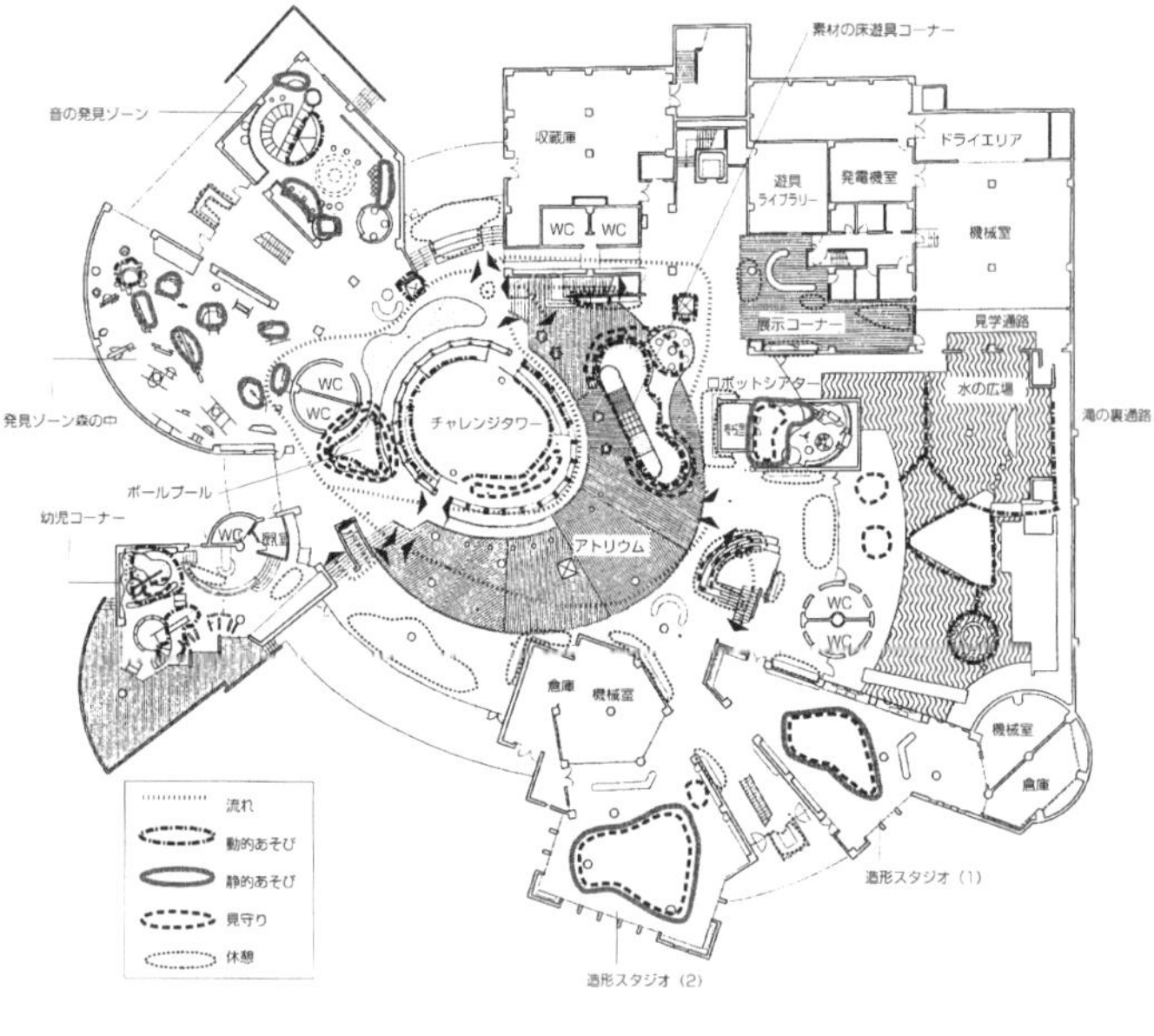

する部分がどのような構成であることが望ましいかということを調査した。アトリウムでの滞留が行われている場所の条件を抽出しようと、アトリウムで滞留している人に、なぜこの場所を選んでいるのかヒアリング調査を行った。外の風景が見えるところ、日当たりが良いところ、人の通りがよく見えるところが挙げられた。つまり、居心地の良い場所、また危険を受けにくいところ、人の往来が少ないところで、滞留している人同士

アトリウムの滞留図

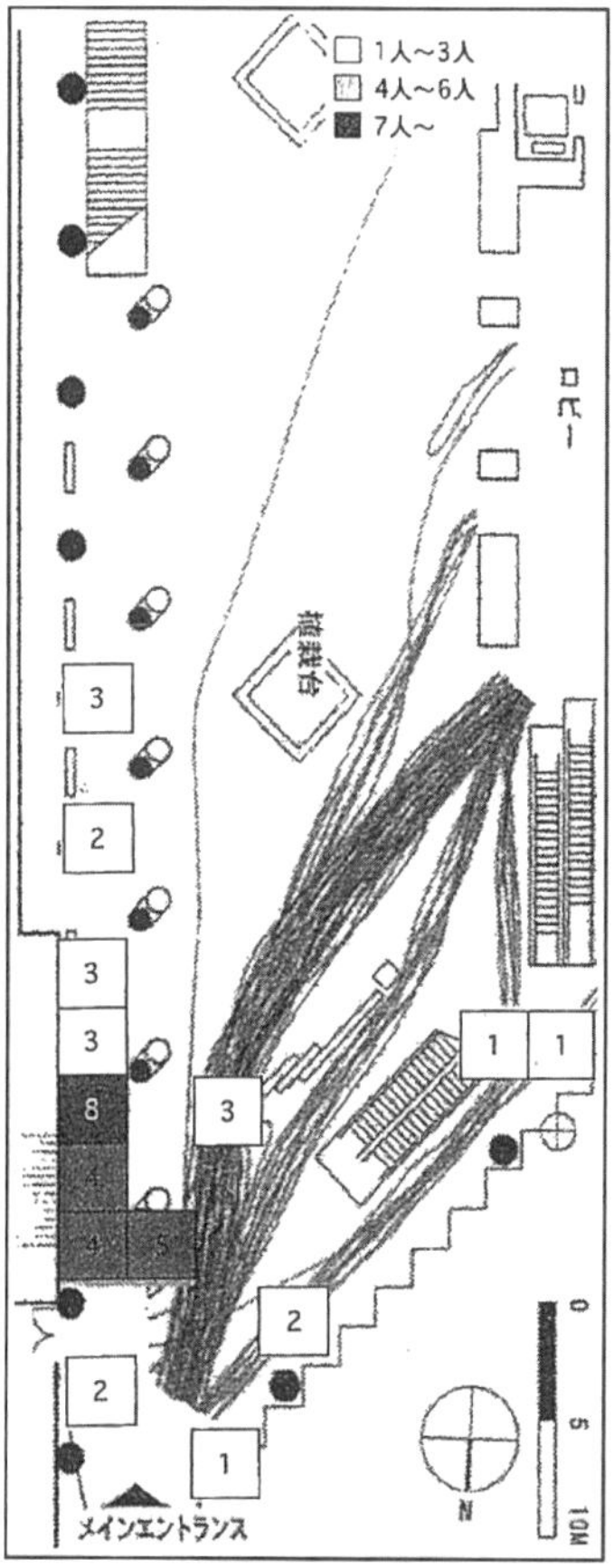

Pビル（1997年6月6日金曜日9:00～19:00）
注：調査員の巡回観察による1時間ごとのプロット図より計測した3Mメッシュ上の立位滞留者数を動線類積図上に重ねて示す。

では見えても外からはあまり見えない場所を示している。

　地理学者アップルトンは人間を含めた生物にとっての地理学的な条件は「相手を見ることはできるが相手からは見られない場所だ」と指摘している。人間でもそれは当てはまり、縄文・弥生時代の住居遺跡は大体そういうところにある。古代人の生活の場所は森に囲まれていて、周りからは見えないけれど、こちらから向こう側は見える場所が選ばれているように思われる。アトリウムでの滞留空間として人びとが利用する場所も、人びとが滞留して気持ち良いと感じる空間も、アップルトンのいうようにこちらから向こう側が見えるが、向こうからこちら側は見えにくい場所かもしれない。

(3) 都市の滞留空間と劇場性

　都市における滞留のきっかけとして、パフォーマーと観客という関係が挙げられる。歌を歌ったり、パントマイムをしたりと表現する人がいて、それを見る人が足を止める。パフォーマーには二つの種類があり、歩いていること自体がパフォーマンスであ

都市パフォーマー

る人と、ダンスや音楽、大道芸などのプレイを見せるパフォーマーである。前者の場合にはパフォーマーと観客の位置が明瞭に分かれる。後者の場合、一般にプレイを行う人と観客との関係が同心円状になる。この場合には広場的な空間が必要となる。

パフォーマンスが平面的な場所で行われる現場を分析してみると、多くは公園等の広場的な広がりのある空間で行われている。東京では代々木・上野公園等に多く見られる。その場合、パフォーマーと観客の同心円状の分散は、内容や集客力によって異なるが、ほぼ一〇メートル

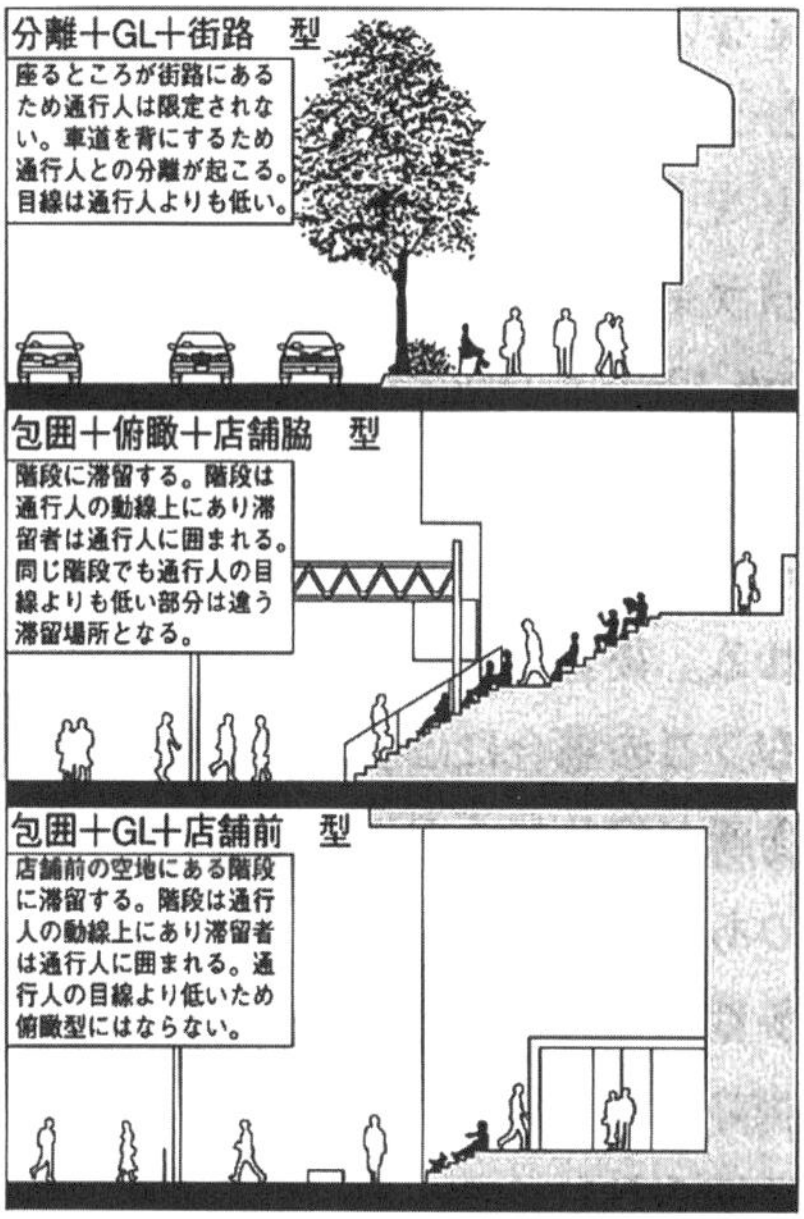

都市パフォーマーと観客の図

から最大三〇メートルぐらいといえる。またパフォーマーはそのパフォーミングの背景として木だとか壁だとかいう「よりしろ」を求める傾向にある。そして観客は日照をさえぎるキャノピーや木陰等、あるいは座れる場所を求める傾向が見られる。

観客とパフォーマーとの関係を立体的に観客がパフォーマーを俯瞰できる場合がある。このとき観客は店舗の周辺にいることが多い。店舗との関係で観客が座る場所が店舗前、店舗脇、あるいは街路にある場合に分けて分析してみると、渋谷、原宿、銀座、新宿等でこの種の滞留が多く見られた。

パフォーマーの見やすさを考えると、パフォーマーと観客の関係が劇場的な構成、すなわち段状な構成になっていることは極めて有効である。その場合、パフォーマーが演ずる下部の平場が十分に広く、その後ろを通過者が通る構成がよさそうである。店のフロントと道路の関係では、フロント側が数段あがっていることが望ましいといえる。しかしこの場合、店舗へのアプローチについては、すでに述べているように段はある意味でアクセスに対してバリアであるから、そのことも十分に配慮す

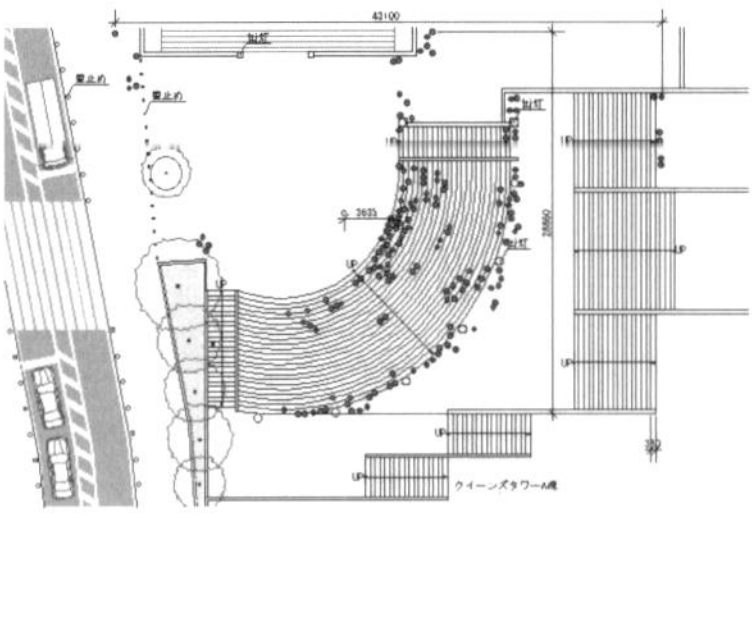
同心円状のパフォーマーと観客の関係

る必要がある。あまり段差があると店に入りにくくなる。

店舗前に観客が多いのは店舗前に滞留者が位置することが最も自然だからであると思う。都市空間の滞留はパフォーマーとの関係というなかでとらえられなければならない。パフォーミングがさまざまなところで行われているのは楽しい。それが可能となるような小さな滞留の場のデザインが求められる。劇場的な要素をもつ都市空間の特徴の有無が、滞留を左右すると考えられる。

私が体験した都市のなかでもチェコのプラハは音楽のパフォーマーが数多くいて、歴史的な町のあちこちに小さな野外劇場が発生していた。そのようなパフォーマーを大事にする社会システムとパフォーマーが演じたいと思われる小さな広場がある都市に、居心地の良い町が形成されると思われる。

(4) 歩行者を大切にするコンパクトな遊環構造都市

歩くことが楽しいポートランド

歩行者を大切にすることによって、町ににぎわいを取り戻し

プラハの町でのパフォーマー

パイオニア・プレース・モール

た都市の代表例として、アメリカ・オレゴン州のポートランドを挙げることができる。ポートランドの市域人口は五八万人、広域行政地区メトロは二一〇万人である。一九七〇年代に大型のショッピングモールが郊外にでき、都心部は衰退したが、トランジットモール（一九七八）、ウォーターフロントパーク（一九七八）、パイオニア・コートハウス・スクエア（一九八四）、ライトレール（一九八六）、パイオニア・プレース・モール（一九九〇）等がつくられ、歩行者中心の町づくりが行われた。アメリカの環境首都ともいわれ、人間中心都市として評価が高い。さまざまな緑地と広い歩道、そして無料のライトレール、年老いた住民も観光客もただで電車を利用できる。きわめてよい回遊型の都市になっている。

　さらに重要な点はポートランドの街区が小さいことである。ニューヨークのマンハッタンの街区の三分の一の大きさ、六〇メートルの街区、街路幅は二〇メートルとしている。この街区の小ささが車の流入を制御しやすく、一方通行化を可能にしており、さらに一ブロックが小さいため、人びとが歩くのが楽に

ウォーターフロント・パーク

なっている。そういう点で人間中心の回遊性の高い、遊環構造型の都市構造をつくり上げているといえる。さらにポートランドには緑豊かな大きな公園がつくられている。ローレンス・ハルプリンのラブジョイ・ファウンテン公園、ピーター・ウォーカー設計のジャミソン・スクエア公園等の有名公園を含め、いつもどこかでイベントが行われ、遊環構造のなかでのめまい性が高まる拠点整備がなされているといえよう。

そぞろ歩く黒川温泉

我が国においても、人口減少社会のなかで、空地等も生まれ、緑の広場をうまく導入すること等によって、既存の都市を歩行者中心の遊環構造都市に変えることができると思われる。我が国の事例として、熊本の黒川温泉を挙げることができる。

　熊本県黒川温泉は近年人気の温泉地として脚光を浴びているが、決して風光明媚な場所ではない。しかし、温泉街の構成はきわめて遊環構造的である。谷川をはさんで二〇数カ所の旅館があり、全体を約三〇分で回遊できる。そしてこの黒川温泉の

ジャミソン・スクエア公園

ユニークなところは、入湯手形を発行していて、露天風呂がある旅館もない旅館も、宿泊している宿以外の宿のお風呂を楽しめるというシステムを組合がつくったことである。これにより、夕方になると多くの浴衣姿の観光客が町並みをそぞろ歩いていて、その風情がとてもよい。また、お客が宿に固定されていないから、おみやげ屋さんはどれも独立して繁栄している。その入湯手形の売り上げが年間三〇〇〇万円近くあって、それを温泉街全体のサインや緑地等の環境整備費にあてているという。

　入湯手形というシステムが、空間的な回遊をもたらし、うまく機能した好例と思える。巨大なホテルがすべて旅館内でお客が用をたせるようにしてしまう傾向が多くあるなかで、町全体の魅力を高めることを選んだ黒川温泉は高く評価できる。遊環構造型の町づくりと人々が外に出て歩くということを成立させる社会システムに学ぶことは大きい。

コンパクトシティ富山と富岩運河

富山市は日本を代表するコンパクトシティとして評価が高い。

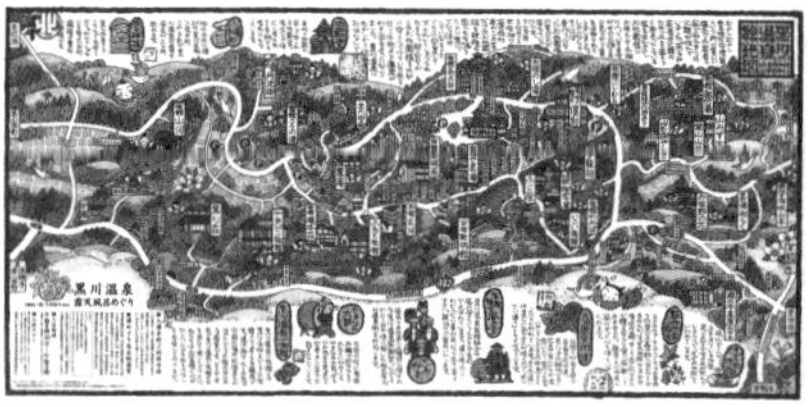

黒川温泉（左はマップ）

私は一九八七年に衰退した木場・運河を都市公園として再生する県が主催するコンペに優勝して、その後約二〇年にわたって富岩運河環水公園のデザインに関わってきた。

　富山市は市電をＬＲＴに変え、駅の南北をつなげ、かつて駅裏と呼ばれていた北側、港に続く地域を新都市エリアとし、南側のお城・業務地域と結び、街の新しい活性化を実現してきている。富岩運河環水公園では、小運河を設け、渡り鳥が飛来するバードサンクチュアリとイベント広場、水面を眺めながら、ゆったり過ごせる芝生斜面、天門橋と呼ぶ展望機能を持つ橋、イベント広場、世界一美しいスターバックスや結婚式場をもつ水辺レストラン等の回遊性をもつ遊環構造公園として、北陸新幹線の開通もあり、年間二四〇万人の利用者がある観光地となった。ここでは数多くのお祭りや催しが行われ、多くの人々を引き寄せる都市のグレートホールになっている。駅北側の新都市エリアの核として富岩運河環水公園が機能し、富山市全体の活性化に寄与している。

本章の引用文献

[1] 矢田努・仙田満・国吉真哉「街路空間におけるセットバックの形態と歩行線形に関する研究」日本都市計画学会都市計画論文集(25)、六三七–六四二頁、一九九〇年

[2] 服部ひかる・田中理嗣・仙田満・國吉真哉「商業街路空間（モール）における歩行線形の研究」日本建築学会学術講演梗概集F-1、四五–四六頁、一九九七年

[3] 小川一人・幸福実和・仙田満・井上寿「角地における歩行線形の研究:都心部角地の形状と滞留」日本建築学会学術講演梗概集F-1、四三–四四頁、一九九七年

[4] 井上寿・川口孝男・仙田満・矢田努「屋外通路空間における歩行線形の研究」日本建築学会学術講演梗概集E-1、四七―四八頁、一九九七年

[5] 仙田満・矢田努・大越英俊「歩行線形による屋外通路空間の形状に関する研究　近道行動における歩行線形のビデオ解析と裸地出現率の検討にもとづく曲がり角隅切処理の提案」日本建築学会計画系論文集61(479)、一三一―一三八、一九九六年

[6] 仙田満・矢田努・冨田昌志・原博「歩行線形による通路空間の形状に関する研究　小学校廊下の実態調査および実物大模型による歩行実験にもとづく曲がり角隅切処理の提案」日本建築学会計画系論文集59(455)、一〇九―一一八頁、一九九四年

[7] 土井伸郎・西村研二・仙田満・矢田努「幼児施設における通路空間の形状に関する研究　幼児の歩行線形の分析による」日本建築学会学術講演梗概集E-1、三四五―三四六頁、一九九八年

[8] 國吉真哉・仙田満・李知映・服部ひかる「現代都市における公的空間としてのアトリウムに関する研究」日本建築学会学術講演梗概集E-1、九七九―九八〇頁、一九九八年

参考文献

▼1 バーナード・ルドフスキー（平良敬一・岡野一宇訳）『人間のための街路』鹿島研究所出版会、一九七三年

▼2 クレア・クーパー・マーカス、キャロライン・フランシス編（湯川利和・湯川聡子訳）『人間のための屋外環境デザイン　オープンスペース設計のためのデザイン・ガイドライン』鹿島出版会、一九九三年

▼3 クリストファー・アレグザンダー他（平田翰那訳）『パタン・ランゲージ　町・建物・施工　環境設計の手引』鹿島出版会、一九八四年

▼4 住区内街路研究会『人と車「おりあい」の道づくり　住区内街路計画考』鹿島出版会、一九八九年

▼5 ボリス・S・プシュカレフ、ジェフリー・M・ジュパン（月尾嘉男訳）『歩行者のための都市空間』鹿島出版会、一九七七年

▼6 クリストファー・アレグザンダー（平田翰那訳）『時を超えた建設の道』鹿島出版会、一九九三年

▼7 仙田満『環境デザインの方法』彰国社、一九九八年

▼8 仙田満『環境デザイン講義』彰国社、二〇〇六年

▼9 仙田満『環境デザインの展開』鹿島出版会、二〇〇二年

▼10 ジェイ・アプルトン（菅野弘久訳）『風景の経験　景観の美について』法政大学出版局、二〇〇五年

富岩運河環水公園（1999）

1987年に地域を再開発するためのコンペが行われた。運河を浄化するための導水路の建設と、美しい水面を再生するための円形の清水噴水、そして将来の遊覧船のための回遊動線を可能とする小運河の提案、シンボル的な歩道橋等の提案が認められた。運河のエンドに2本の展望塔をもつ歩道橋を設け、回遊性をつくり、全体として遊環構造を形成する環水公園となった。ここでのめまいの空間は水面そのものといえる。また、高い展望塔もめまい空間の体験場として機能する。橋のほとりにスターバックスコーヒーと対岸にフレンチレストランが建設されたことにより、年間70万人だった利用者が一気に140万人に増え、新幹線開通や新県立美術館の開館に伴い、現在では年間250万人の利用者でにぎわっている。

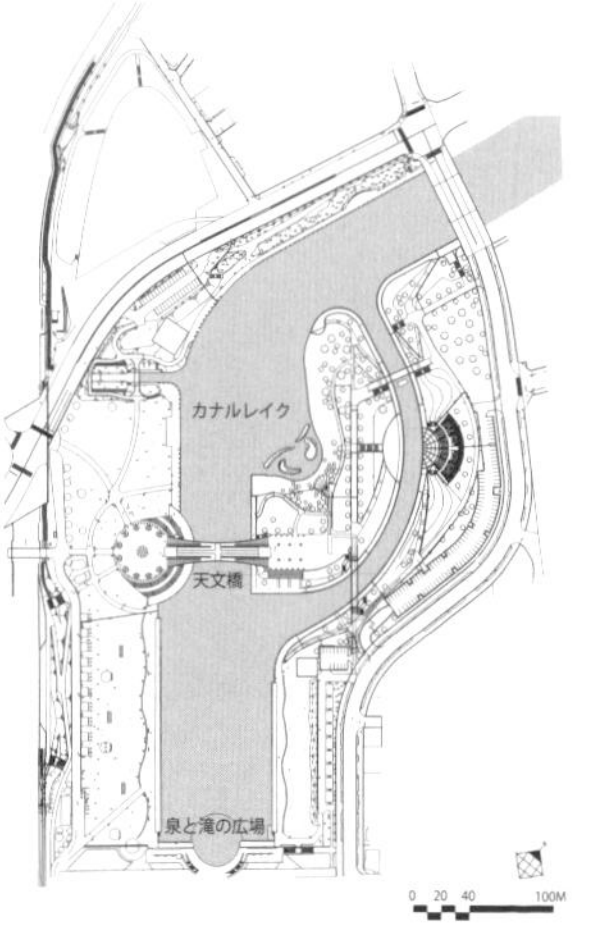

配置図

［左］公園全景
［右上］広場より天文橋を見る［右下］天文橋より富山の町を望む

南小国町役場（2015）

南小国町は熊本県阿蘇山のふもとにある、林業を中心とした人口約4,000人の町である。町産材を用いた平屋の庁舎が計画された。町民が特段に用事がなくてもあそびに行く事ができる庁舎が目指された。町民の動線が回遊型になっており、それにラウンジやロビー、案内所が附属している。回遊する利用者動線に囲まれたスペースが役場の執務空間という構成である。また議場は10人の議員の専用ではなく、議会開催時以外は町民に開かれたホールとして、音響設備を利用した保育園の発表会や演奏会、映画の上映会等に使用される。また議場の壁面はギャラリーとして利用可能である。遊環構造により、開かれた庁舎、あそびに来る庁舎、バリアフリーの庁舎となっている。

1F平面図

［左上］町民の活動の場にもなる大会議室［右上］磨き丸太柱を用いた町民ロビー
［左下］町民ラウンジと執務スペース［右下］東側外観（左手奥の建物は既存施設）

◉第九章　満足度と集客性

遊環構造のなかで人々はさまざまな体験を連続的に行っていく。そこで満足を得ると「もう一度やってみたい」とか、「もう一度来てみたい」という評価がなされる。満足度の評価である。高満足度の遊環構造の条件はどういうものか、その事例として博物館というビルディングタイプはおもしろい。博物館や博覧会等を検討し、また集客性という側面からもその成立条件を探してみた。

1. 満足度の環境デザイン——量と質、そしてコース

町や環境や建物を美しいと感じ、私たちがその環境に満足感を得られるのはどういうことなのだろうか。そのことを知るた

めに人間の欲望のなかで最も根源的である食欲について考えてみたい。私たちは食事を毎日ほぼ三回する。食事をしなければ人間は生き続けることはできない。一日のエネルギーを維持するためには最低一五〇〇カロリー程度の食事をとる必要があり、ビタミン、たんぱく質、ミネラル等、バランスのよい食事をとらねばならない。量的な段階を満足すると、次においしさという別の質を要求する。さらには前菜、メインディッシュ、そしてデザートのように、コースがその食事の満足度を決めていく。すなわち量、質、そしてコースが満足度に関係している。

また映画でも約二時間という限られた時間のなかで、魅力的なシーンとストーリーが観る人の満足度を決定づける。私の好きなフランスの映画監督トリフォーは「一本の映画には二〇の決定的なシーンが必要だ」と言っていた。この二〇のシーンはヒーロー、ヒロインを含む、絶対的に観る者にアピールするシーンであるに違いない。「とてつもなく美しい空間」であったり、「感動的な場面」というように印象として残るシーンなのだ。

博物館を訪れるとき、そこでも約二時間三〇分の時間にすぐれた展示物、トリフォー的に言うならば、決定的な展示が少なくとも三〇ほど必要で、そのストーリー演出が必要と思われる。

建築的にも都市的にもその満足度を評価する人がいるはずである。それがそこに住む人か、訪れる人か、あるいは利用する人かによって、もちろんその評価は異なるであろう。ここでは体験という行為を通して、展示、建築、都市におけるアイテムの量的、質的、ストーリー的問題を考える。それにより来場者の満足度を得るための規模、内容、そして演出をデザインすることができる。

2. 博物館の満足度

(1)科学館の満足度

科学館では一定の量的体験をしないと「科学館に来た」という実感を得られないという仮説を立て、量的体験の規定要因である展示点数、面積規模から、来館者の満足度とその関係を明らかにしようと、一九八八年頃に東京工業大学仙田研究室において調査を試みた。

全国科学博物館協議会に加盟する科学館に、新設館一館を加えた二一八館を対象に施設アンケート調査を行った。関東周辺の科学館一七館については、来館者をランダムにサンプリングし、展示物の評価、館全体の評価について利用者アンケート調査を行った。

利用者アンケート調査において、満足度および関連評価、計七項目について利用者の意識評価を行った。相関分析より満足感を得られたものとして関係の深い項目、すなわち相関係数が最も高いのは「展示のおもしろさ」であり、満足度は展示のおもしろさと深く関わる評価といえる。近年、施設計画の分野において、利用者が「おもしろい」と感じる博物館の整備計画に対する関心が高まっているが、科学館にあっては、満足度の高い博物館はすなわちおもしろい博物館であるという関係が成立する。満足感とわかりやすさという理解度の相関は高くない。次いで、建物の広さの印象、展示量の多さの印象が高い相関を示した。展示をたくさん見られたという印象も相関がやや高い。

茨城県自然博物館

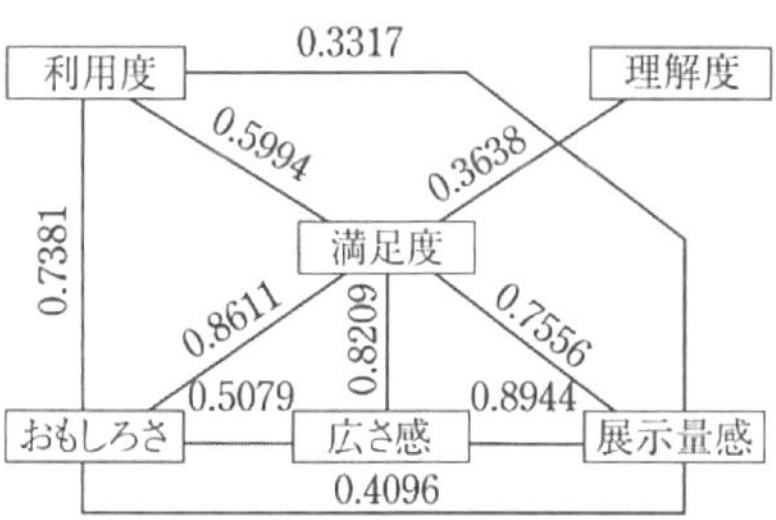

科学館の評価の相関関係図（相関関係は1に近いほど相関があることを示す）

もちろん本質的には科学を理解するというのが、科学館の目的なのだが、来館者にとっておもしろい、おもしろそうだというところから科学にアプローチすることが大事であることをこの調査結果は示している。

　利用者の満足度は、施設規模および展示形式による影響が大きいと思われる。実際、満足度は展示ソフトと立地条件の影響を考慮するとき、延床面積、参加体験型展示点数、一点当たりの展示面積という三変量により、ほぼ説明できることが重回帰分析により示された。規模の変量を展示点数としても同様である。また展示ソフトと立地条件の影響は無視できないことがわかる。すなわち満足度を上げるためには、規模や展示点数という量がある程度必要だということである。

　満足度を上げる条件としては、展示ソフトでは解説員と実験ショウ、立地条件では立寄り立地をあげることができる。すなわち目的をもって来館するだけでなく、立寄ってみたら「面白かった」という意外性が必要だということである。展示室内に配置された解説員による説明や大規模な実験ショウは、ともに

実験ショウ

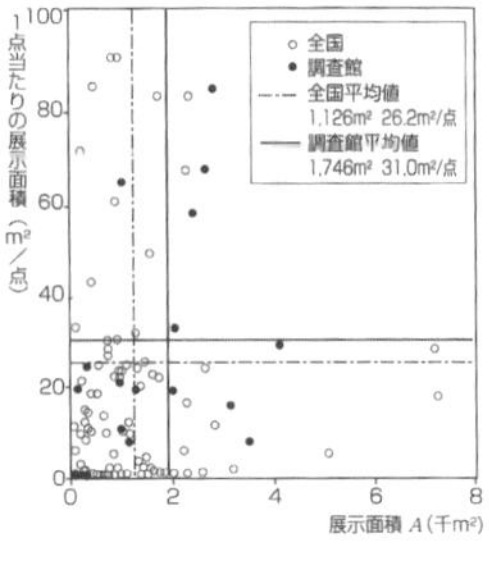

一点あたりの展示面積

エンターテインメント性やヒューマンタッチ性が高く評価されるためであると思われる。立寄り立地は繁華街や観光地のように立寄り利用が可能な場所であり、他の目的との関係や期待せずに訪れたときの満足（期待以上の満足）の効果があると思われる。

（2）美術館の満足度

美術館が好きな人は多いが歩き回るとなかなか疲れる。絵画や彫刻を見ることは楽しいし、心ときめくが、さまざまな美術品を見ることは刺激的でもあり、緊張を強い、疲れさせる。そこで多くの美術館を見て、展示室の形態や規模や展示壁面の配置方法が、見る者の満足度と極めて関係が深いのではないかとの仮説を立てた。ここでは利用者（鑑賞者）の評価をもとに、展示壁面の連続性や展示壁面配置方法のあり方を平面グリッドの形やコーナー構成のような平面形態および展示室面積やコーナー数等の規模とのかかわりにおいて検討してみた。

美術館の展示室の形は従来多くのパターン（形式）が試みられてきた。その代表的なパターンを図に示す。本来、展示物がよく見えれば展示室の役割を果たすのであって、展示物よりも展示室が目立ってしまっては本末転倒である。展示室の形や色彩、大きさは、なるべく見る人の印象に残らないようにすべきだという意見もある。しかし、例えば展示室の空間を小さくすることによって、観客の心を展示物に集中させたり、空間を大きくすることによって、ゆったりとした気分で展示物を見せることができる。

　従来、美術館の展示室の平面形は矩形か正方形であった。またはそれらの組み合わせであった。しかし近年、六角形、円形、

美術館の展示室順路のわかりやすさと展示室の満足度

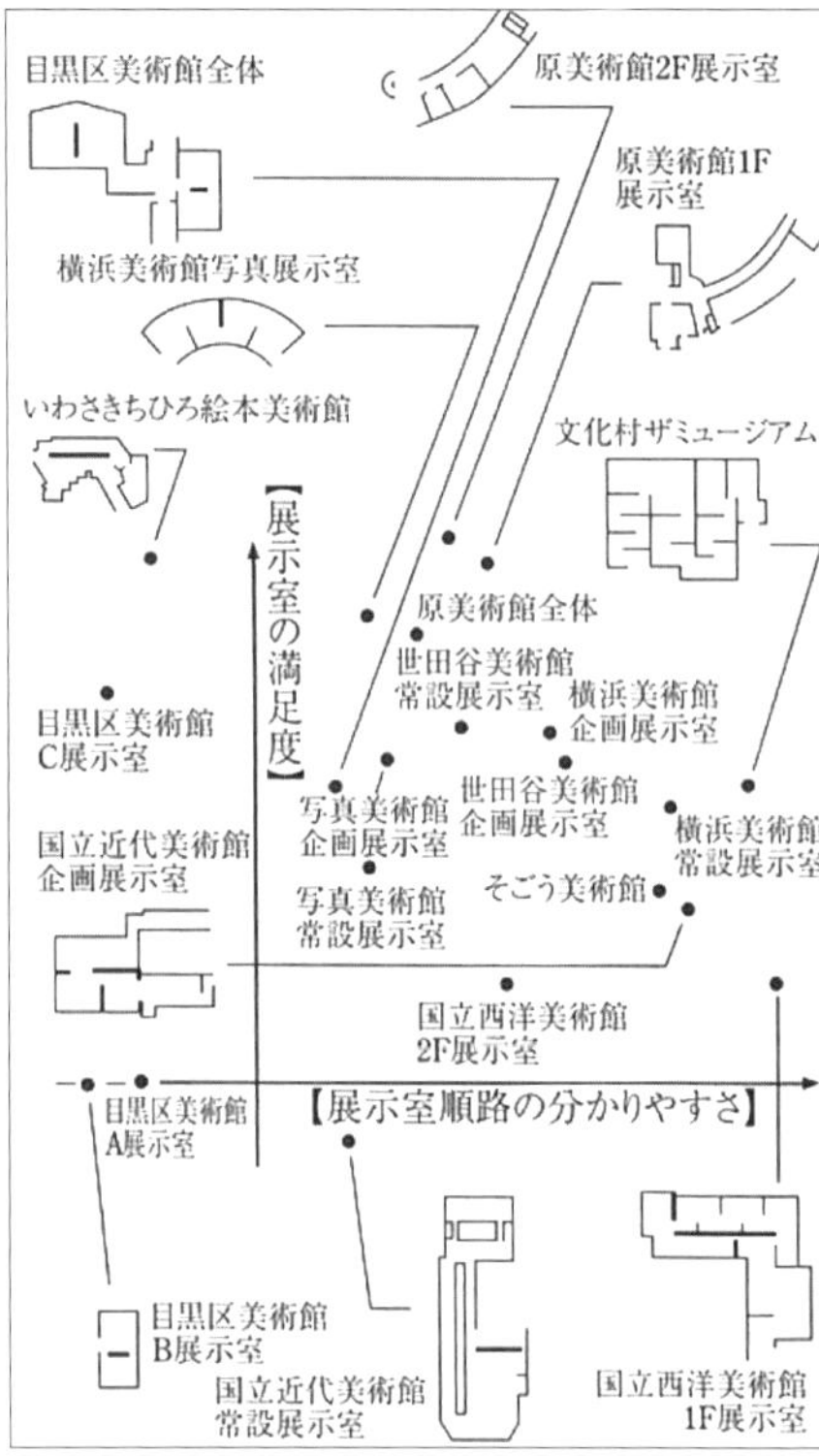

半円形、三角形、不整形などとさまざまな展開がなされるようになってきた。関東近県の美術館のうち、施設平面図、展示計画図が得られ、また調査許可の得られた一〇館二一展示室において、利用者調査を行った結果、利用者の評価構造は八つの評価因子によりほぼ説明されることがわかった。順路のわかりやすさ、満足度と展示室の特徴、期待感、ゆとり（ゆっくり見られる）、展示方法、作品の評価、展示テーマと展示室構成（雰囲気の変化）、作品の数と密度である。

　コーナー数が五〜一〇個のときに、展示室順路のわかりやすさと展示室の満足度をともに高められる。展示面積は評価への影響パターンが異なるアイテムであり、展示室の満足度への影響力は低いが、中程度の規模で極大値を取り、一方順路のわかりやすさに対しては単調増加となる。順路のわかりやすさと展示室の満足度がともに増加する領域から、展示面積を選択する必要があると思われる。そういう意味では展示室は四〇〇〜八〇〇平米ぐらいが妥当になると思われる。

　美術館展示室の評価構造を説明する主要因である展示室順路

順路がわかりやすい美術館

①順路のわかりやすい展示室

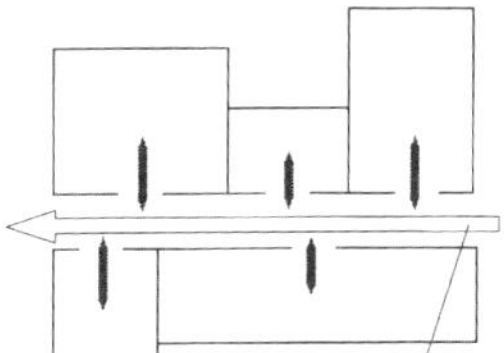

展示面積	400m²以上
コーナー構成	廊下接続型
コーナーの形変化	大
壁面間移動率	30%以下
コーナー当たりの壁面長	20〜40m
レベル変化	なし
コーナー数	5〜10
展示面積当たり壁面長	0.5〜1m
壁面長当たり作品数	0.5〜1点

のわかりやすさと、展示室の満足度の要因分析により、これらの評価を高める条件を抜き出してみると、次のようにまとめられる。展示面積は四〇〇平米以上がよく、廊下接続型で、コーナーの形の変化が大きく、壁面間移動率を三〇パーセント以下にする等である。展示室の満足度を高める指針として、平面グリッドは非直交がよく、中央ホール型とし、展示ギャラリーなどの大空間や中庭などの外部空間と積極的な関わりをもたせる等の項目が挙げられた。もちろん私は建築家であるので、ここに出た結果が絶対的なものとは考えない。しかし一つの限られた条件のなかでの調査としては、十分に設計に参考になると思われる。遊環構造的に考えるならば、その回遊動線のあり方、その空間の広さ、室の条件等として参考になる。特に外部とのつながりの有無などは、美術館・博物館での疲れと大いに関係があるようである。

(3) 遊園地の満足度

私のこどもが小さいときに、休日に遊園地に出かけた。こど

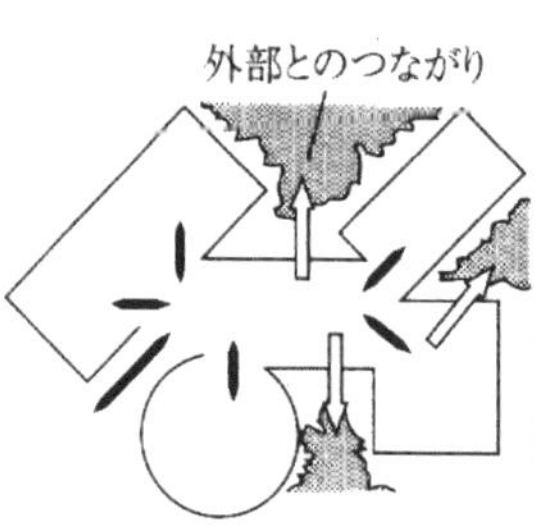

平面グリットの形	非直交型
コーナー構成	中央ホール型
外部とのつながり	あり
壁面間移動率	30%以下
壁面長当たり展示面積	0.03以上
=コーナー当たり展示面積	33m以下
壁面長当たり壁面長	3.4m²以下
=展示面積当たり壁面長	0.29m以上
コーナー数	5〜10
作品数	70〜140点
壁面長当たり作品数	0.5未満 または1以上

満足度の高い美術館

もはよく「もういくつライドに乗った」と自慢したものだ。こどもはいくつのライドに乗ったら、満足できるのだろうか。体験と満足感の関係について私自身考え始めたきっかけである。

三つの遊園地のタイプ

遊園地には大きく三つのタイプがある。第一に遊戯機中心に構成される都心型遊園地、第二に遊戯機の遊園地ゾーンと、スポーツゾーンや植物園、多目的広場等のレクリエーションゾーンを合わせ持つ郊外型遊園地、第三は宿泊施設も備えた総合的なレジャーランド施設として主にリゾート観光地で展開される観光遊園地である。

遊園地といえばディズニーランドが圧倒的な強さをもっており、

壁面間移動率

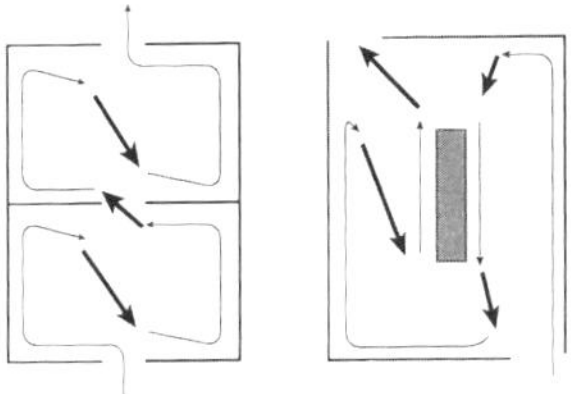

順路が一筆書きで進めない場合や、オブジェ等を見るために壁面から離れる場合など、総順路長に対する展示壁面のガイドから離れて歩く距離の割合

壁面間移動率の高い例① コーナー中央に出入口がある

壁面間移動率の高い例② 中央に展示ケースが配置される

コーナー構成の種類

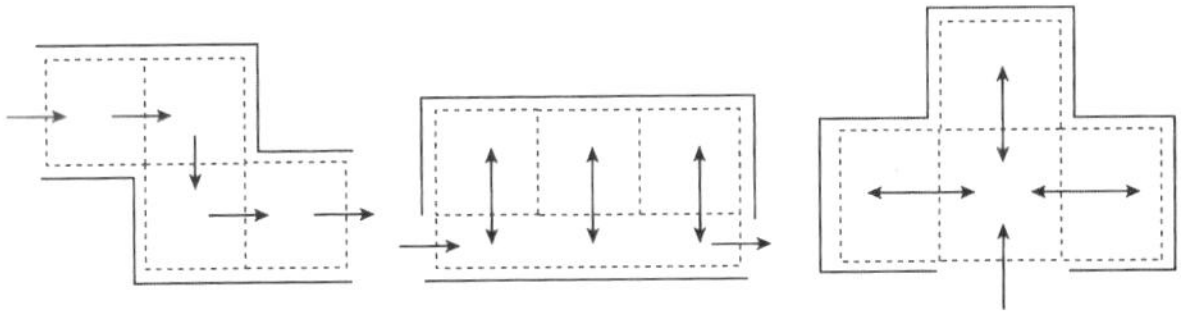

【コーナー接続型】
連結された展示コーナーを順番に閲覧するもの

【廊下接続型】
順路の基軸に面して展示コーナーが並んでいるもの

【中央ホール型】
ホール的空間に展示コーナーが面し、コーナー間にはつながりのないもの

しかも都心に近いため、それまでにあった数多くの国内の遊園地はその影響を受けた。

私は一九九六年に調査を行った。都心型は後楽園、浅草花やしき、郊外型はよみうりランド、向ヶ丘遊園、観光地型は御殿場ファミリーランドが対象である。

遊園地らしさ

遊園地らしさとは一体何であろうか。動きなのか、緑なのか、こどもの声なのか。そのうち視覚的条件を洗い出す目的でＳＤ調査を行った。次の四つの視覚的意識があることが浮かんだ。

①開放性　緑や水、花などの自然を演出することによって物理的な開放感を得る要素

②非日常性　日常生活とは別の新しい体験を求める要素

③情緒性　安心、温かい、ほっとする等の心理的な安定性を与える要素

④刺激性　動的、興奮、スピード等のにぎやかでの興奮を与える要素

関東の主要な遊園地

調査対象		立地	敷地面積（100m²）	施設数								営業時間	入場料金
				A	B	C	D	E	F	G	H		
	アメージングスクエア	都心	263	0	3	1	4	3	0	0	1	10：00～18：00	900/300
	ナムコワンダーエッグ	都心	89	0	1	0	5	0	0	1	0	10：00～22：00	800/400
○	後楽園遊園地	都心	306	3	8	2	6	2	3	3	1	10：00～19：00	1400/700
○	浅草花やしき	都心	57	1	9	0	8	2	1	2	0	10：00～17：30	700/400
	としまえん	都心	3300	4	8	1	3	3	1	2	4	9：00～17：00	1600/800
	西武園ゆうえんち	郊外	2060	1	10	3	1	2	1	5	3	10：00～17：00	1800/900
○	よみうりランド	郊外	6000	3	10	1	5	4	1	3	10	10：00～17：00	1200/600
○	向ヶ丘遊園	郊外	3300	3	15	1	5	5	1	1	4	9：00～17：00	1500/800
	東武動物公園	郊外	6000	3	10	2	2	4	1	0	4	9：30～17：30	1300/600
	東京サマーランド	郊外	16560	3	9	2	1	2	3	2	11	10：00～17：00	1800/1500
○	御殿場ファミリーランド	観光地	3300	3	6	1	4	6	1	1	2	9：30～17：00	1400/800
	富士急ハイランド	観光地	5000	5	7	1	5	3	0	0	2	9：00～17：30	1800/900
	日本ランドHOW遊園地	観光地	50000	2	6	0	1	3	0	0	4	9：00～17：00	1200/700
	軽井沢プリンスランド	観光地	10000	0	5	1	1	1	3	0	7	9：00～17：00	1000/800

A 絶叫型　B ライド型　C 鑑賞型　D 室内型　E 走行型　F ゲーム機　G 子供用　H 付属施設

これらの要素の相互関係を調べてみると開放性と情緒性、非日常性と刺激性に比例関係があることが示された。遊園地は極めて相反した二つの意識的要素、すなわち開放的・情緒的な面と非日常的・刺激的な面によって評価されるといえる。

遊園地の満足度

遊園地の満足度はどのような要素によって構成されるのであろうか。遊園地を利用するということを、サービスを受けることと考えれば、料金がそのサービスに見合っているかどうかで満足度は異なるであろうし、あまりにも混雑していて乗り物に乗れず、待ってばかりいたら満足感は得られない。遊園地の退場者にアンケート調査をした結果、全体満足度は体験アイテム数と極めて大きい関係があることがわかった。すなわちどのくらい遊戯機器（プレイアイテム）を体験したかによって満足度は異なるということである。体験アイテム数と全体満足度の関係を見てみると下図のように六から七アイテムを体験する必要があることがわかる。

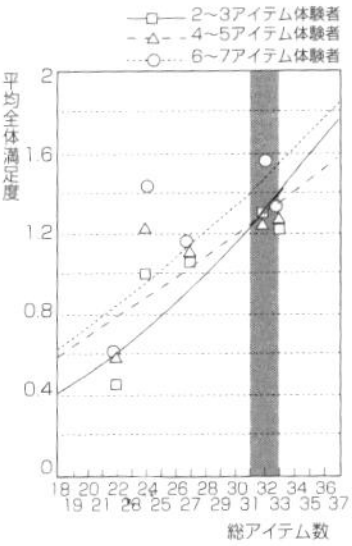

平均全体満足度と総アイテム数

遊園地のタイプ別特長

総じて遊園地はその体験アイテム数の評価の影響が高いことを前項で述べたが、遊園地のタイプによって、その現れ方はどう異なるのかを調べた。調査の各遊園地の満足度を下図に掲げる。この結果、各遊園地タイプによって遊園地全体の評価を左右する要因が異なることがわかる。

都心型では、広さ満足度は低く、アイテム数の満足度で補う必要がある。郊外型では、環境の満足度の影響を大きく受けており、全体の満足度は他のタイプに比べ高い。アイテム数も多く、緑地面積の大きさで良い環境を実現していることによると思われる。観光地型はアイテム数が少なく、施設数に関する満足度は低い。その代わり、緑地が十分にあるため、環境満足度は高い。全体の満足度はアイテム数が多い郊外型に比べ低い。

(4) 博覧会の満足度

一九七〇年の大阪万博三井グループ館、一九八五年のつくば

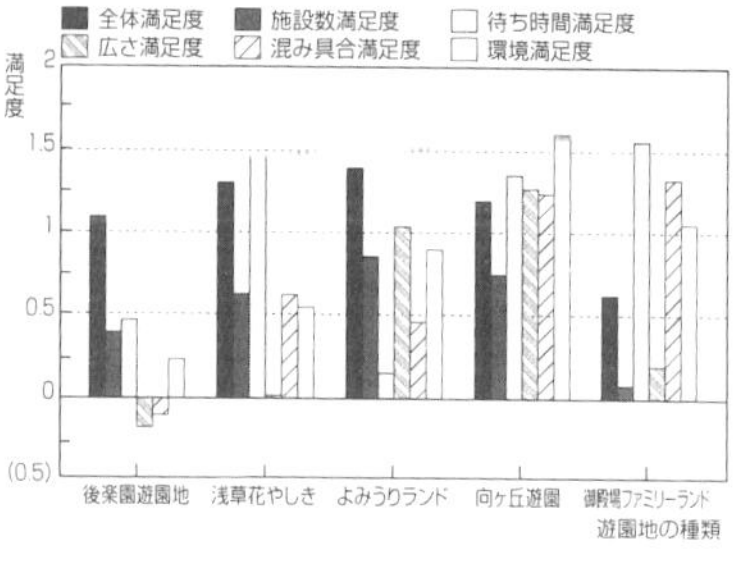

評価の平均

科学技術博覧会のこども広場の設計に参加できたことはとても幸運だった。人々はなぜおもしろがるのだろうか、どのように満足するのかということを考えるきっかけになった。建築と展示の関係が重要と思えた。

博覧会でおもしろかった、満足したという印象と、その逆につまらなかったという感想をもたれるときがある。展示の内容が良かった、建築がおもしろかったということも大きい要素だが、体験の量が重要ではないかと考えた。一九八九年は地方自治体で百周年を迎えたところが多く、地方博覧会が多く開催された。横浜、名古屋、福岡の三つの博覧会で満足度のヒアリング調査を行った。

満足度

ヒアリング調査の結果では約五〇%が満足、二五%が不満足と答えている。アンケートは一一項目で行った。そのなかで最も満足度と相関性が強かったのは「楽しさ」「再来期待度」で、次に「利用度」であった。「混雑度」は満足度と負の相関があり、

大阪万博三井グループ館

1970年の大阪万博は筆者が参加した最初の万博である。東孝光氏、倉俣史朗氏、山口勝弘氏をはじめ、多くのデザイナーと協働した。

食堂数、休憩所、売店等のサービス施設の充実度が満足度に影響していることが示された。

利用度

利用度はパビリオンをどの程度利用できたかという指標である。博覧会場内に建設されたパビリオンはその質、量ともに観覧者を満足させるのに最も重要と考えられる。三つの博覧会では三〇から三五のパビリオン数があったが、その内六館程度見ることができれば十分利用できたという評価がされ、四館以下の場合にはあまりできなかったと評価された。

体験の質

おもしろかった、楽しかった、驚いたという評価がパビリオンの評価になる。明確な評価値が得られたわけではないが、見たパビリオンの三分の二程度がおもしろかったという評価を得ることを目標とすべきではないかというのが、この調査の実感である。

つくば科学技術博覧会こども広場
一九八五年開催。三ヘクタールの政府出展の広場をデザインした。

プレイランドの満足度と遊環構造

前項の遊園地と博覧会には共通項がある。遊園地は遊戯機器（プレイアイテム）がその要素であり、博覧会はパビリオンという体験空間が要素である。例えばディズニーランドでもカリフォルニアは前者、フロリダのエプコットセンターは後者の要素が大きい。多くの遊園地、博覧会場は遊環構造的だが遊戯機器は多くの場合「めまい」の要素であるし、パビリオンには博物館的なものもあるが、屋内のめまい体験を中心にしているものも多い。遊園地のお化け屋敷的要素をもつ博覧会のパビリオンも多い。

両者の要素を併せ持つもの、あるいは融合するものがエンターテインメントセンターとなるのであろう。さらにＩＴ技術により仮想現実も含めた新たな展開が予想される。遊園地と博覧会の調査は二〇年ほど前に実施されたが、体験の質、量という点での考え方、すなわち六から七の体験アイテムを用意するためには、全体として三〇程度のアイテム数が必要であり、開放的、情緒的な側面と、非日常的、刺激的な側面という両方を考えねばならないという点では共通していると考えている。

3. 集客性とその要素

博物館にしろ、劇場にしろ、スポーツ施設にしろ、多くの人々を集める施設では、そこで行われる内容・イベントが重要であることは当然である。しかし、その種類によって集客性は異なる。例えば博物館というビルディングタイプでも、歴史博物館は多くの場合公共施設としてしか成立しないが、水族館は、民間施設・商業施設として成立する。それは一つには運営による収益性が水族館は見込まれるということである。そのビルディングタイプには標準的な集客性があり、それ以上の集客性はその内容やサービスによって異なってくる。

環境デザインにおいては、そこに展開される人々へのサービスを中心として、その集客性を十分に把握しながら、その規模、内容を決定していかねばならない。二〇世紀の公共施設は運営

アクアワールド茨城県大洗水族館（空撮写真とキッズランド）

や経営的なものにあまりこだわらないで成立した。しかし二一世紀の公共施設は常に経営的な視点が問われる。適切な規模であるか、集客性があるか等、建築計画、環境デザインとしてもそのような検討はいつも重要である。

（1）博物館の種類による集客性

博物館の機能は収蔵、研究、展示、教育にあるが、現代日本の博物館の傾向は、研究型の博物館と展示・集客型の博物館に大きく分類されるといってもいいだろう。例えば国立民族学博物館や千葉県立博物館のように多くの研究者を擁し、また多くの収蔵品を収集するタイプの博物館と、浜松科学館や葛西臨海水族園のように多くの人々に展示し、啓蒙することを目的とする博物館との二種類である。博物館も博覧会と極めて類似した内容、あるいはその延長として成立してきた歴史的経緯があり、博覧会においても収集と展示という二つの大きな流れがある。さまざまなものを集めることと、それを展示するということである。そのどちらに力点がおかれるかによって、博物館のつくり方も性格も異なるといってよいだろう。博物館に集められるものを「文化財」というように、人類の宝物として共通の財産として集めるという機能と、それを保存するという機能である。文化的な財産を保存し、集めることが主となるならば、大切にしまう大きな倉のようなものでなければならない。人類の共通の財産を多くの人々に共有的に見てもらうことを考えるならば、それは展示場的なものとなるだろう。この二つの機能とも大事ではあるが、現実的にはどちらを優先し、主と考えるかによって博物館は異なるものとなっている。

　また、博物館は現代の集客施設と考えられている。博覧会は一時的集客施設であるが、博物館は定常的に多くの人々を集める施設として商業的にも組み込まれている場合もある。展示し、啓蒙、教育する施設として考えるならば、博物館は多くの人々に見てもらう必要がある。それはある意味で博物館の集客性といってもよいだろう。集客性のある博物館は観光地やレクリエーション地、あるいは商業地にもつくられる。観光地、温泉行楽地でも私たちはよく博物館や美術館を訪れる。そこで集客性、すなわち多くの人々が、いかに利用するかという視点での博物館のあり方を考えてみたい。

館型と園型博物館

年間入館者数を延床面積（館型）、敷地面積（園型）で除したものを集客効率と定義し（人／平米）、館型と園型を分けてみよう。

館型施設では集客効率は小規模施設では広く、大規模施設では狭い分布となる。館種を比較すると、水族館は他の博物館に比べ、単位面積当たりの集客力は高く、しかも面積が大きくなればなるほど大きいという性質をもっている。例えば六〇〇〇平米の博物館では、水族館は八〇人／平米、美術館は四〇人／平米、科学館は三〇人／平米、自然史博物館は三〇人／平米、総合博物館は二〇人／平米、歴史博物館は二〇人／平米となる。水族館以外の博物館は、大きな施設になればなるほど、単位面積当たりの集客力は減じていく。また、集客効率が平均値を大きく超えるものを見ると、総合、自然史系、人文系はほぼ延床面積二五〇〇平米以下に限られるのに対し、理工系、水族館で

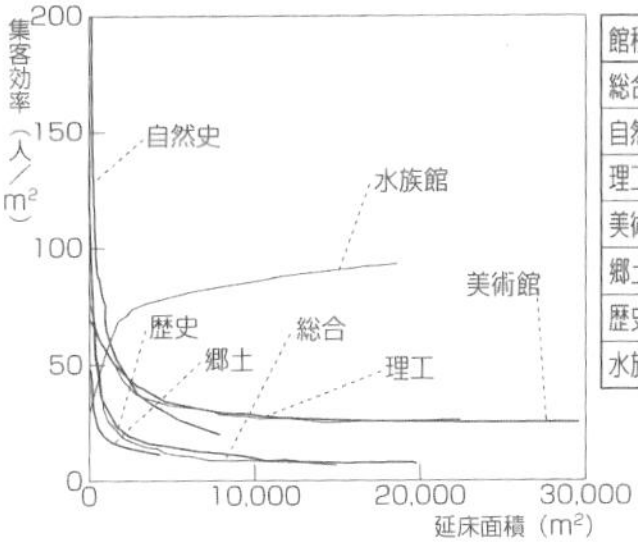

館種	関数式	説明力	判定
総合	$Y=1692.41X\wedge-0.57$	0.9921	**
自然史	$Y=3154.86X\wedge-0.56$	0.9499	**
理工	$Y=211.30X\wedge-0.22$	0.8395	*
美術館	$Y=119.14X\wedge-0.16$	0.7842	*
郷土	$Y=201.06X\wedge-0.34$	0.8823	**
歴史	$Y=696.64X\wedge-0.45$	0.9631	**
水族館	$Y=9.12\log X-0.18$	0.976	

判定：　**1%有意　*5%有意

博物館の収容効率

は一万平米を超えると集客効率が低いものは減るのに対し、美術館では依然多く、二極化している。これは理工系や水族館は展示変更の自由度がなく、博物館の性格・内容に対する建築の影響が大きいのに対して、美術館は建築よりも特別展、企画展に代表される展示内容の影響が大きいことによると考えられる。

園型施設では集客アイテムが園内に散在しているので、園地の面積を基準として、集客効率をとらえるべきと考えた。敷地面積の現状を見ると、動物園は一ヘクタール以下の小規模園が比較的存在し、全園種において一〇～五〇ヘクタールが二〇パーセント以上存在する。館型施設と同様に平均値回帰線を求め園種を比較すると、動物園の集客効率は植物園の約二倍となっている。二〇ヘクタールの園地を考えた場合、動物園では五万人／ヘクタール、植物園では二万人／ヘクタール、明治村や江戸村のような歴史園では一万人／ヘクタールぐらいと考えられる。

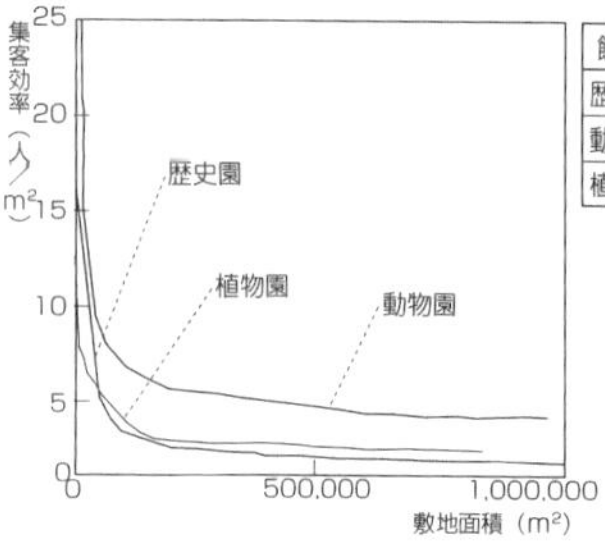

館種	関数式	説明力	判定
歴史園	Y= 4138.57X∧-0.65	0.9951	*
動物園	Y=12691.09X∧-0.64	0.8915	
植物園	Y= 909.34X∧-0.51	0.9832	

判定：**1%有意　*5%有意

園型博物館の集客効率

集客効率とその要因

このように博物館の種類によって集客力は異なる。水族館は商業施設としても成立しているように、極めて集客性が高い。これに対し、科学館や歴史博物館等は概して高くない。やはり学術教育施設という性格が出てしまうからかもしれない。全体的にいうならば、視覚的に美しいもの、動きのあるものを展示している博物館は集客力が高い。

　水族館や動物園等はそれに当たるだろう。傾向として水族館の方が集客力があり、動物園の方が少し落ちるといわれている。それは動物園の「におい」に関係しているらしい。水族館はにおいが少なく、動いていて、美しく、かわいらしく、見ていて飽きない。それらが集客性を高めているといえる。これに対し、科学館や交通博物館などは「動き」はあるが、「美しさ」という点が欠け、何よりも理屈があるというのが嫌われるところかもしれない。全般的にいうならば、動的展示の方が静的展示よりも集客性が高いといえる。また、展示のあり方も従来の単に物を見せる型から、参加体験型の観覧者に実際に触れてもらい、実験させる形式や、映像型などの方向にその展示の型が変化し

ミュージアムパーク茨城県自然博物館（動く恐竜展示と水系展示）

ている。
博物館の集客効率はどのような要因によって異なるのであろうか。これを明らかにするために集客効率を外的基準として館種別にランダムに選定した一六〇館を対象に分析を行った(下表)。要因は館種、立地、施設、運営の四群に分けることができる。影響するレンジが最大の要因は館種であり、集客効率の指針作成に当たり、すなわち水族館、科学館、美術館等の博物館の種類別に検討することの妥当性を示す結果と評価できる。立地に関する要因は比較的高い傾向を示しており、集客性を重視する場合は、計画段階における敷地選定が重要といえる。駅との近接性や駐車場があるかどうか、駐車場があるかどうか、あるいはついで・立ち寄り利用の建物や公園が近くにあるか等は重要な要因である。

集客効率の要因

要因（アイテム）		レンジ	カテゴリー	n	カテゴリースコア -3 0 3 6
館種	館種	10.30	美術館	30	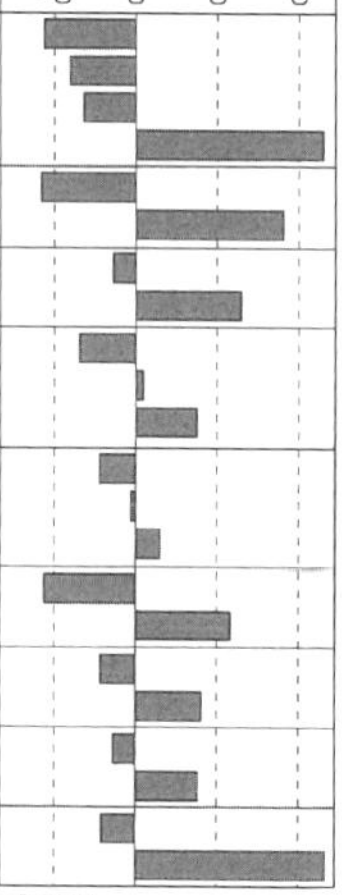
			総合	20	
			人文系	70	
			科学系	40	
立地	立寄りやすさ*1	8.74	悪い	97	
			良い	63	
	公園内立地	4.79	していない	129	
			している	31	
	設置市町村人口*2	4.28	～3万人	55	
			3万人～20万人	59	
			20万人～	46	
施設	延べ床面積	2.09	5000㎡～	21	
			1000～5000㎡	90	
			0～1000㎡	49	
	駐車台数／延べ床面積	6.69	～0.02台／㎡	81	
			0.02台／㎡～	79	
	ショップ有無	3.70	なし	104	
			あり	56	
	喫茶・軽食店有無	3.09	なし	116	
			あり	44	
運営	年間支出／延べ床面積	8.25	～63000円／㎡	135	
			63000円／㎡～	25	

データ数＝160、　アイテム数＝9、　カテゴリー数＝22、　説明力＝0.5284
*1：立寄りやすさがよいとは、最寄りの鉄道の駅から徒歩10分以内、または観光施設付近に立地している場合とした。
*2：平成7年3月31日現在の人口による（『住民基本台帳人口要覧』自治省行政局）。

施設に関する要因では、アクセスを補う駐車場は施設規模に応じて決定されるべきであることが改めて示された。飲食やショップの有無も重要であると思われる。博物館での楽しさを増幅させたり、見るだけでなく、買ったり、食べたりという欲求を満足させるという点で博物館の満足度を上げることに関係していると思われる。

（2）集客力の変化

博物館の入館者数は年々変化する。オープンしたてはテレビや新聞などで報道されて、人々も一度は行ってみようと思い、入館者数も多いが、五年、一〇年経つうちに全く忘れ去られて寂しい博物館になる例も少なくない。一方、最初はあまり知名度がなかったが、館の活動が活発なため、年々入館者が増えるところもある。博物館の入館者数はどういうことが要因で変化するのかを調べてみた。歴史博物館の入館者数の変化をオープン後一〇年間調べることとした。一二二〇の歴史博物館を調査対象とし、三六九（三〇・二パーセント）の総回答数を得たが、有効

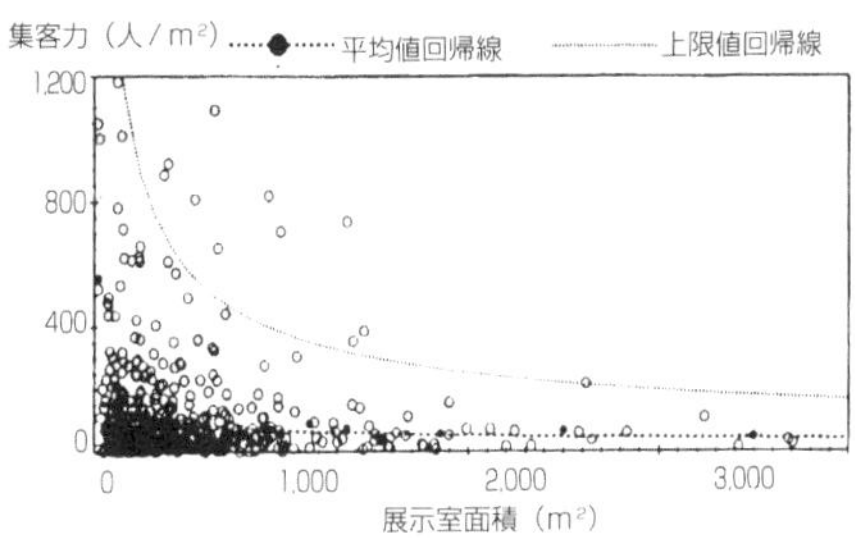

歴史博物館の延べ床面積

回答数は二三八（一九・五パーセント）であった。
全施設の延床面積を図（前頁）に示す。全体では一〇〇〇平米以下のものが半数を占め、歴史博物館の大半は小規模な施設であるといえる。六〇〇〇平米以上の大規模なものは総合系に多く見られるが、それ以外の内容の施設ではほとんど見られない。これは総合系には国や県が設立したものが多いことなどが理由に挙げられる。一方、人物系の施設は一〇〇〇平米以下のものが八割以上を占めるが、これは個人の旧邸に付随した施設（記念館によく見られる）であることや、展示資料が個人に特定しているため、数に限りがあるうえ、内容も書籍、絵画といったもので、展示スペースをあまりとらないことなどが理由に挙げられる。

二三八施設中、増改築のみられた四六施設のうち、時期・増改築内容の記載のある三四施設、三七例について下図に示す。

増改築内容は展示部門、収蔵部門が最も多く、次いで大規模な改装と展示替えを伴うリニューアルが続く。施設職員のインタビューの結果からも収蔵スペースの不足の問題は、資料の増加が著しい歴史博物館の特徴であるといえる。特に市町村が運

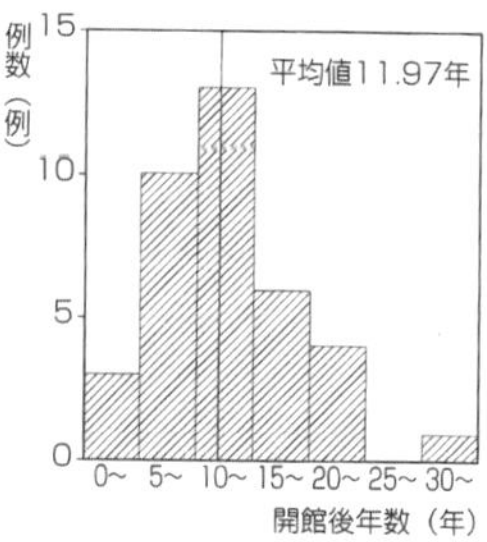

増改築内容	例数
展示部門	10
収集保管部門	8
教育普及部門	2
共有サービス部門	3
新館建設	6
リニューアル	8
合計	37

回答のあった37例（34施設）対象

歴史博物館の増改築の時期と内容

営している民俗系の施設では、市民からの資料提供などが目立ち、収蔵庫がすぐに手狭になるが、財政面の問題で希望通りには増築できないのが現状である。このような施設では、地域の公共施設の空きスペースを利用しているが、資料の保存という点からは問題がある。また各施設とも増改築の必要性は感じており、収蔵スペースのほかにも、地域住民が気軽に利用できる講義室といった教育普及スペースや、企画・特別展を行う企画展示スペース、一〇〇〇平米以下の小規模施設によくみられる例として管理スペースの不足があげられる。これは小規模施設で展示部門を大きくしたため、管理部門が取れなくなったものと思われる。増改築の時期としてはアンケート調査の結果、開館後一〇年前後に集中していることがわかった。インタビューの結果、増改築計画もこの時期に集中している。このことより施設のさまざまなニーズへの不適合性が開館後一〇年前後に現れ始めると思われる。

施設内容ごとの集客性に応じた変化を分析するため、年間入館者数を指数化してみることとした。年間入館者数を一～三年度目の年間入館者数の平均値で除した値を入館者指数とする。これにより施設ごとの入館者数を標準化し、年間入館者指数変化を分析・考察することができる。

(3) 一〇年間の集客の変化

　開館から一〇年以上経過している施設一一三施設について四~七年度目、八~一〇年度目の入館者指数jの平均値を比較し、変化パターンを分類した。その結果、開館後一〇年以上経過した施設の四割近くが下降型（四九施設）であり、次に多く見られたのは上昇型（三〇施設）である。一方、維持型（一二施設）は少ない。

　上昇型（三〇施設）と下降型（四九施設）の八~一〇年度目の入館者指数の平均値を表に示す。この結果、全体では上昇型は一~三年度目の平均値に比べて一・七倍程度に達しているのに対し、下降型は初期の〇・六倍落ち込んでいる。これより開館後一〇年度目の入館者数変化値の目安として、一~三年度目の平均値の〇・六~一・七倍の範囲内で変化するといえる。常設展示内容を見ると、「〇〇市郷土資料館」という一般的な総合・民俗等

平均入館者指数

	総合 民族	人物 事物 考古	全体
上昇型平均値 （標準偏差）	1.617 (0.259)	1.811 (0.548)	1.714 (0.439)
下降型平均値 （標準偏差）	0.585 (0.166)	0.648 (0.113)	0.603 (0.155)

当該年度の年間入館者数を 1~3 年度年間入館者数平均値で除した値を入館者指数とする。

のテーマの施設と、「○○記念館」等の人物、事物、考古という特定のテーマを扱った施設に分けられる。それぞれの八～一○年度目の入館者指数の平均値を見てみると、上昇型、下降型の値とも特定のテーマに絞った展示施設の方が特定の展示に絞らない施設より平均値で一○パーセント高い値を示した。これらより特定テーマの常設展示は入館者数変化の最低値を引き上げる効果があるといえる。

次に、変化パターンに影響を及ぼすと思われる要因について考察してみると、以下の三つについて関係が深いことが認められた。

常設展示内容

常設展示内容による変化パターンの特徴として、事物・人物といった特定のテーマに絞った施設は、総合・民俗といった一般的なテーマの施設に比べて上昇型の割合が高いことがいえる。これは民俗系の

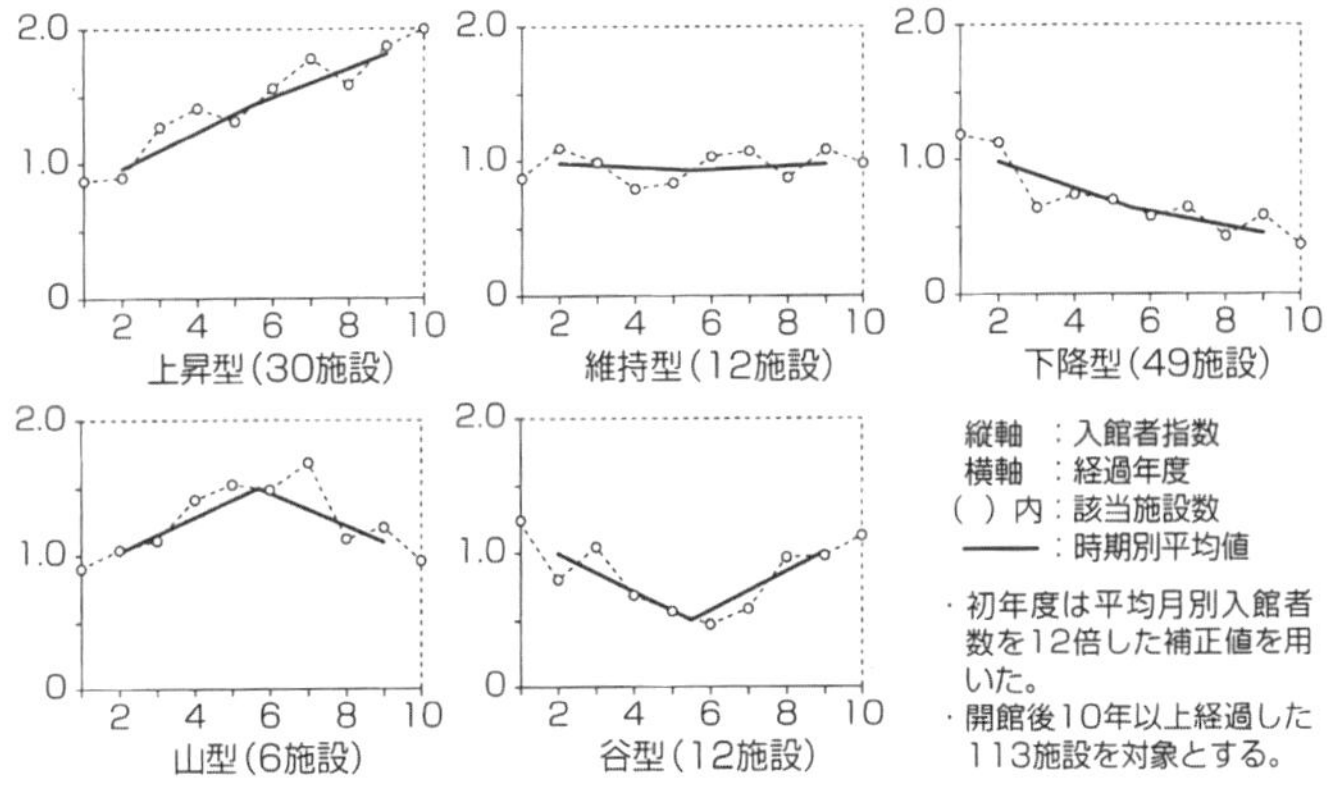

経年変化のパターン分類と事例

施設では地域住民の利用者の割合が大きく、開館当初の話題性のある時期以降は入館者数の減少の始まる例が多いのに対して、特定のテーマの施設は観光客や個人の利用者が多く、またそれぞれのテーマの施設数が少ないこともあり、開館当初の話題性が去った後も安定した、もしくはより多くの入館者数が見込めるためと思われる。

運営主体

運営主体が国・県または財団である施設は、上昇型の割合が全体より高いといえる。これは国や県の場合、開館当初からの継続的で安定した財政計画のもとに充実した企画・特別展や広報活動と、県内もしくは周辺地域の団体利用によると思われる。また財団が運営する施設は、開館当初に公共的な媒体を通じた大規模な広報活動が難しいため、施設の知名度は徐々に上がってゆく傾向があり、入館者数変化にもそれが現れていると思われる。一方、市町村が運営する施設では、開館当初に予算をかけるが、その後の運営費・維持費の予算が十分とはいえない施設が目立ち、下降型が多く見られるのはその表れと思われる。この調査を行った時期には、まだまだ博物館は公的な運営が多かった。現在では公設民営的な運営が主流となっているが、やはり公的な運営支援が重要である。

交通条件

駅からの交通条件による変化パターンの特徴として、駅から徒歩（二〇分以内）で行ける施設は上昇型の割合が高いことがいえる。これは利用者の来館動機に直接影響を与える以外にも、博物館を目的に来た利用者以外に、他の目的で付近に来ている立寄り来館者が見込めることが影響していると思われる。

観覧対象

アンケート調査では直接観客の分析まで行うことは困難だが、人物、考古、事物、

鈴廣かまぼこ博物館（小田原）

観光地に立地し、休憩、物販、飲食、手づくり体験等の機能を複合した企業運営博物館のさきがけ。

文学等をテーマとする館は観光型の立地が多い。立地を含めて推論すると、観光型は上昇・維持型、地元型は下降型という傾向がみられる。地元対象型はオープンのときはテレビ・新聞などで報道するので、一度は行くが、後は学校等の団体利用が主となり、年々減少傾向となる。それに対し観光型はオープン当初はあまり知名度がないが、徐々に知られて来館者が年々増える傾向をもつ。

年変化と計画入館者の差

博物館は新しく開館しても、数年経つとほとんどの館は入館者を減少させるのではないかと予想していた。しかし歴史博物館では約四割の館は入館者数を減少させるが、三割は上昇、三割は維持している事実は意外だった。加えてその増加・減少の幅は〇・六〜一・七の範囲にあることは興味深い。また資料館的な館より記念館的な館の方が上昇型であることはうなずける。そもそも年間入館者数の変化、すなわち集客力の変化は企画展にあるのではないかと予想していた。企画展をいつもやっている館は年間入館者数が下落せず、上昇しているに違いないと考え、調査結果はそれを裏付けている。

特に運営主体が営業努力をしているかどうかは、集客力に影響を与えるのは明らかだが、全体的に狭い地域のみを対象とした博物館は年々落ち込み、広い範囲、すなわち観光的、ファミリーレジャー的な利用が可能な館は集客力を上昇ないし維持していけるといえる。そういう点で、集客施設としての博物館は、その立地、展示内容、企画展示室の規模の検討を含め、基本計画の段階が極めて重要である。

4．高い満足度と集客力のある環境デザイン

（1）入館者数の劇的な変化をもたらした行動展示

旭川市の旭山動物園は一九九〇年代半ばまで年間三〇万人の利用者だったが、動物の見せ方、すなわちディスプレイデザインを変更したことによって、徐々に人気が出て、テレビ等にも紹介され、年間三〇〇万人という巨大な集客力のある動物園に

旭山動物園

なった。現在も市直営の動物園であるが、その展示手法も動物たちの行動を人びとにおもしろく見せるように工夫したことが最大の要因である。動物園の動物は外敵がいないため、ほとんど動かない。ここでは動物が動かざるを得ないようなえさの与え方などの工夫をしている点がおもしろい。動物がえさを探索するルートを複雑化し成功している。それが動物園の環境デザインを従来の動物園と大きく変え、園全体が遊具的な環境となっている。もともと多くの動物園の園地は遊環構造的である。しかし旭山は比較的コンパクトな園地に行動展示をうまく配置して、満足度と集客性を高めているといえる。

（2）コースのデザインと遊環構造

コースという点では遊環構造は重要である。満足感を与えられる。博物館の空間デザインは遊環構造でなければならないと考える。広々とした展示室が中心的空間と考えがちであるが、そうではなく、中心の空間はその博物館のグレートホールが果たすべきと思われる。すぐれた博物館、美術館、科学館、水族館にはその館のコンセプトを明確に示すグレートホールがつくられている。その位置はエントランスホールとしてある場合が多いが、必ずしもそうとは限らない。とにかく中心的なグレートホールが必要である。それは料理でいうならばメインディッシュというべきものかもしれない。谷口吉郎設計の藤村記念堂のように、建物の外、庭にグレートホールというべき空間がある場合もある。フランス・パリのオルセー美術館は駅を改修したものであるが、その大空間がグレートホールを構成している。

　茨城県自然博物館の場合、グレートホールは二つあって一つは二〇〇ヘクタールの菅生沼といえる。菅生沼をコースの途中に何度も見渡せるポイントを設けている。博物館内部では九〇メートルの目次空間と呼ぶ中央回廊がグレートホールといえるだろう。そして全体に七〇〇メートルの変化のあるコースを投入して多様な博物館体験を可能としている。一九九五年に完成し、すでに二五年になろうとしているが、極めて交通の便は悪い土地でありながら、年間四〇万人という自然博物館としては圧倒的な集客力を継続している。しかも開館当初から比べて運

オルセー美術館（内部）

茨城県自然博物館

営費が三分の一程度まで減少しても集客力を維持している。

もう一つの淡水水族館である相模川ふれあい科学館は、相模川の一〇〇キロメートルの流域の生物環境を四〇メートルの水槽に縮小した世界初の連続水槽である。そしてその水槽外部に相模川の段丘を連続的に見せるという展示を行っている。ここでは展示的なアイデアが建築を決めている。またこの空間がグレートホールを形成し、小さな遊環構造の博物館だが、年間二〇万人以上のビジターを集めている。

この高い集客力は先の美術館の分析と同様、展示室は閉鎖的だが、これらを結ぶグレートホールの役割を果たす目次空間が単純ながら変化に富み、また周辺が緑地でおおわれているという構成、緑の多い遊環構造になっているからだと推察できる。

遊びながら学ぶ遊環構造

こどものあそびやすい空間の構造、遊環構造の研究と、浜松科学館と筑波で行われた国際科学技術博覧会こども広場の設計がほぼ同時に行われ、遊環構造の考え方が博物館、博覧会の計

茨城県自然博物館の目次空間

画に応用できるのではないかと考えた。多くの博物館を訪れると、たいへん人気があり、多くの人が訪れる館もあれば、建築的に美しい空間でも、利用者が少ない館もある。かぎは建築ではなく展示、あるいはコースとしての体験の連続性なのである。

博物館は展示が中心だが、その展示室をどのように構成すれば魅力的な博物館になるのだろうか、というのが、そもそも一九九〇年代に集中的に博物館の研究をした動機である。アメリカのチルドレンズ博物館も、カナダのオンタリオサイエンスセンターも、見ることが中心の博物館から、体験が中心の博物館となってきた。「遊びながら学ぶ」ことへの博物館の流れも遊環構造の結びつきを強くした。よりおもしろく、より楽しく、多くの人が満足し、集まる博物館をつくるためにはどうしたら良いか。それには遊環構造が計画的に応用できるが、建築だけでなく、企画やイベントや立地等、他の要素、シンボル、広場で、さまざまなイベントがおこりやすい構造にしなければならないことがわかった。また、水族館や動物園で人が集まりやすいのは、そもそもそこでの展示が動くもの、あるいはストーリー性の重要性なども確認できた。また、美術館における緑の重要性、リラックスする空間が緊張する空間のなかに挿入される重要性、遊環構造の体験の場の質の多様性の重要性を認識できた。

本章の引用文献

[1] 中山豊・仙田満・矢田努・佐々木省悟「利用者の満足度よりみた科学博物館の建築・展示計画に関する研究」日本建築学会計画系論文集64（516）、一二三–一二八頁、一九九九年

[2] 仙田満・篠直人・矢田努・鈴木裕美「美術館展示室の建築計画的研究:展示壁面の配置方法と利用者の評価について」日本建築学会計画系論文集64（517）、一四五–一四九頁、一九九九年

[3] 五嶋崇・池田誠・仙田満・矢田努「博物館の集客性に関する研究」日本建築学会学術講演梗概集E-1、一〇三–一〇四頁、一九九八年

[4] 仙田満・矢田努・池田誠・五嶋崇「歴史博物館における年間入館者数の経年変化に関する研究」日本建築学会計画系論文集64（517）、一三九–一四四頁、一九九九年

参考文献

▼1 菊池誠編著『適正規模論　自然・生態・人間』日本放送出版協会、一九七六年

▼2 日本博物館協会編『博物館白書　日本の博物館事情平成五年版』日本博物館協会、一九九三年

▼3 S.D.S.編集委員会編、戸尾任宏・仙田満執筆『S.D.S.（スペース・デザイン・シリーズ）第三巻 博物館・美術館』新日本法規出版、一九九五年

▼4 横浜博覧会協会刊行委員会編『横浜博覧会　そのデザインとアーバニティ』横浜博覧会協会、一九八九年

▼5 仙田満『環境デザインの方法』彰国社、一九九八年

▼6 仙田満『環境デザイン講義』彰国社、二〇〇六年

相模川ふれあい科学館（1987, 2013）

相模川110㎞を連続水槽で見せ、その環境を相模川の流域の流れと合わせて見せる手法が開発された。淡水水族館の〈かた〉となった。我が国の淡水水族館に影響を与え、東京都の葛西臨海水族園をはじめとする多くの水族館に展開されている。川の地理的な歴史、役割、魚だけでなく多様な生物の展示等、川に関する独特な博物館を形成している。2013年に機械室を移設し、展示室をリニューアルするなどの改修はあったが、基本的な動線空間の構成は変わらず、全体が遊環構造を呈している。遊環構造の平面的なパターンである扇形の構成をもつ、遊環構造等の初期のものといえるが、扇形構造はその後東京辰巳国際水泳場や国際教養大学中嶋記念図書館、ちぐさこども園等に展開されている。

配置図兼1F平面図

［左上］菅生沼の自然に面する［右上］目次空間にはシンボル展示を配置［左下］カフェから菅生沼を見る［右下］展示室を見る

ミュージアムパーク茨城県自然博物館（1994）

茨城県自然博物館は県南部にある坂東市の菅生沼のほとりに約16.4haの園地をもつ自然史博物館である。建物の規模は約13,000㎡あり、全体に観客動線そのものが強く遊環構造をもつ空間構成として意識されている。その中心は目次空間という、エントランスの導入から博物館全体を見渡せる空間である。その目次空間を8の字型に動線が縫う形で構成され、それに特色のある展示室がブランチ状に配置されている。また、中庭的、水族館的、展望的な要素等、自然と建築空間が一体となった体験が演出され、遊環構造による連続的なワクワク感を高揚させる博物館になっている。オープンから25年間、入場者数は毎年年間40万人を上回っている。遊環構造建築の集客性の高さを証明している。

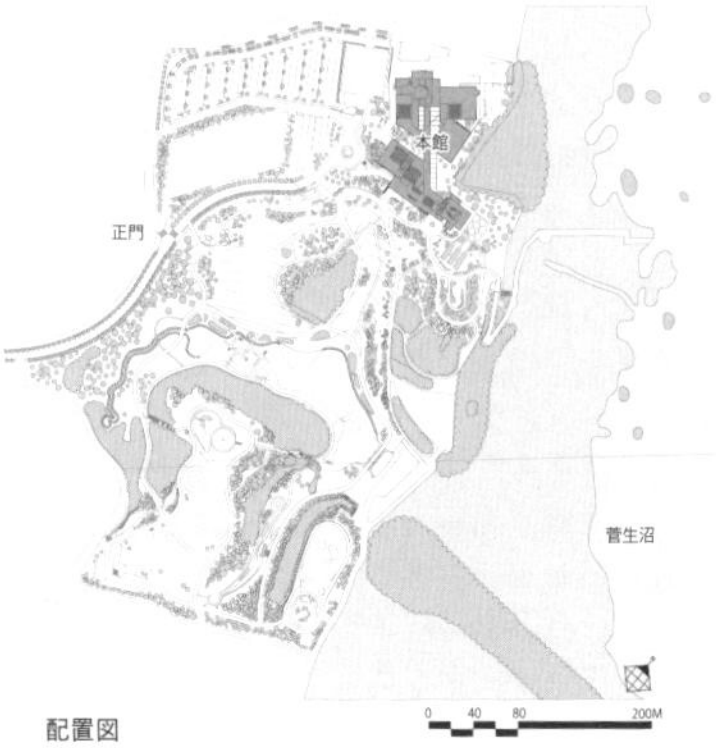

配置図

［左上］全長40mの連続水槽［右上］水盤に白い外観が映る
［左下］水を多用した外構［右下］生物と触れ合うタッチングプール

◉第十章　距離と景観

遊環構造では、回遊動線に取り付く体験のアイテムをどのような距離に置くかが計画設計上とても大きな課題である。あまりにも近いと相互に干渉しあい、離れていると体験の感動が途中で止まってしまう。距離自体が体験アイテムである場合も多いが、適切な距離により体験アイテムは面白さが重層化する。個体距離と社会距離という観点から考えてみた。

1. 個体距離——距離と人間関係

動物学者H・ヘディガーが唱えた生物の個体間の安定した距離を「個体距離」という。例えば電線にツバメがとまると、ツバメたちはある距離をおいてとまる。その距離を生物の「個体距離」と呼んでいる。京都の鴨川で九月頃に橋の上から見ると、川岸にカップルがほとんど正確に三メートルの距離を空けて並んでいた。これも一種の個体距離といえる。エドワード・ホールが『かくれた次元[1]』という本を一九六六年に書いたが、個体距離を人間社会に応用した名著である。空間デザインにはこの個体距離を考えることが必要だと説いている。

　エレベーターのなかに一人でいるときに、他の階から人が乗り込んできて、むやみに近づかれると大変恐怖感を抱く。周りにオープンスペースがあるのに、ある距離以内に人が近づいてくると恐ろしくなる。犬に人間が近づいていくときに、ある距離に近づくと吠える。さらに近づくと飛び掛かってくる。そういう距離を限界距離、あるいは臨界距離という。人間関係でも親しい関係を近しい関係といったり、親しくない関係を遠い関係といったりするように、関係は距離で表現される。人間の個体距離は、およそ男の人は男物の傘の大きさ、女の人は女物の傘の大きさが表しているといわれている。女の人の方が個体距離が少し小さい。

京都・鴨川河畔のカップル

[1] エドワード・ホール(日高敏隆・佐藤信行訳)『かくれた次元』みすず書房、一九七〇年

2. 建築の個体距離

このように距離と人間関係には重要な相似性があるが、建築でもそういうことが適応されると考え、住宅間の距離について考えてみた。住宅は人間が住む殻・シェルターである。住宅間には景観的に安定した距離と、違和感を生み出す距離がある。

デザインの違う二つの住宅が隣接したとき、それが景観的に安定した距離があるなら、それはどのくらいの距離なのかをいろいろ実験して調べてみた。例えば片方はフラットルーフで、片方は勾配屋根で実際の家を模型化して景観的に安定した距離を評価してみた。屋根が平らなものを陸屋根、山型の屋根を切妻屋根といい、さらに山型の三角の面に入口がある場合を「妻入り」、そうでない場合を「平入り」というが、景観的には道路に対して、妻入りか、平入りかでも異なる。屋根の形態というのはかなり個体距離に影響を与えて、都市景観を考えるうえでも重要である。

下の写真は日本の私鉄沿線の代表的な住宅街の風景である。

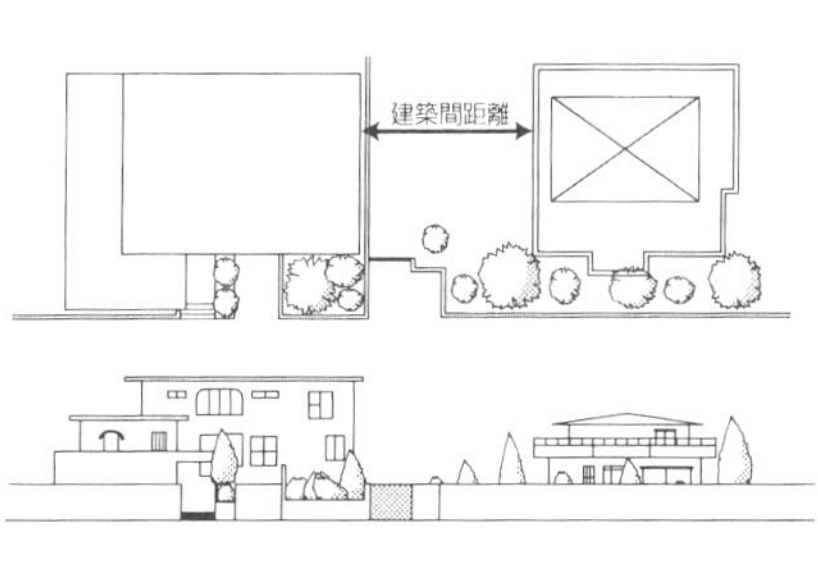

建築の個体距離

その景観はどうしようもなく混乱している。一九六〇年代に名古屋市の郊外住宅地として開発された高蔵寺ニュータウンの風景を見てみると、一般的な駅前住宅街の町並みに比べ、敷地面積も広くて庭もあり、緑も多く感じる。さらに戦前に開発された住宅街として有名な東急東横線沿線の田園調布は敷地面積が広く、緑が多く、並木道も立派な住宅街である。ここではそれなりに住宅は建て替わっている。しかし私が学生時代の田園調布の雰囲気とそれほど変わっていない。

　このようにいろいろな住宅街を観察し、評価を試みると〈距離〉と〈デザイン〉と〈緑〉という三つの要素が景観に関係すると考えられる。この仮説を検証するため、住宅地における景観的個体距離を求める模型を用いた心理実験を行った。その結果、屋根、壁など色、形態が異なる場合の測定した建築距離、すなわち個体距離は一二メートルであったが、デザインが共通化してくるとそれが縮小され、また緑がその間に投入されると九メートルほどに縮小された。

私鉄沿線の住宅街（横浜）混乱している町並み

高蔵寺ニュータウン（愛知）

個体距離ゼロの町並み

この研究で当時勤務していた名古屋を中心に調査したが、名古屋の那古野町という伝統的な町屋は、大分老朽化しているが、個体距離ゼロの町並みで、平入りで格子戸が組み込まれた街並みである。このようにデザインエレメントが共通化していれば個体距離ゼロは成立すると考えられる。しかし個体距離ゼロの町並みではデザインエレメントを無視してしまうと景観破壊度が極めて高くなる。

伝統的な町並みではアルミのサッシュも景観を破壊する。電柱、室外機、照明ポールも景観に調和しているものが少なく、多くは景観阻害要素となっている。個体距離ゼロの町は景観的に脆弱な都市なのである。従って個体距離ゼロの町はデザインエレメントを共通化しなければならない。立面の高さ、屋根の素材、格子、立面構成、色等が共通化していけば、個体距離ゼロの町は成立する。

逆に個体距離が十分にあれば、デザインエレメントに自由度が高まる。前述の田園調布は、私が学生の頃の六〇年前とそれ

田園調布の景観（東京）

那古野町の伝統的な町屋（名古屋）

ほど風景が変わっていない。その理由は緑が多いということと、各住戸の敷地が比較的広いため建築の個体距離が十分にあるからと考えられる。ここでも建物は建て替わっているのだが、全体の町並みは大きく変わっているようには見えない。

ヨーロッパでも、ドイツのハイデルベルグを訪れてみると、落ち着いた町並みである。ハイデルベルグ城から展望すると、手前側は旧い街で、川の向こう側に新しい町が見える。旧市街は個体距離ゼロの街であって、赤瓦、屋根の色、勾配も含めて少し異なったデザインのものもあるが、全体的には統一感のある景観になっている。対岸は旧いものも新しい形態のものも混在している。注目したいのは個体距離がそれなりに取れていて、緑が十分に投入されていることである。すばらしい景観かということでは異論があるかもしれないが、町景観としては混乱しておらず、調和がとれているといえる。それにしても日本の歴史的都市・京都では美しい町並みとして残っている部分はごくわずかである。

ドイツのハイデルベルグ

歴史的町並みを守る

京都の町並みとして保全されている町家は、個体距離ゼロであるが、それぞれデザイン要素が共通化しており、景観的にも美しい。一方、同じ京都であるが、隣に巨大なマンションが建って、極めて醜い景観をつくってしまっている例もある。やはり個体距離ゼロの世界は異なるデザインが挿入されると、景観破壊度は極めて高くなる。倉敷、金沢などの歴史的な都市景観の町並みを持っているところは、だいたい個体距離ゼロの街が多い。そういうところでは歴史的なデザイン要素を継承しないと景観破壊度が高い。従って、建築家は建物の個性よりも町並み景観を優先しなければならない。田園調布や芦屋のように宅地が広くて緑が十分にあれば、それぞれの建物のデザインを自由にしてもそれほど町の風景は変わらない。

一五〇年前の京都は美しい町であった。いまは決して美しいとは思えない風景である。京都は戦災にあわなかった大都市である。第二次世界大戦時、アメリカ軍は京都を空爆しなかった。京都の歴史的景観に敬意を払ったからである。すべてを残すべ

個体距離ゼロの町、京都の伝統的街並み

違和感のある風景、マンションと町家（京都）

きとはいわないが、個体距離ゼロの町なのにそれを全く異なるデザインで破壊しているのは問題だと思う。例えば、少し高いビルが隣接する場合、一階の部分は町並みに合わせて庇をつけるなどデザイン的な工夫ができる。景観的な連続性を保つための建築の個体距離の考えを、都市景観形成に入れていく必要がある。京都の景観に対しては、日本建築学会から提言がなされ、景観法による規則が強化され、景観再生の動きがある。近年、町家の形態を保全しながら、宿泊やカフェ等さまざまな形で利用する傾向が出てきたことは好ましい。

3．景観を再構成するために

深刻な都市景観破壊

我が国の住宅地は敷地がまだ個別的であり、建蔽率も六〇％などと制限されているために、個体距離を調整する余地はある。しかし、都市部では個体距離ゼロの町が多い。ヨーロッパの町並では、街路に面する軒高さを一定にするなどの規制により、

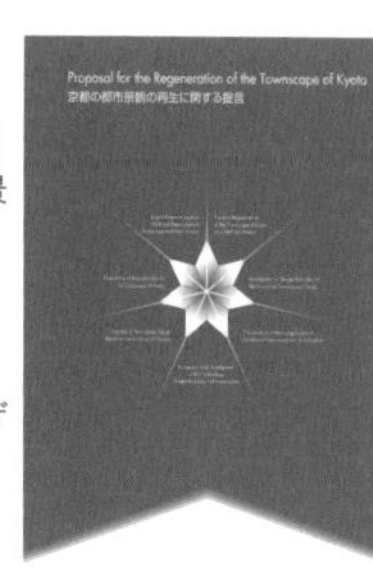

日本建築学会、京都の都市景観の再生に関する提言（二〇〇二年）

【京都の都市景観の創造的再生のための7つの提言】
1：ナショナルプロジェクトとしての京都の都市景観の創造的再生
2：京都らしい都市景観のデザイン原理の解明
3：都市景観を育む生活・文化の継承と教育
4：都市景観を支える技術の継承と開発
5：市民のイニシアティブを活かした都市景観デザインの推進
6：京都景観研究センターの設置
7：急速に進む景観・環境破壊に対する緊急提言

スカイラインが通って、ある都市美が図られているが、我が国ではスカイラインの統一さえ不十分である。その中でさまざまな様式の建築が、それぞれバラバラのデザインで建設されている。商業的な町ではある意味で統一されないで、バラバラ、アナーキーな状態の方が活気にあふれ、おもしろさと感じる場合もある。個体距離と個性的なデザインと町並景観は、相互に関係しながら町の雰囲気をつくっているといえるだろう。

　最近、日本政府も観光に力を入れている。二〇〇三年頃、年間四〇〇万人だった観光入込数[2]も、近隣諸国の経済的発展により二〇一八年には三〇〇〇万人を突破し、四〇〇〇万人を目標としている。しかし、その観光産業を後押しするためにも、我が国は都市景観についてもっと有効な政策をたてる必要がある。例えば日本の観光都市を代表する京都を見ても美しい環境は残されているだろうか。周辺地域はまだまだ雰囲気をもっているところもあるが、特に中心部での景観破壊は深刻である。

　そもそも、観光というのは旧い都市が対象である。新しい都市はほとんど観光の対象にならない。都市観光的なものが全く

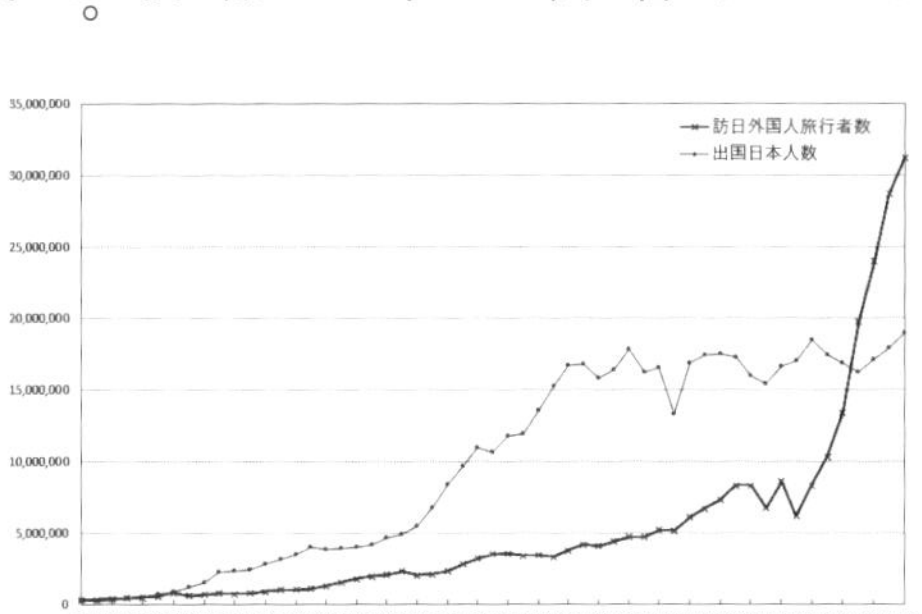

訪日外国人観光客数と出国日本人数の推移

[2] 日本政府観光局「月別・年別統計データ(訪日外国人・出国日本人)」https://www.jnto.go.jp/jpn/statistics/visitor_trends/, 2020.2.20閲覧

ないとはいえないが、多くの観光者は歴史の風景を見に来る。そういう意味で日本の観光資源が魅力のないものになっているのは、その歴史的な景観と現代建築の整合性がとれていないことが最大の原因と思われる。それは一般の都市でも言えることで、日本の都市景観の問題は、建築個体距離の考えで言えば、十分に適応していない都市になっているということである。

景観は個体距離とデザイン要素と緑の関数

建築の個体距離の調査で明らかになったことは、景観とは個体距離とデザイン要素と緑の関数だということである。狭い敷地で、隣地との個体距離が十分に取れないときは、隣りとの建物の高さ、構成、色等々のデザイン要素をできるだけ共通化させるか、隣地との間にできるだけ緑を投入しなければならない。広い敷地が与えられたときは、建築家としては隣りを気にせず自由にデザインできるチャンスだと思わねばならない。

景観の阻害要因

電柱・看板の多い景観（麻布十番と渋谷）

東京都二三区内の平均宅地の広さは一一六平米しかない。[3]敷地ぎりぎりに建物をつくってしまうことを止め、できるだけ街路からセットバックして緑を投入すべきである。緑は狭いところでも十分に成長できる。例えばいま、景観阻害要素である電柱をなくして電線を地中化し、電柱の後にケヤキ、カシ等を植えれば、日本の都市は急激に景観の改善ができると思われる。いま、日本の都市において重要なのは、狭いところでも十分な建築個体距離をつくれるような方法をとることである。同じように駐車場も、できるだけ地下化し、平面駐車場、立体駐車場を都市からなくし、地上部を緑の空間に変えていく必要がある。先進国で我が国のように地上に駐車場を造っている国はない。地上を緑化すればもっと緑化率が上がり、美しい町に変えられる。また、電柱は都

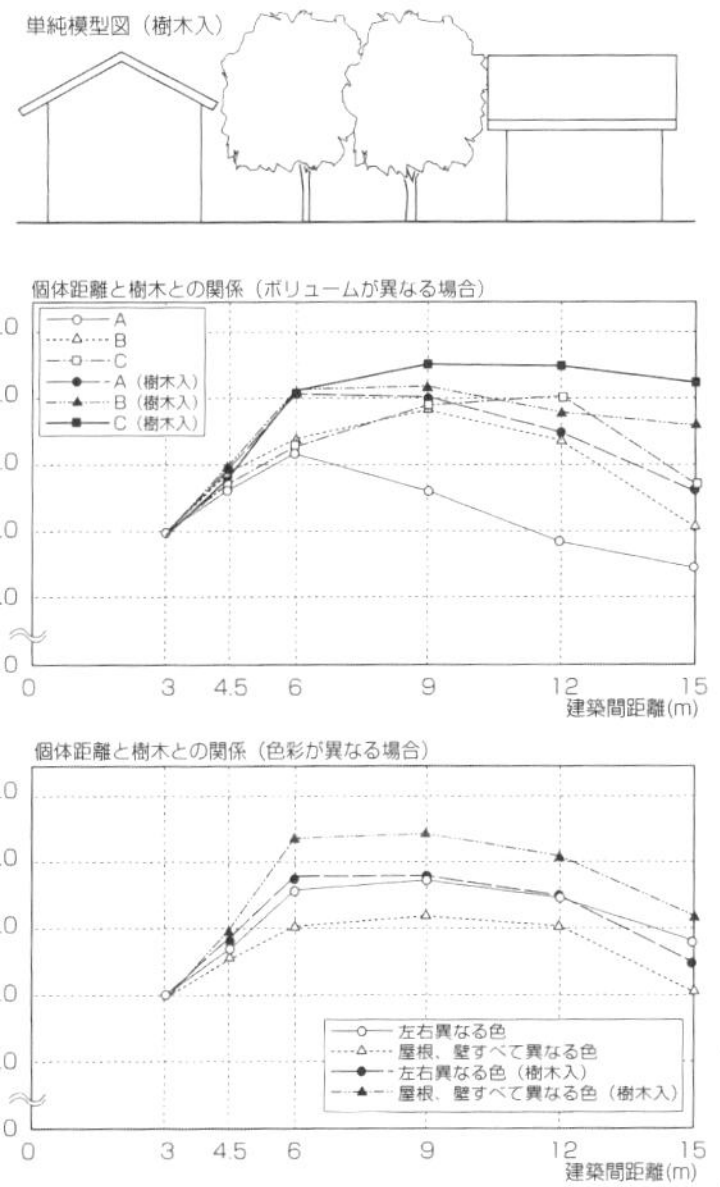

個体距離と樹木の関係

[3] 総務省統計局「平成三十年住宅・土地統計調査」二〇一八年

市の安全性からも問題でしかない。二〇一九年の台風一五号の大きな被害の要因の一つに電柱の存在がある。電柱が倒壊して多くの住宅が被害にあった。自然災害が多い我が国では、電柱の地中化を最優先課題としなければならないし、それが景観的な改善を生み、経済効果をもたらす。

また、アジアの国々に共通していえる問題が看板である。景観は公共物である。安易な建物をつくった人には本来なら公共的な意味において高い負担（例えば税金のような形）を課すべきである。看板も同様で、見たくないものを掲げるのだから高い公共的な負担をかけるべきだ。二〇〇四年国立市でマンションの高さを下げる地裁判例があった。景観は公共益であり、公のものだということが、法曹界でも認められたことを意味しており、いまの時代の重要なポイントだと思われる。

4. 意識的な個体距離

個体距離には景観的な個体距離と、意識的な個体距離がある。

調査概要

	平均 住居間距離	平均 敷地面積	平均 建築面積	平均 居住年数	平均 建築年数
石尾台	6.54m	301.6m^2	106.2m^2	9.0年	9.0年
北山本町	2.53m	146.9m^2	76.3m^2	38.2年	21.9年
那古野町	1.42m	63.7m^2	57.5m^2	49.8年	54.1年

総数 205 軒

・北山本町 91 軒、那古野町 17 軒、石尾台 77 軒

・期間　1990 年 9 月 11 日～1991 年 1 月 8 日

本来的な個体距離の意味には、意識的な個体距離の方が近い概念といえる。一戸建ての住宅があるときに、隣りの家から音が聞こえる、秋刀魚を焼くにおいが流れてくる、けんかの声が聞こえるなど、音、におい、視線が安定したあり方に関係してくる。さらに住戸内部の快適性を確保するための要素である日照、

調査地区

石尾台

北山本町

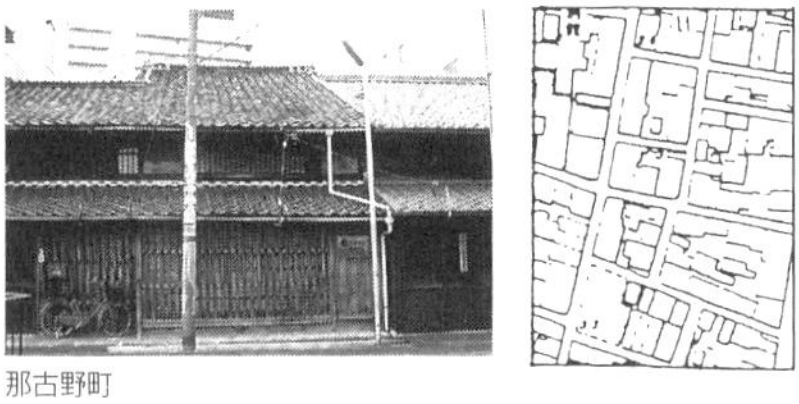

那古野町

建築間距離に対する住み手の意識

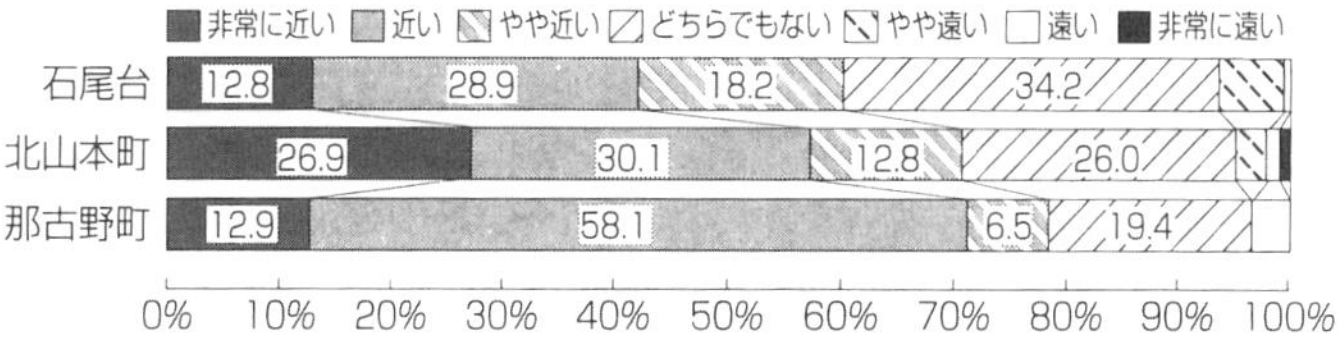

採光、プライバシーといった事項が周辺、特に隣戸や前面道路と住戸との関係で決まってくる。これらの要素を満足させるためには、隣戸や道路などと住戸との間に一定の距離が必要である。つまり住戸は、その周囲に住みよさを保つための、一定の敷地の広さを必要とすることになる。

主観的な建築間距離

一九八八年頃、快適な住宅の個体距離を、住み手の意識からみた主観的な建築間距離を調査することによって探ろうと試みた。名古屋近郊で調査した。石尾台（春日井市高蔵寺ニュータウン）、北山本町（名古屋市・一般住宅）、那古野町（同・伝統的な町屋の下町）の三地域について、住宅の住み手を対象とした意識調査を、アンケート用紙を用いたインタビュー調査により行った。

まず、住戸まわりや空間にかかわる環境要因についての意識のデータについて因子分析を行い、調査地区の特性により因子の構成が異なることを確認した。各調査地区を比較すると、敷地規模が大きく、建築間距離を確保しやすい石尾台では、離れ

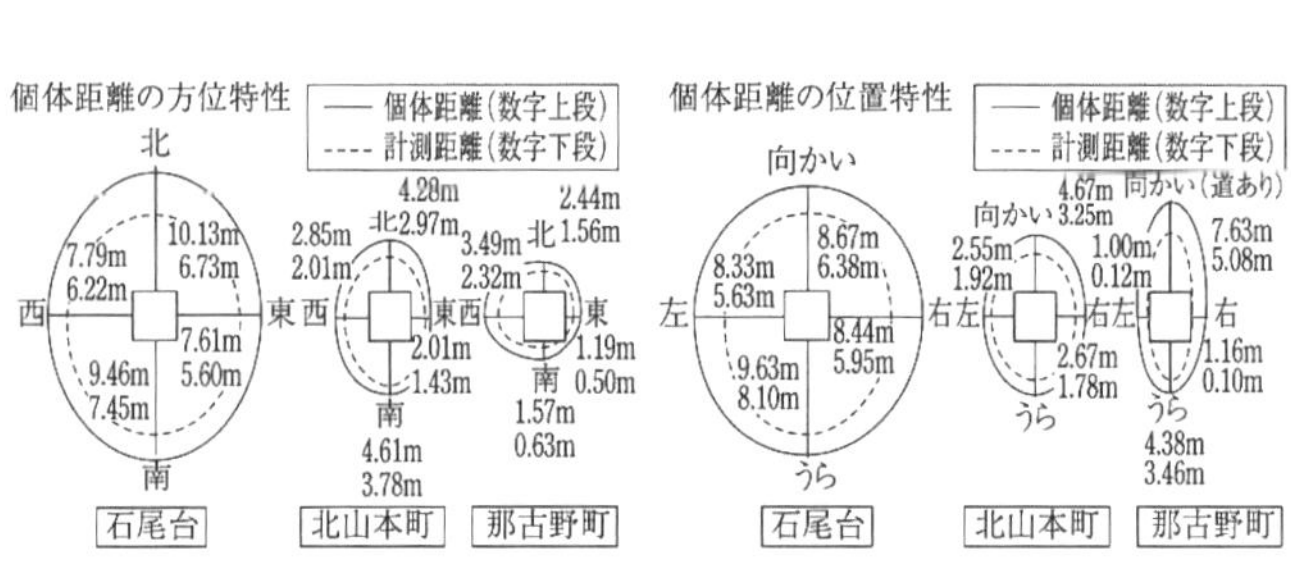

個体距離の方位・位置特性

た視点の存在を示唆する評価が特徴的である。建築間距離が石尾台より小さい北山本町では、隣戸との間の塀・フェンスや植栽など、小さい建築間距離を補完する視線の遮蔽装置への関心がまずあり、これに視線、気配、通風への関心、各種の音や声への関心が続いている。建築間距離が最も小さい伝統的な町家スタイルの那古野町では、視点がさらに近づき、関心が分散する。日陰、におい、隣戸の洗濯物等の「隣戸による迷惑」といえる生活感の強い関心に始まり、遮蔽と距離、外観と隣戸への気遣い、視線と通風、音、ペットの鳴き声、そして植栽といった一連の関心がなだらかに続く。因子の構成に見られるこのような相違は、調査地区での建築間距離の相違と深く関わっていると思われる。すなわち、建築間距離が小さくなるに従って、住み手の主要な関心は隣戸との関係のなかでも視点の近いものに移ると思われる。

住戸まわり空間にかかわる環境要因

	石尾台（データ数252）	北山本町（データ数320）	那古野町（データ数50）
因子Ⅰ	隣戸の外観、視線等 57.0%	遮蔽・植栽 33.0%	隣戸による迷惑 29.6%
因子Ⅱ	声・音 15.3%	気配・通風 20.6%	遮蔽・隣戸の近さ 16.0%
因子Ⅲ	遮蔽（垣根等） 10.3%	音・声 16.4%	外観・隣戸への気づかい 10.0%
因子Ⅳ	隣戸との親しさ 6.8%	隣戸の外観 9.6%	視線・通風 8.1%
因子Ⅴ	——	隣戸との親しさ 6.6%	音・声 6.9%
因子Ⅵ	——	——	近隣意識（ペットの鳴き声等） 5.0%
因子Ⅶ	——	——	植栽 4.6%
累積寄与率	98.4%	86.2%	80.2%

注）数字は各因子の寄与率。（　）内は表2の項目のうち因子負荷量0.600以上のもの。

意識的個体距離

個体距離とは近すぎず、また遠すぎないと感じられる建築間距離であり、建築間距離についての意識の「どちらでもない」に対応する距離であると考えられる。石尾台では「どちらでもない」付近で個体距離が最小となり、その値がほぼ八メートルであった。住み手の意識における住戸間は意識個体距離の存在があり、それは約八メートルであると思われる。

居住年数の長さ、近所付き合いの強さ、現状敷地の大きさなどによっても個体距離は異なる。樹木、植栽は敷地規模の小さい住戸では個体距離を縮めるのに有効にはたらくことなどが明らかになった。すなわち新しい住宅がつくられる場合には、建築間距離は八メートル以上離れている必要がある。近所付き合いで住み手同士が親しくなればなるほど、その距離は小さくなるが、八メートル以下の建築間距離の場合には、緑や建築的な装置で住戸の周囲の間を形成する必要がある。また、向かい側、裏側の方向の個体距離は、左右側の個体距離よりも大きくとる必要があり、南北方向の個体距離は東西方向の個体距離よりも大きくとる必要がある。

安定する建築間距離

以上の景観的・意識的な個体距離の住宅地調査の結論をまとめてみると、大きく三つのことがわかってきた。

①景観的にも環境的にも安定する建築間距離、すなわち建築の個体距離は八～一二メートルである。

②旧い町並みでの建て替えなど、近隣との付き合いを残しながら、新しく住戸をつくる場合や、建築間距離一二メートル以下である場合は、町並みのデザイン要素を共通させたり、緑を十分に植栽したりする必要がある。

③新しい住宅地でも建築間距離が十分にとれない場合には、デザイン要素を十分に共通させ、かつ緑や建築的装置によって各戸のプライバシーを確保しなければならない。

私はここで具体的な数字をあげて個体距離を説明したが、その数字は一応の目安と考えていただければよい。しかし距離という要素が美しさや行動に大きく影響することは確かである。

景観に配慮した十字式建築

我が国の大都市の住宅の敷地面積は小さい。東京で平均三〇坪と言われている。地方でも五〇坪、六〇坪というところは多い。そのなかで十分な個体距離をとることはなかなか難しい。そこで狭い敷地に住宅の平面形を十字形にとり、四隅に緑を配置する形式を提案した。こうすることによって街路からの見えにおいて仮の個体距離がとれ、隣家との間に緑が配される。我が国の都市中心地でも、住宅地でも歩いて楽しい町に必要な要素は緑といえる。そういう意味でも敷地の四隅に緑や街路との間に緑を配することはとても重要である。個体距離がゼロの中心的な市街地でも同様で、前面道路から一メートルでも二メートルでもセットバックし、あるいはエントランスを敷地の中央にし、両サイドに緑を配するというような配慮は十字式住宅と同じように、歩いて楽しい町をつくるための作法といえる。

十字式設計法の概念図

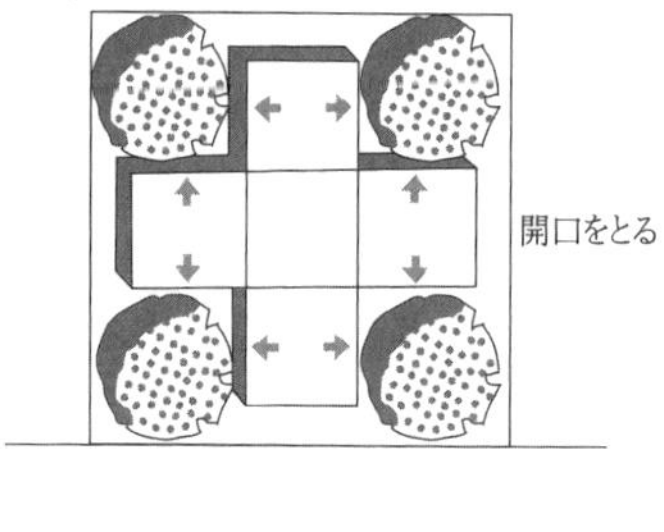

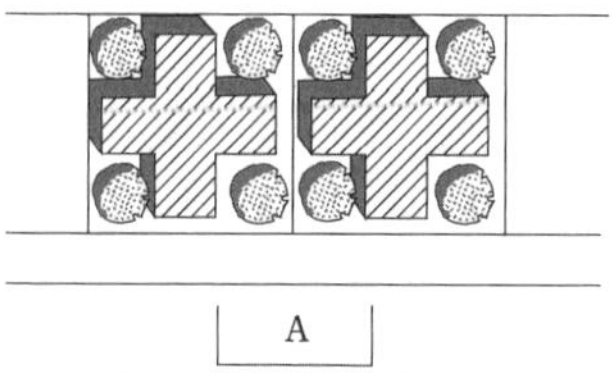

見えがかりの建築個体距離はAとなる

商業施設における社会距離

生物学者へディガーは個体距離という概念の他に、社会距離という概念を唱えている。[4] これは動物でいえば、その限界を超えると不安を感じる距離、つまりコミュニケーション可能な距離の限界である。人間でいえば社会的な集まりの際に得られる距離である。これを建築や環境形成に応用できないかと考え、商店街の繁華の状況に適用してみた。

いま日本各地でかつての繁華街がすたれ、空洞化している町も多い。一方、繁華街として元気な町もある。その状況について一九か所の商店街をSD法により調査した。また私は若い頃に名古屋市郊外で西武春日井SCの外構デザインを担当し、商業における人々の行動に強く関心をもったこともその調査の動機であった。

商店街では商店が連続するのが通常であるが、そのなかで閉店したり、シャッターを下ろしたり、あるいは非商店が入ったりする形となる。平面的に商店と商店との間が小さいとにぎ

十字式設計法の家（アクソメと正面）

[4] 近年コロナ禍のなかで社会的距離という言葉が使われている。これは生物学者へディガーの社会距離とは異なる、どちらかといえば患者の飛沫が影響を及ぼさないという点では個体距離の概念に近い。

わっているという印象だが、商店と商店の間が平均一六メートル以上になるともはや商店街というまとまりにならないことが調査から明らかになった。また、商店と商店が続いていても、三〇メートル以上非商店が続くと、それ以上は商店街としての連続性がなくなると思われる。業種についても調査したが、衣料品、買い回り品店、飲食店は商店街らしさの印象を高めるポジティブな要素であることがわかった。商業環境は時代的変化によって大きく変わる。私の研究は二〇年も前の調査で現代にどの程度通用するかは不明だが、商店街、商業の連続性という点においても距離の概数は大きく変化するものではないと考えている。

5. 距離と遊環構造

遊環構造の原則は回遊性、循環性だから、その回遊の大きさがとても重要である。その行動の距離を考えてみると、いつも強く思い出す環境がある。それはフランスのラ・ヴィレット公

シャッターの閉まった店舗群

ラ・ヴィレット公園

園である。この公園には設計者がフォーリーと名付けた赤いモニュメント的な建築が、一二〇メートルのグリッドで配置されている。しかしこの一二〇メートルという距離では歩いてそこにたどり着きながら、もう一つ先のモニュメントを訪ねようという気持ちを起こさせない。前項で述べたように、シャッター街になり次の店舗まで三〇メートル以上離れてしまうと、人々はほとんど先に行こうとしない。それからしても、人が歩くということを前提にすれば、三〇メートルぐらいが一つの目安なのだとわかる。

　新広島市民球場のメインコンコースは約六〇〇メートルである。コンコースの幅は八～一二メートルほどであるが、この回遊路に約三〇種類の店舗と、三〇種類の多様なシートがブランチしている。それらを一つの体験の場と距離とすると、平均一二メートルである。体育館のランニングコースも一周一六〇～二五〇メートルが良いと思われるし、幼稚園で五、六歳児が走り回れる一周の長さは五〇メートルぐらいがちょうど良さそうである。その回遊する幅、そこでの体験のアイテム数、その

新広島市民球場

質ももちろん、その回遊・循環動線の魅力と関係する。そこでの行動と景観の多様性という点でも距離のファクターはとても重要だ。

次ページにかかげる二つの建物は遊環構造建築であるが、その外形は周囲の既存のコンテキストに強く基づいて決定されている。小田原三の丸ホールは、小田原城の馬出門の前に建設されるため城と対峙しながら、城をリスペクトする形で屋根の形状、高さ、そして色彩が決められている。城をはさむ道路から二〇メートルの距離をおいて建物が立っている。そして北側のお堀端道路と敷地南側の国道一号線を結ぶ南北の通り抜け路を提案している。それに併行して、ここで南北軸として二層のギャラリー回廊が立体的な遊環構造を形成し、室内のホールと屋外のにぎわい廊とよぶイベント広場がそれに取り付く構成である。

また、長野県立武道館は、浅間山を望む形での中廊形式の遊環構造が形成されている。ここでも周辺の住宅地や創練センターという市の公共施設との個体距離をはかりながら、突出廊的エントランスをもつ、切り妻型の建築形式が構築されている。

昭島すみれ幼稚園、回遊する二階デッキ

武道の館として体幹性のある、細長いロビーに柔道場、剣道場がブランチされ全体が回遊型の遊環構造建築である。この二つの事例にみられるよう、距離と景観を考慮しながら遊環構造建築は形成される。

参考文献

▼1　岡田光正『空間デザインの原点　建築人間工学』理工学社、二〇一二年
▼2　日本建築学会編『人間環境学　よりよい環境デザインへ』朝倉書店、一九九八年
▼3　仙田満『環境デザインの方法』彰国社、一九九八年
▼4　仙田満『環境デザイン講義』彰国社、二〇〇六年
▼5　仙田満「視点　住宅の個体距離と十字式設計法」新建築住宅特集第64号、一九九一年

柏崎市文化会館アルフォーレ（2012）

2007年に起きた新潟県中越沖地震の震災復興のシンボルとして建設された。駅からの新たな人の流れと旧市街地からの人の流れをつなぐ屋根付きの回廊「都市廊」は、伝統的な「雁木空間」としての役割を果たし、風を遮る下がり壁は細長い展示空間も兼ねている。機能水準の高い大・小ホールに加え、複数の練習室、会議室を中心にした市民の文化活動の各室は市民ギャラリーを併設した回遊廊下にて結ばれ、交流意欲を喚起させる空間構成としている。1,100席の大ホールの豊富な初期反射音と、幅広い周波数に対応する拡散効果による音響のよさは特筆に値する。また、掌（たなごころ）型のバルコニー席が舞台を温かく取り囲むことによる舞台への集中力と一体感が、大きな満足と幸せな時間を生み出す。

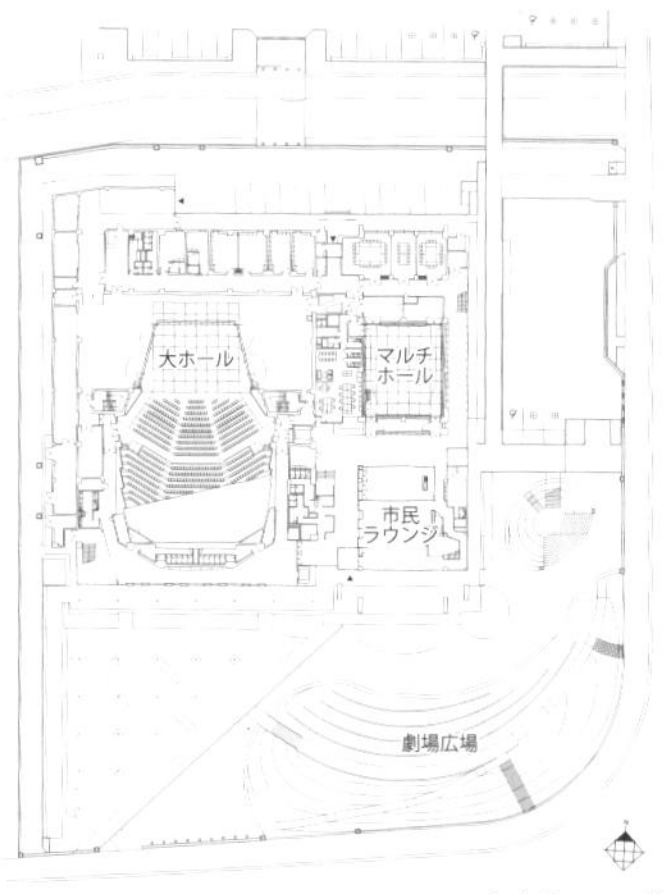

配置図兼1F平面図

［左上］掌型の客席［右上］劇場広場から南側外観をみる
［左下］開放的な市民ラウンジ［右下］強い風を防ぐアプローチの都市廊

小田原三の丸ホール（project 2021）

小田原城前に建設中の劇場である。敷地の東西をつなぐ動線を活かし、それに沿った形で大ホール、小ホールを並べ、大ホールホワイエは西の小田原城を、小ホールは東の国道1号を望む位置に計画された。それを上下２本のギャラリー回廊でつなぎ、その両端に階段、エレベーター、エスカレーターという縦動線を設けて、全体としての直線上下回遊型の遊環構造が形成された。この２本のギャラリー回廊にオープンロビー、ホワイエ、諸室、にぎわい廊がブランチする構成で、わかりやすさと変化に富む体験を可能とする遊環構造建築となっている。また、その動線軸は来館者を東西からスムーズに迎え入れ、また町のにぎわいをさらに東側にも延伸させるよう意図されている。

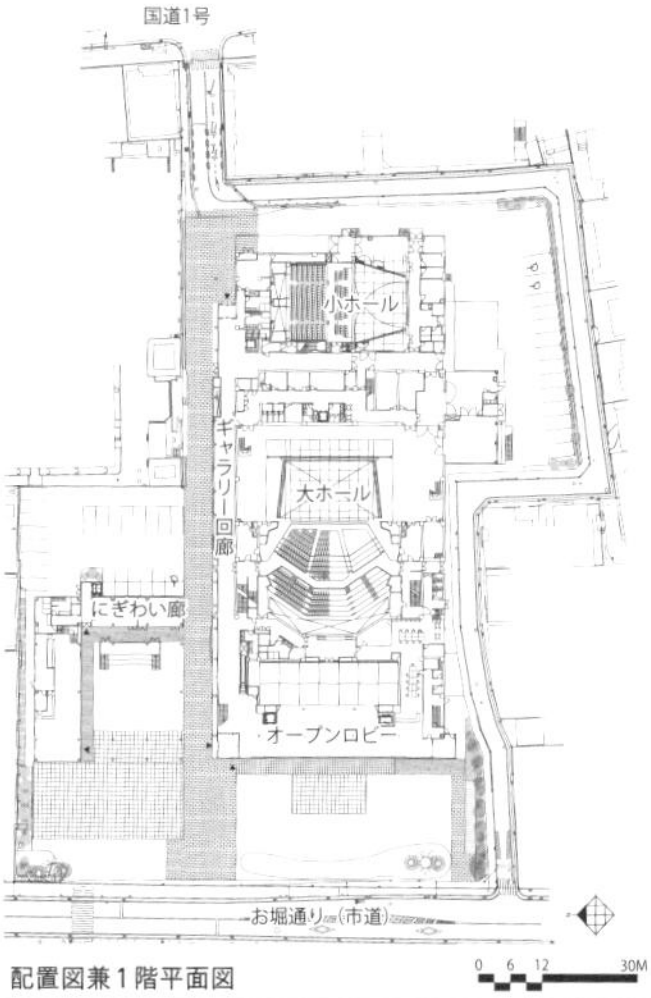

配置図兼１階平面図

［左上］鳥瞰イメージ［右上］お堀通りから見た外観イメージ
［左下］大ホール内観イメージ［右下］オープンロビー内観イメージ

三条市体育文化会館(2019)

三条市体育文化センターと三条市総合体育館の跡地に建設された複合施設である。「スポーツ・文化・交流の拠点」をコンセプトとし、スポーツと文化活動の活発化と市民の交流を育む拠点となる場を計画した。メインアリーナの外周を回遊する循環動線は各機能を有機的に結びつけ、スポーツ・文化の枠組みにとらわれない柔軟な施設利用を可能とした。この「重ね使い」の実現により市民の交流や賑わいが生まれる。またその動線内に展示スペースを取り入れることで、スポーツ・文化・交流機能の融合を促し、市民の活動への参加の意欲が喚起され、市民活動全体の活発化を図っている。マルチホールはプロセニアム形式の舞台をもち、生音コンサートや演劇のほか、集会行事、平土間での展示などさまざまな文化活動が可能である。

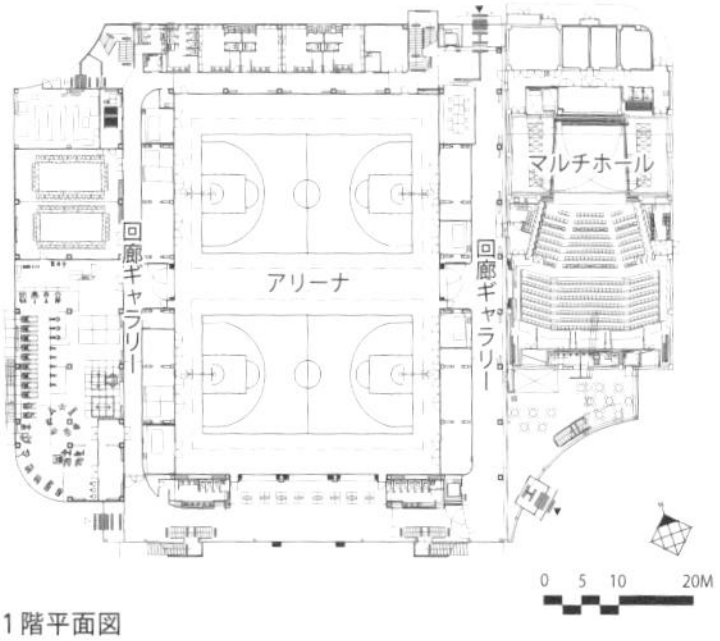

1階平面図

[左上] 南側外観 [右上] さまざまな使い方ができるアリーナ
[左下] 客席約500席のマルチホール [右下] 3階を一周できるランニングコース

長野県立武道館(2020)

長野県立武道館は浅間山を望む佐久平に建設される。メインアリーナの主道場と柔道場、剣道場のサブアリーナ2つで構成される。浅間山を軸とするバリアフリーのアプローチと、ロビーラウンジを中心に体幹のように全体を貫くグレートストリートが設けられる。それ自体も南北に2つの階段をもつ立体的な遊環構造が形成されている。それを中央軸にメインアリーナとサブアリーナを回遊する動線が作られている。周囲の石畳や芝の庭がモダンで、和的空間がしつらえられ、回る楽しさが演出されている。シンプルな形態のなかで、外部空間を含め、多様な景観と体験が楽しめるよう、全体の環境計画が図られている。武道展示館要素をした武道の聖地が目指された、遊環構造建築である。

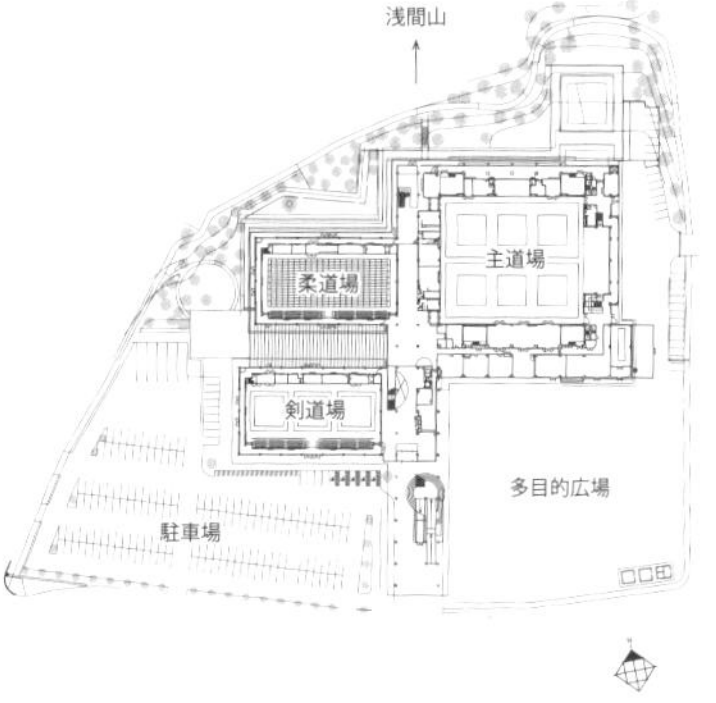

配置図兼1階平面図

0 10 20 50M

[左上]南側外観[右上]浅間山を北側に望む
[左下]武道に特化した床性能の主道場[右下]国際基準を満たす畳のある柔道場

◉第十一章　生きるための安全安心基地

挑戦するための安全安心基地

人生は困難との遭遇の歴史のようなところがある。それをいかに楽しさに変えていくことができるかが、重要な課題である。小さなこどもの頃の安全安心基地が、人生を生きてゆくための原点であるように思われる。安全安心基地の空間として遊環構造を考えてみたい。

(1)アタッチメント理論

アタッチメント理論（愛着理論）とは、一九六〇年代、イギリスの精神医学者ジョン・ボウルビィが確立させた概念である。[1]この理論において、ボウルビィは「赤ちゃんは外界のあらゆる恐怖に

[1] Bowlby, J, Attachment and Loss:Vol.1 Attachment, Vol.2 Separation, Vol.3 Loss, New York:Basic. (revised edition 1982), 1968, 1973, 1980.

対し、それを受け止め、安心する基地が必要だ」と述べ、それが失われたとき、健全な成育がもたらされないという仮説を立てた。

その後、さまざまな調査・研究によってこの理論が証明されてきているが、本理論に関する有名な研究の一つに、ルーマニアのチャウシェスク政権下におけるこどもに関する研究[2]などがある。国が貧しいなか、人口増加政策がとられ、結果、遺棄されてしまった多くのこどもたちが施設で暮らすことになったが、ケアが一人一人に十分に行き届かない劣悪な環境の施設で育てられたこれらのこどもたちは、成人になった後も、社会人格的な側面で問題を抱え、アタッチメント障害を起こしているケースが少なくなかったことや、国外に里子に出されたこどもは、施設に残ったこどもより発達が良好であったこと等が報告されている。また、その当時のこどもたちだけではなく、政権崩壊後に施設で暮らしたルーマニアのこどもたちについても、チャウシェスク政権下時よりも栄養面、環境面は大幅に改善されたものの、一人の大人に対して、二〇人の赤ちゃんがいるような状況で、人的環境はあまり顕著な変化が見られなかった。その

[2] チャールズ・A・ネルソン、ネイサン・A・フォックス、チャールズ・エ・ジーナー（門脇陽子・森田由美訳）「ルーマニアの遺棄された子どもたちの発達への影響と回復への取り組み　施設養育児への里親養育による早期介入研究（BEIP）からの警鐘」福村出版、二〇一八年。Charles A. Nelson, Nathan A. Fox, Charles H. Zeanah、Romania's abandoned children : deprivation, brain development, and the struggle for recovery、Harvard University Press、2014。またこれらの研究結果については、東京大学の遠藤利彦による解説等があるので、研究の詳細についてはこちらも参照されたい。遠藤利彦「就学前期におけるアタッチメントと社会情緒的発達　幼児期の非認知的な能力の発達をとらえる研究　感性・表現の視点から」国立大学法人お茶の水女子大学3-9、二〇一六年。

結果、特定の他者との間に信頼に支えられた関係を築くなどといった社会性の発達に問題が生じていることが多いということも報告されており、こどもの時、アタッチメント欲求が満たされない状況下に置かれた場合に生じる問題が指摘されている。

赤ちゃん、幼児は信頼できる大人に受容されることによって、外界を冒険することができる。こどもの環境全体を考えたとき、成人になってからの環境の影響と比べて、きわめて大きな相関関係を示唆している。

従来、環境デザインの領域における環境心理学の分野は、人間の成育環境まで研究対象にすることは少なかった。しかしジョン・ボウルビィのアタッチメント理論や、ノーベル経済学賞を受賞したジェームズ・ヘックマンの成育環境とその後のキャリア（人生歴）の関係に関する研究は、質の高い保育をうけたこどもはそうでないこどもに対し、人生の落伍者になる率が少なく、年収も高い地位の生活をする確率が高いという結果を明らかにした。幼児教育に公共投資をする意義の裏付けとなった研究である。環境デザイン学としても、乳幼児期における成育環境の研究とデザインの重要性は認識されなければならない。

現在、我が国の発達障害とされるこどもは六％と言われている。遺伝的要因はそのうち五〇％程度と推測される。そうすると他の五〇％は環境的要因と考えられる。どのような成育環境が、どのような発達障害と関係しているかは全体的に明らかでない。精神科医で作家の岡田尊司によるとこどもの双極性障害やＡＤＨＤ（気分障害）、摂食障害等の近年の増加を愛着障害と関連づけられるといっている。[3]発達障害を一つの病としてとらえ、それをいかに改善するかという研究や実践は多く行われているが、成育環境の、特に空間的な関係や時間、生活方法等が発達障害を引き起こしているかはほとんど不明である。本来、現代社会においてどのような成育環境が望ましいのかという点について十分な議論と検証が行われる必要がある。

遺伝子には数多くのスイッチがあると言われている。また遺伝子も環境によって変化するとも言われている。それは宇宙飛行士や双子の多くの研究でも実証されている。そういう点では環境的要因が多くの障害をもたらし、あるいは改善すると考え

［3］岡田尊司『死に至る病　あなたを蝕む愛着障害の脅威』光文社新書、二〇一九年

られる。

（2）若者の自殺とうつの増加

かつて年間三万人を数えた我が国の自殺者が二万人に減ったと話題になったが、こども・若者の自殺者は減っていない[4]。こども・若者がなぜ自ら命を絶たねばならないのか。彼らがそれほど深刻な状況にあることを私たちは理解しなければならない。こども・若者を追い込んでいるのは我々大人の社会なのだ。それは安全安心基地が失われているからだと言えるのではないか。

こどもの自殺の時期が公表されている。それを見ると四月一〇日頃と九月一日とに集中している[5]。不登校率も増加しており[6]、これは学校が安心安全基地でなくなっていることを端的に示している。こどもにとって楽しい場所でなくなっているのである。また学校に代わるべき安全安心基地がないことも示されている。こどもの成育環境に安全安心な基地がなくなっているのではないか、なぜ現代に安全安心基地がなくなっているのかを我々は考えねばならない。

[4] 厚生労働省「平成三十年度中における自殺の状況」二〇一九年。

[5] 文部科学省「平成三十一年二月二十八日児童生徒の自殺予防について（通知）」より別添3「十八歳以下の日別自殺者数」（平成二十七年度版自殺対策白書（抄））、二〇一九年。

[6] 内閣府「令和元年版子供・若者白書」より第3-5図「不登校の状況」、二〇一九年。

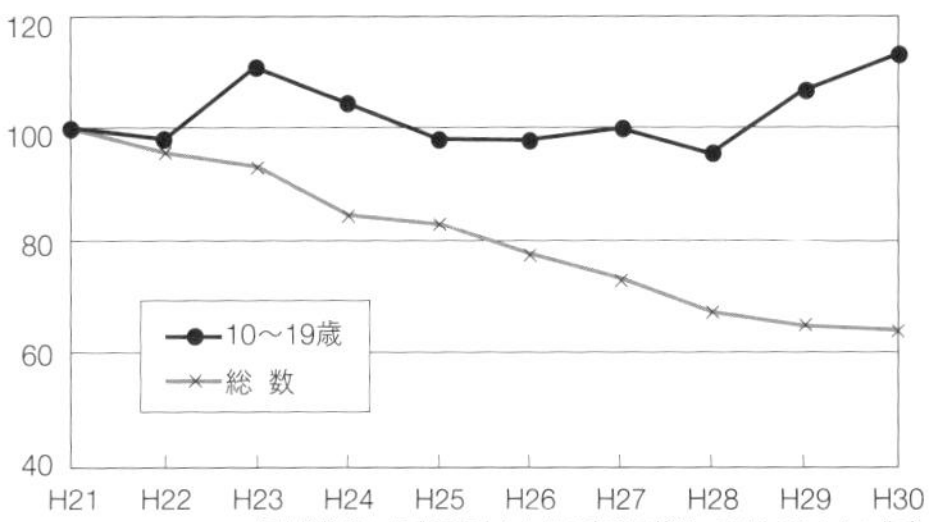

厚生労働省：平成30年中における自殺の状況。2019.3をもとに作成

子ども・若者の自殺率

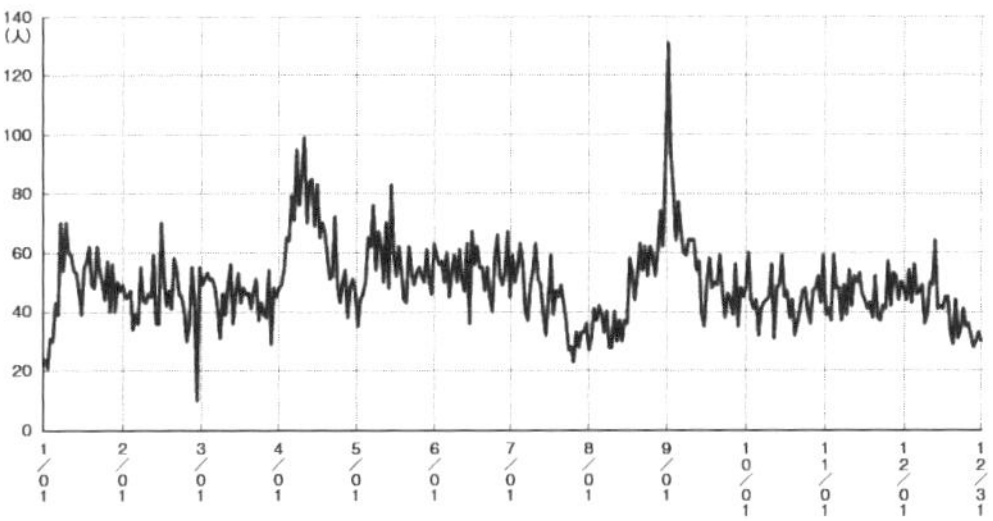

一八歳以下の日別自殺者数

不登校児童生徒の割合の推移(1，000人当たりの不登校児童生徒数)

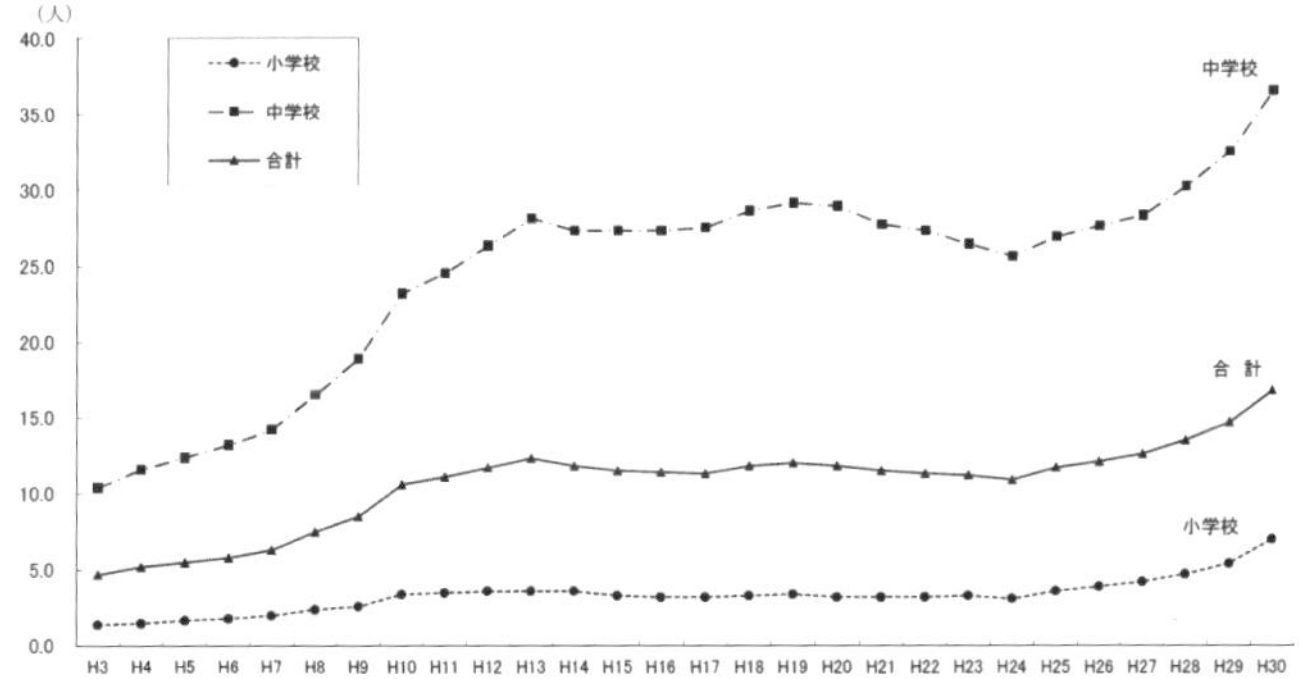

（注）調査対象：国公私立小・中学校（小学校には義務教育学校前期課程，中学校には義務教育学校後期課程及び中等教育学校前期課程，高等学校には中等教育学校後期課程を含む。）

不登校率

（3）安心基地としてのコミュニティ、空間、時間、方法

　こどもの安心基地として最も重要な要素は母親のような存在だ。そしてこどもを見守るコミュニティが重要である。自分のこどもの頃を思い返すと、父は戦後混乱期に労働組合の委員長をしており、ほとんど家にはいなかった。いつも忙しく働いていた。母も厳しい人だった。しかし、やさしい祖母がいた。無学で文字が読めなかったが、本当に慈しみ深い人だった。その祖母の存在は私の最大の安心基地だったかもしれない。もちろん、ボウルビィの安全安心基地は、母親のような守る人の存在を対象としている。それをもう少し広げて、成育環境全体としてとらえることを提案したい。すなわち「コミュニティ」だけでなく、空間、時間、方法という側面から安全安心基地を考えてみたい。

　空間について建築家の香山壽夫は放送大学叢書『建築を愛する人の十二章』で次のように述べている「私たちが生きていくためには自分を定着させてくれる拠り所そして自分を包んでく

れる囲いが求められる。［中略］母の胎内から外に出た赤ん坊は無限の空間の広がりにおびえて泣き、母のふところを求めて毛布を体にひきよせる。幼いこどもは押入れにもぐりこみ、あるいはボール箱や家具を用いて小さなお家をつくろうとする」「建築は私たちを包み、守ってくれる。雨風、暑さや寒さ、時には外敵から守ってくれるはたらきは、建築のなすべき大切な仕事で、しかし人間にとって建築のはたらきはそれだけに終わらない。私たちを包みつつ、果てしなく広がる世界、無限の宇宙の中で、この小さな私を位置づけ、関係づけてくれるのが、人間のための建築のもうひとつの、大切なそして根源的なはたらきだ。それは幼児、原始の人から全ての時代の人を通じて常に求められてきた建築の本質だ」。これは建築が本来的に安全安心基地であることを示している。

また、時間について哲学者の内山節は『子どもたちの時間』で「循環する時間の継承」の大切さを述べている。

かつての農村ではすべて時間は季節に則っていた。内山が紹介している村には時計がなかったという。「かつて時間は村人

香山壽夫『建築を愛する人の十二章』左右社、二〇一〇年

内山節『子どもたちの時間』岩波書店、一九九七年

の営みの中で自在に創造されていたものだったのです」。学校にさえ時計はなかった。しかし現代はすべての行動が時間に支配され、評価されてしまう。生産性という言葉は、ある限られた時間内にどの程度の成果をあげるかが評価されることを示している。それによって内山は、自然と人の関係の営みによって生まれていた創造的な時間が失われたと指摘している。

　こどもにはその影響がなおさら大きくなっている。時間によってこどもの営みが分断され、創造的でなくなってしまった。学校という場が現代の時間に支配されたことにより、本来の時間をもつこどもは違和感をもち、学校に行けなくなってしまっていると理解できる。現代社会は分断された時間によって動いていることは理解できるが、一方その分断された時間のなかで生きることに適応できなくなっているこどもも多くいる。母胎から出てきたこどもには生体リズムがあり、体内時計がある。小さなこどもであればあるほど、それが支配的ではないか。自然という循環する時間を小さなこどもに取り戻すことが、こどもにとって安心基地となるのではないかと考える。

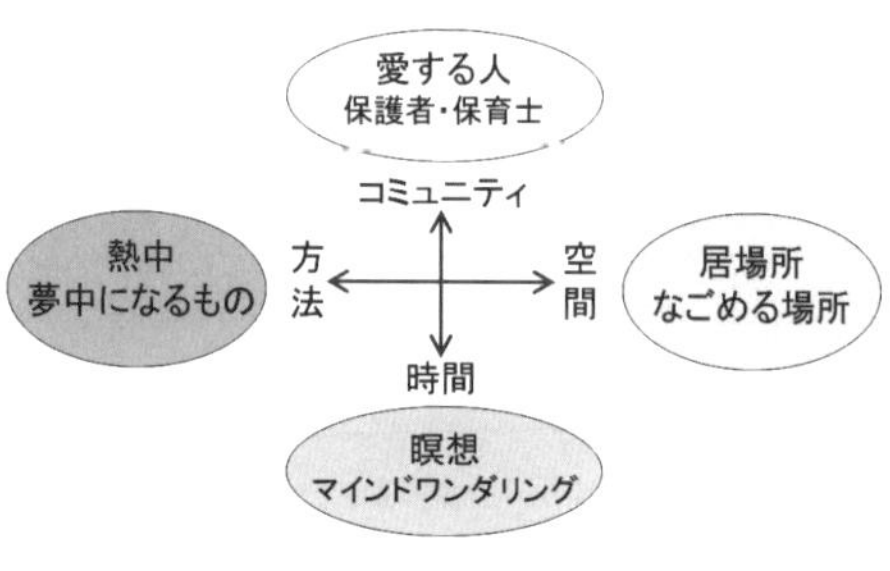

こども安全基地としての成育環境

こどもにとって安心基地となる生活方法について考えてみよう。今、こどもは好きなように自由に生きられる生活の方法を獲得しているだろうか。私自身についていえば、こどもの頃、工作に熱中していた。自分でさまざま実験し、つくり、分解し、考えていた。それを可能にする空間も時間も、また一緒に考えてくれる人もいた。熱中し、夢中になり、集中する対象があった。今、こどもたちはそのような対象があっても、「汚してはだめ」「危ないからだめ」「時間がないからだめ」と禁止ばかりされ、楽しく、集中し熱中するもの、ことを獲得できていないのではなかろうか。こどもが自分を確立する生活の方法を失ってはいないか。こどもの安全安心基地としての生活の方法は極めて重要である。こう考えると、こどもにとって自分のコミュニティ、自分の空間、自分の時間、自分の方法を持てているのかということが問われている。自分を確立するための環境を今のこどもたちは失っているのではないかと憂慮される。

あそびに熱中するこどもたち

（4）安心基地としての都市、地域、領域における成育環境

　こどもは成長に伴い、その行動範囲が広がっていく。学童になると徒歩圏が広がり、自転車というツールを使用すると行動範囲はさらに大きくなる。私がかつて行った原風景や、あそび空間の調査によると、こどもの行動範囲は一〇歳頃で自宅から半径一キロメートルあった。その領域をこどもの空間的な行動領域としてとらえることができる。そこでのコミュニティに、いつも声をかけてくれる、親しく近所付き合いをしているという、いわゆる温かい近隣社会を形成している場があるかどうかは、成育環境にきわめて大きな影響を与える。すなわち、豊かなコミュニティの存在が重要だ。

　またその都市・地域のなかでこどもに自分の居場所があるかどうか、ということも大きい。学校、自宅ではない、第三の居場所があるかどうかである。それは児童館であったり、公民館であったり、公園であったり、河川敷であったりする。このように社会的な安全安心基地はまず豊かなコミュニティの存在、そして豊かな空間の存在の重要性が指摘できる。

都市、地域のスケールにおける安全安心基地の時間は、こどもの生活時間が分断されず、せかされず、好きなことに集中できる時間があることが望ましい。あそびほうけることができる時間があること、好きなことに集中し、豊かな時間、すなわち熱中したり、感動したり、夢中になれる時間をこどもたちに与えられているかということである。

方法として、こどもが興味をもつ、多様で豊かなこども文化をベースに、大人の文化も豊かである地域、都市である必要があると思われる。そういう意味では美術館や博物館、図書館、体育館等、さまざまな体験とあそびに集中ができる対象がある地域でなければならない。多様な文化的体験が可能となる地域、都市でなければならないのだ。例えば京都、関西には地蔵盆という風習がある。[7] これはこどもを大切にする文化が地域の祭として伝えられてきた証である。このようにこども文化、多様な歴史的文化的蓄積のある町こそが、こどもにとってそこに自分のアイデンティティを発見できる安心基地を見出す機会がある町といえよう。

[7] 地蔵盆とは京都の無形文化財にも指定されており、関西に伝わるこどもの速やかな成長を願う仏教行事。毎年八月中から下旬に行われる。

（5）生き延びる感覚

第五章で述べたように、思い出の原風景を調査したときに、大きく四つのシーンを思い出として残る契機とした。それは雪、祭り、心の高まり（恐怖、けんか）、共同である。昔は地域にこどもの集団があり、それらはガキ大将集団と呼ばれていた。集団同士が対立して石の投げ合いや決闘などが行われたものだ。それが恐怖、けんかという心の高まりの思い出といえる。恐怖はけんかばかりでなく、高い木に登って降りられなくなったことや、道に迷って家に帰れなくなったこと、川で溺れそうになったことなど、生命の危機を感じながら、恐怖を感じながら、それを生き延びた思い出といえる。生き延びる感覚だ。災害を除いては、その感覚はあそびのなかで体験してきたことなのだ。

戦後、フィリピンから帰還した小野田寛郎さんが、後年自然塾というこどものための自然体験塾を開いた。彼はサバイバル、すなわち生き延びる感覚をこどもに伝え、残そうとしたのではなかろうか。生き延びる感覚をこどもの頃に体験した方がよいかどうかの議論はさておき、その感覚は思い出として、深く、残り続けることは確かである。

この生き延びる感覚を育てるのは自然という空間しかない。野山も歩くことも、山に登ることも、天候の急変するなかでの野宿は生き延びる感覚を研ぎ澄ます。大きな生き延びる感覚を体験できなくても、小さな生き延びる感覚は体験できる。こどもの身近に自然が必要である。かつては公共施設として自然学校や自然の家が多くつくられた。戦後三〇年経った一九七〇年代には生き延びる力の重要性が深く共有されていたのではなかろうか。だから自然の中での宿泊体験の場として少年自然の家の建築が進められた。

現在、それから二世代進み、生き延びる感覚をもつ世代が少なくなっていることを実感する。いま自然体験施設を財政的な事情などで自治体がやめてしまう傾向が強い。しかし困難の多い現代こそ自然という空間を必要とする時代ではないだろうか。一方民間では、三条市のキャンプ用品制作会社スノーピークのように、キャンプをはり、自然体験を拡大しようという動きも

自然体験施設（但馬自然体験学校）

ある。私自身、大学でワンダーフォーゲル部に所属した思い出は大学生活で一番豊かな体験だった。だから生き延びる感覚を養うことは現代こそ一番重要だという思いがある。

(6)安全、安心でないことを求める、安全、安心でないことにあそぶ

　あそびは往々にして安全でない。危ない。リスク・危険なことを求める。高い木に登る、高いところから飛び降りる。ロジェ・カイヨワの唱える「めまい」という要素はそのような感覚を求めることだといえよう。今まで全く体験したことのないことを体験するのはいつも不安である。でもそれを自分の体験とすることで自信にもなる。安全安心な環境は必要なのだが、一方、安全安心でない新たな分野、新たな体験も必要なのだ。それに挑戦することによって成長していくのだから。不安な挑戦は安全安心な基地があるから可能となるというのが、ボウルビィのアタッチメント理論の教えではなかろうか。

　リスクのあるあそびをたくさんしたこどもが大人になってくじけない人として成長するともいわれている。リスクを体験す

木登り

ることは成育環境には必要なのだ。そして一方安全安心基地が必要だということである。

(7) あそびの達人

あそびは本来自由で、何物にもとらわれない行為だ。それは変換する力だ。あそびの達人とはおもしろいこと、楽しいことを発想し、考え、行動する人だ。平凡なことを記憶に残るように変える人だ。そういう価値を転換できる人のことだ。そもそも人は誰でもおもしろくする力をもっているはずである。そして価値を転換する技術はこどもの頃のあそびにたくさんある。すなわち、あそびほうけることができる人が、あそびのなかであそびの達人となる技術を習得する。すなわち失敗を成功に変える力を育てるには、安全安心基地が必要なのではなかろうか。

世界の喜劇王といわれたチャーリー・チャップリンのドタバタ映画のなかで、チャップリンが誰かから追いかけられ逃げているのだが、出てきたエスカレーターの段々が突如なくなり、滑り台になって滑っていくシーンがとても印象的だった。エスカレーターの段が回転すると滑り台になってしまう、その発想のすごさはあそび力そのものだと思える。このように飛ぶ思考を育むのもあそびである。エスカレーターの斜度と滑り台の斜度は似ている。エスカレーターを見て、滑り台を思い描き、エスカレーターを滑り台にするというひらめきが生まれたのであろうか。チャップリンは笑いの天才、あそびの天才だったと言われる。困難な状況を笑いに変える彼の力から学ぶところは大きい。

(8) 安全安心基地としての居心地の良い空間

地理学者ジェイ・アプルトン[8]は良い風景の場とは、どのような場かということを動物行動学者コンラッド・ローレンツの影響を受けながら研究した。その結果、「自分の姿を見せずに相手を見る」関係性、オアシスに水を飲む動物たちを林の茂みのなかから見るような風景がその原型と考えた。すなわち「眺望と隠れ場」という関係を風景論の枠組みとした。その広場と林の関係は、こどもの居場所という点でもきわめて近い関係があるのではなかろうか。

[8] ジェイ・アプルトン（菅野弘久訳）『風景の経験　景観美について』法政大学出版局、二〇〇五年

すでに述べたように、私たち（東工大仙田研究室）が一九九〇年代に行った研究に「アトリウムの滞留空間」がある。さまざまなオフィス・アトリウムで待ち合わせをしたり、小さな打ち合わせをしたりする場所はどのような場所なのかを調査したのだが、その結果アトリウムに面するエスカレーターの下のように、全体をできるだけ見渡せるが、自分の存在はあまり目立たないような場所だった。それはアップルトンのいう古代の人々の住まいや好む風景と共通のものを持っているように思われる。安心安全基地がそのような場所だったといえる。

私がこどもの頃に住んでいた家は小さかった。お客が来て、宴会が始まってしまうと、そこに参加できなくて、柱の陰からその様子を覗いていたような記憶がある。その柱は大して太いものではなく、四寸（一二〇ミリメートル）角ぐらいのものだったが、その柱に自分はすっかり隠れてしまっているように思ったものだ。現代住宅には柱がない家が多い。こどもにとって隠れる柱がないことは良いことなのだろうか。柱があることによって居心地がよくなることがあるのではなかろうか。

和風の家はこどもが隠れる場所がたくさんある

アルコーブ

内部空間でも外部空間でも、一人あるいは数人の集うことができるプライバシーの高い凹型の空間をアルコーブと呼ぶ。多くの場合、通りに面して、すこしへこみのある、少し半隠れ的な空間であるが、このような空間がたくさんあると居心地がよくなる。人びとはそれぞれ空間的な好みや、身体的なスケールなども異なる。自分に合ったスケールの場を得るということは、すなわち居場所をもてることにも通ずる。

(9) 熱中、集中、夢中できる環境

「努力は夢中に勝てない」というフレーズが『己を奮い立たせる言葉』（岸勇希）に出てくる。こどもたちには、熱中や夢中、集中という行為が可能になる環境が必要だ。それはこどもの思いだけで可能になるのではない。熱中できる空間、熱中を分断されない時間、熱中を支えるコミュニティ、熱中を許す周りの目、そして熱中できる対象が必要である。そしてこどもが熱中でき

アルコーブのイメージ（アレグザンダー他『パタン・ランゲージ』より）

そうなことに出会う環境が必要だ。私の場合は本だった。こども向けの雑誌があった。親は貧しかったが、それを欲しがった私に本だけは定期的に買ってくれた。いつも新しい本に出合うことが楽しみだった。本はこどもにとって新しい世界だ。その雑誌に出ている科学実験を手あたり次第に実験し、夢中になった。夢中の体験は劣等生だった自分を、少しずつ自信のある自分に変えてくれたような気がする。

歩き回ること、本を読むこと、絵を描くこと、発明すること

私はこどもの頃、神経質でいつも不安を抱えていたように思う。突然に不安が襲ってくるようなときもあって、そういうことがあった後では落ち込んでしまった。小学校高学年から中学校、高校と続いて、大学を出た後も、旅行中に不安に襲われ、パニックになったこともあった。多くは平穏だったが、急に不安に襲われたときはとにかく歩き回り、あるいは本を読み、その世界に没頭し、絵を描くことによって不安から逃れ、発明することに熱中した。そうすることによって徐々にまた平穏に戻

空間のへこみに集まって覗いているこどもたち

半隠れ的な空間であそぶこども

ることができた。私の不安のきっかけは朝鮮戦争の映像で、もうすぐ日本もまた戦争になるのではないか、地球がこわれてしまうのではないか、不仲の両親がわかれ自分が孤児になってしまうのではないかという心配であった。

今のこどもはテレビやスマホを通して、当時とは比べ物にならないほどの不安や恐怖をもたらすものに満ちている。私が今こどもだったら、生き延びることができる自信がない。でも私には歩き回り、本を読み、絵を描き、発明に熱中して不安を乗り越えられたという実感がある。だからこどもにそのようなことが出来やすい空間を用意することが大切だと考えている。もちろん一人一人のこどもにとって、その空間も時間もコミュニティも方法も違うのだけれども、「自分の」環境をもてることが大事なのだ。

(10) 安心基地としての遊環構造

いじめをもたらす閉鎖空間

かつて放送大学の同僚で、こども社会学の研究者である住田正樹とよく次のようなことを議論した。いじめは閉鎖空間のあそびではないか。開放された空間では起きにくいのではないか。典型的な例は牢獄である。集団牢で牢名主と呼ばれる者が新参者をいじめいたぶるというシーンは物語やドラマによく見られる。スマホのなかという閉鎖された人間関係の空間ゆえにいじめが発生すると考えられる。いじめを発生させないためにも、ポーラスな、穴のたくさんあいている開放的な空間が望ましい。逃げられる、隠れられる空間が必要なのだ。開放的なポーラスな空間としての遊環構造では、安心基地となりこそすれ、いじめは発生しにくいのではないかと考えている。

　私はもともと閉鎖空間が嫌いだ。他者との関係を絶たれてしまうと妄想してしまう。エレベーターも昔は一人で乗れなかったし、地下鉄も飛行機もいやだった。窓がない室は耐えられない。どこかで他者とつながっていないと不安だ。私のように病的に閉鎖空間が嫌いな人でなくとも、閉鎖空間は人を孤立させてしまう。だから住まいも、こどもにとってできるだけ開放的である必要がある。そのためにも、いわゆるタワーマンション

フライブルクの分離型住宅地と日本のタワーマンション

という高層住居形式は良くない。高くても四、五階建てにすべきである。現代の集合住宅に見られるように、各戸が扉だけでつながった閉鎖空間になっているのも問題だと考えている。もっと住宅を開放的に集合化すべきではないだろうか。そのための工夫が必要だ。一方、閉鎖的な空間が好きだという人も増えているらしい。人と関わりたくないために、人を見る、人から見られるような住まい方をしたくないという傾向だ。これはこどもの成育環境としては問題である。

安全安心の場によって生きる

奈良少年刑務所で「絵本と詩の教室」を開き、劇的に受刑者に受け入れられたエピソードを本にした『あふれでたのはやさしさだった』（寮美千子著）を読むと、そうすることを可能としたのは「安全と安心の場の提供」だったと思える。受刑者を評価しない、自由で平等な場として受け入れる場としたことが受刑者にとって、大切だったのである。居場所として認められた場での「自己表現」とその自由な「受容」のセットが重要なのでは

寮美千子『あふれでたのはやさしさだった』西日本出版社、二〇一八年

ないかと思える。

　存在しているだけで世界から肯定されるように感じる大らかな心、自分自身の存在を肯定できる、安全と安心をもって生まれたこどもは困難に遭遇してもくじけない。失敗しても耐えられる。根源的な自信をもたなかったこどもでも、そのこどもに寄り添い、支える存在があれば、しっかりと根を張り、自立できるようになる。寮美千子の「絵本と詩の教室」はこども時代に十分にあそぶことができなかった「あそび」の授業だったのではないかと思える。こども時代に自由に遊び、表現できたこどもは自由で安心安全な環境を持っていたのだ。刑務所にいる受刑者の多くはこども時代にそのような経験をできなかった人ではないかと想像できる。

(11) 遊環構造とコミュニティホール

　こどもたちの多様性を考えたとき、極端にいえば一人一人の個性が異なるのであるから、形も色も大きさも異なる居場所が必要ということになる。

宮城県中央児童館モデル児童遊園

最近コミュニティホールという遊具づくりにはまっている。私のこどもの環境としての処女作は宮城県中央児童館モデル児童遊園という作品である。それは巨大遊具の道という遊具であった。まだ遊環構造理論は確立していなかったが、全体としては遊環構造の原型ともいえる長さ三六〇メートルほどの回遊性のある遊具となっていた。

最近、設計した幼稚園で、少し小上がりのなかで八〇センチ角の小穴をつくったところ、こどもがそのなかにおしくらまんじゅうのように、体をすり寄せ、遊んでいた。また別のところに似たような穴をつくったら、こどもはそのなかに入って、一生懸命本を読んでいた。それらの姿に刺激され、小さな円形の穴の遊具をコミュニティホールと名付け、数多くつくることにした。ホールという名称に穴と集まる場という二つの意味を重ねている。これはある意味で安全安心基地になりうるのではないかと思われる。従来、アルコーブのように壁にあけられた穴は、こどもの好きなアジトとして利用されることが多かった。床の穴もそのような安全安心基地になる可能性を発見した思い

穴であそぶこども

コミュニティホール

である。安全安心基地は遊環構造の個別的な小さな広場に相当するアイテムとして機能すると思われる。多くのこどもたちにとって、遊環構造にそれぞれのコミュニティホールが居場所として存在することで、ある意味でポーラスな構造を実現していることになるのではないかと思える。これからも新たなコミュニティホールのような居場所を発見し、発明し、こどもたちの成育環境に寄り添いたいと考えている。

私は今、五〇年前に考えた巨大遊具と、ある意味で全く大きさの異なる小さな穴に可能性を見出している。安全安心基地としてのコミュニティホールのような建築、環境が遊環構造として構成される形の実現をめざしている。コミュニティホールのような穴のたくさんある成育施設、保育施設。そういう学校や幼稚園でこどもたちが自らの安全安心基地を発見してくれるのではないかと期待している。

コイル状の穴（つくば科学万博こども広場）

参考文献

▼1 仙田満『環境デザインの方法』彰国社、一九九八年
▼2 仙田満『環境デザイン講義』彰国社、二〇〇六年
▼3 仙田満『環境デザインの展開』鹿島出版会、二〇〇二年

ちぐさこども園（2015）

群馬県沼田市の丘の上に建設されたこども園である。半円形、扇形の遊環構造建築の流れのこども施設で、風越学園はこの室内構成がさらに発展したものといえる。全体的に平屋で大きな扇状の遊戯室を中心に保育室が配置されている。保育室は遊戯室に向けて中2階をもっており、全体はこどもの行動が遊環構造を形成するよう配置されている。また屋外でも半円形上にデッキが構成され、プールや園庭遊具と立体的遊環構造を形成するように意図されている。

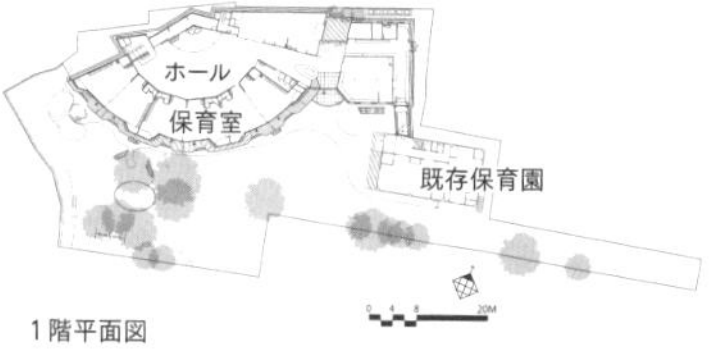

1階平面図

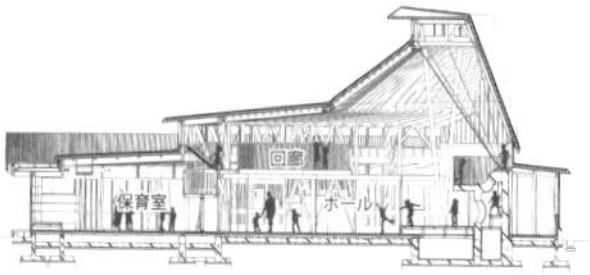

断面図

［左］園の中心にあるホール［右上］既存樹と調和する園舎外観
［右下］ホールと保育室が一体となる

軽井沢風越学園（2020）

軽井沢に建設される私立の幼小中一貫校である。全体は扇形のプランであるが、その中心軸は浅間山を焦点としている。図書空間が中心的な空間で、それに諸機能が取り巻く構成となっている。1階部分では図書空間に接してホームベース、そのまわりに特別教室群が取り巻き、2階は教室群が1階の吹き抜けを介して配置されている。平面的な回遊性はもちろん、階段、スロープ等が投入され、立体的な回遊性が図られている。外部との関係性が重要視され、庇下、デッキ空間が建物の外部に多く設けられ、内外の連携が意図されている。本施設では図書空間をめまい的中心空間として、それに各機能諸室が取り巻く形での遊環構造が形成されている。

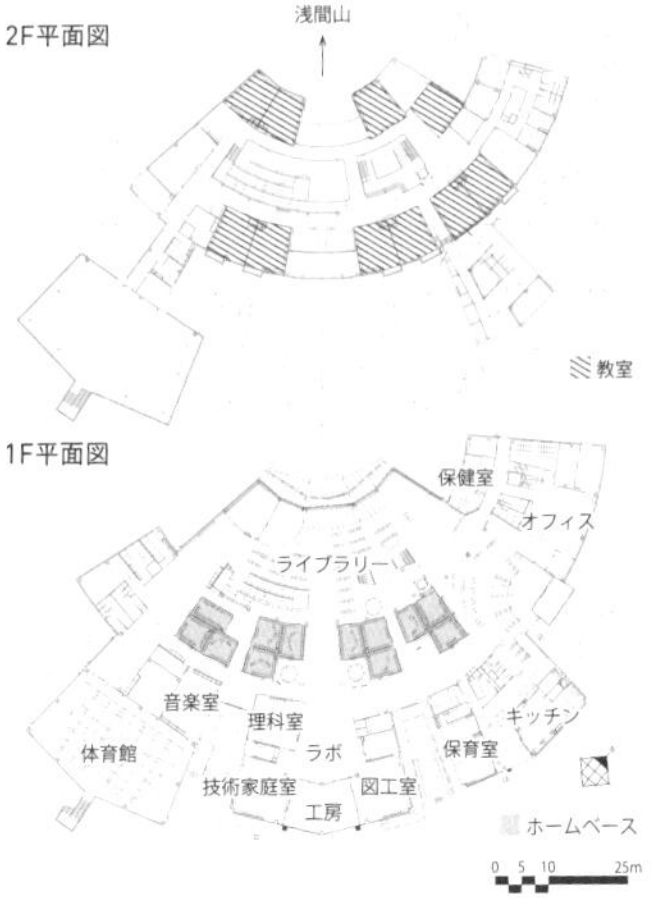

［上］南側外観。背後に浅間山を望む［下］スロープで連続するライブラリー

◉第十二章　創造都市のための遊環構造

一九六八年に私が環境デザイン研究所を立ち上げたとき、「こどもの国」の設計に携わった経験から、緑とこどものための建築と町づくりの仕事をしたかった。たまたま横浜市公園緑地課から「公園緑地の将来計画をつくりたいので手伝ってくれないか」と誘いがあり、風致地区の改廃調査、総合公園の配置調査等の作成をコンサルテーションするうちに、まず緑地の実態の調査の必要性を感じ、横浜市の緑の特長である丘陵の緑の調査を提案した。「斜面緑地」という名称をつけ、それらの斜面緑地が横浜の都市景観の特長となっていることを明らかにし、港北ニュータウンをはじめとする公民問わず大規模な住宅都市開発がその斜面緑地を大きく失わせる恐れがあることを警告した。斜面緑地を守ることが横浜市の景観と生活、特にこどもた

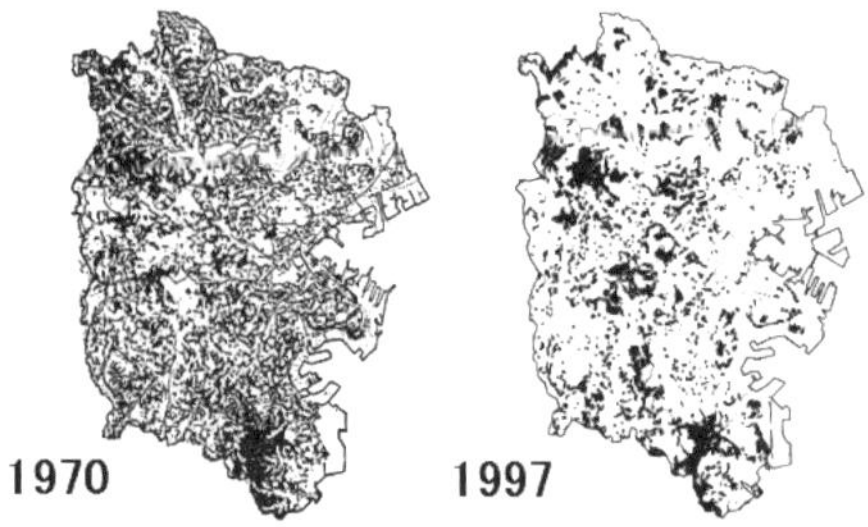

斜面緑地の変遷

ちの日常的な自然体験を守ることになると考え、横浜市調査季報に「斜面緑地論」と題して発表した。[1] 法政大学の松下圭一教授がそれを朝日新聞で紹介してくださり、斜面緑地の保全が政策化された。これが私にとって、都市における緑地の重要性を認識した最も大きな契機となった。緑や水も含め生活の場、仕事の場、それをつなぐものすべてに渡って、都市、そして地域に生活する人々にとって、いつも創造的な生活を送るための環境の要件をここで考えてみたい。

[1] 仙田満「斜面緑地論」「調査季報」26号、横浜市、一九七〇年

1. 都市における多様性とその量の意味

都市にはもちろん、さまざまな機能がある。江戸も大阪も、その町割という形で大きく機能的な区分がなされていた。それはまた、職業、階級ともリンクしていた。江戸時代、武家階級と町民の居住地は分けられ、また、商業地、職人の町も分離された。寺社はまとめられた地区と分散的に配された地区とがある。江戸、名古屋、京都等、それぞれの土地で町なみは異なっ

ている。そのなかにはドロップアウトした人々——河原者といわれる人たち——その多くは芸能者であった人々の居住地も定められていた。

歴史学者・網野善彦はそのような人びとの存在と場所性について鋭い論考を発表している。名著『無縁・公界・楽』では、アジールをはじめ被支配者層の貧しい人々が自立的な領域をつくりあげた事実をすくいあげている。都市というのは、生産的な側面と非生産的な側面、さらにいえば反生産的な側面をもつものである。寺社や学校のような機能は生産という側面ではとらえにくい。それは非生産的なものとしてとらえることができよう。ここで反生産的な側面まで論ずることは難しい。デザイン的な点からすれば、生産、非生産という点に絞って考えたい。

ちなみに現代都市の機能的側面に、業務施設という、きわめてあいまいなデスクワークを中心とする生産形態がある。それが行政や立法のみならず、生産企業であっても本社機能的なすべてデスクワーク中心の業務というカテゴリーでくくられる。

都市計画においては、流通としての道路、空港、港湾等の施

網野善彦『無縁・公界・楽』平凡社選書、一九八七年

設から神社、仏閣等の宗教施設、工場等の生産施設、飲食から小売店舗、大型スーパーマーケットや百貨店等、多くの型をもつ商業施設もあり、ホテルなどの宿泊施設も重要である。学校はきわめて重要な教育施設であるし、その類型には博物館、劇場等の文化施設というものがある。公園やスタジアムのような「するスポーツ」の場と、「見るスポーツ」という存在もある。これらは集客施設であり、観光施設、あそびの施設という類型にも入る。ディズニーランドのようなあそびを楽しむ施設も重要である。このように都市における建築の類型にはさまざまなものがある[2]。

(1) 多様性の量的必然性

日本にある代表的美術館四七〇館を調べたところ、一年間の来館者は平均七万人であった。国際的な美術館利用者の傾向を見ると、東京では平均して一人当たり一年間に一・九回ほどしか行かないが、ロンドンでは三・九回、上海では三・一回行くという報告がある。都市における多様性ということと、その市民

[2] 二〇二〇年のコロナ禍により、従来のオフィスのあり方がリモートワーク、テレワーク、在宅勤務等の増加により大きく変わってきたといえる。今後の社会的、都市空間的な変化も予感される。ある意味で、超高層オフィスビルやタワーマンションという存在も働き方、住み方の変化によって変わってゆくと思われる。それはある意味において、コロナ禍が人間的な生活を見直す良い契機となるかもしれないことを暗示している。

がどのくらい美術館や野球場に行くかということは関係している。そういう点では量的に、どのような多様性が必要かというテーマはきわめて重要だと思える。

（2）多様性の質的必然性

歴史的側面

現代の人びとの関心事は、きわめて広い展開をもっている。就労、学習、趣味においてもまた、その領域は多岐にわたる。大都市であればあるほど、それに関心をもつ人もいるということである。そういう人々によって、パリに形成された建物群のようにある都市環境デザインが保全され、破壊からまぬがれる例も多い。歴史性という点で、都市にはオールドタウンというような古い町並みと、新しい町並みが共有していることは望ましい。

　例えば東京では震災があり、戦災もあって多くの歴史的建物は消失してしまった。建築材料が木材ということもその要因である。しかし歴史的建築、環境をもつことは都市の魅力という

パリの歴史的な建物群

点ではきわめて重要である。

もちろんパリのようにあまりにも歴史的建築が多いことによって、新しい建築を建設することが困難な場合もあり、新しい地区そのものが新しい建築によってつくられる場合もある。しかし、多くの場合、そのような地区ほど早く劣化してしまう。パリでも一九七〇年代に建てられた高層住宅群は、経済的な価値さえ低くなってしまい、相対的な環境価値は下落の一途だと言われている。古い建物群の方が歴史的価値だけではなく、経済的価値さえも高くなっている。

機能的側面

コルビュジェの「輝く都市」を具体的に実現したのは、ルシオ・コスタが計画し、ル・コルビュジェの弟子、オスカー・ニーマイヤーが主要な建築設計を手掛けたブラジリアだといわれる。ブラジリアは五〇年前につくられた新しい都市である。それにもかかわらず、世界遺産として認定されている。それはオスカー・ニーマイヤーのピュアな建築造形によるものだというこ

シティセンターを自動車専用幹線から眺める。左右に公共施設。後方に美術館と大学がある

コルビュジェの構想した「現代都市」（ユルバニスムより）

とはいえる。しかし時速八〇キロメートルという自動車中心の都市、信号のない都市は自動車には便利であるかもしれないが、人間の歩行についてはほとんど考えられていない。ある意味で非人間的で、歩いて楽しい町ではない。

ブラジリアには「輝く都市」のような純粋さはあるが、それが人間の住む町としての快適さをもたらしているとはいえない。ホテル街もホテルが多く集合しているだけであって、町としての楽しさがない。商業ビルはあるが、建物のなかにしか人々がゆっくりと歩く場所がない。そもそもリオのカーニバルで有名なラテン気質のブラジルの人々がぶらぶらとなんの目的もなく散歩する通りが全くないのである。車に乗らない限り、他の機能的な体験ができない。緑が多く、一見美しい都市ではあるが、都市の本質である人々が集まる場がどこにも見当たらない。ブラジリアには都市としての基本的な構造が欠落している。

体験的側面

ブラジリアは首都であり、政治的な都市として位置づけられ

ブラジリアの全体鳥瞰

ている。しかしそこに生活するのは政治的な人ばかりではない。人間の生活そのものが多様性を求めていることを忘れてはならない。おいしいものも食べたい、こどもたちと遊園地にも行きたい、スポーツもしたい等々、人間が生活するうえで、都市は多様な体験を可能とするものでなくてはならない。ゴールドラッシュで栄えた町はいずれゴーストタウンとなる。持続可能な都市は多様な人間の生活を可能とするものでなければならない。その多様な体験を可能にするには回遊性ということが、また、不可欠なのである。

そのような非人間的都市も、少しずつ変えようとする動きがあるという。例えばクリチバの元市長、ジャイメ・レルネルもオスカー・ニーマイヤーの友人という立場からもブラジリアの改造を提言しているという。また、五〇年という歳月は多くのシンボル的な建物も劣化させ、建築的な改修も必要としている。今後の五〇年間でブラジリアも変わらざるを得ないだろう。機能的な分離によって人間が歩くという回遊性が決定的に欠けている都市であるブラジリアも、次の五〇年は新たなインフラと

ブラジリア（右）とリオデジャネイロ（左）

して、人々が楽しく歩ける回遊性を整備される方向にいくだろう。すなわち、多様性と回遊性が図られる方向に改造されねばならない。

水環境の側面

楽しさのある都市を考えたとき、遊環構造としてのめまいの空間にあたるところに水面がくることは十分にあり得る。水面があるだけで人が集まる。人は水を何時間も眺めていられる。水を眺めていると心が落ち着く。水面は都市の回遊性においてきわめて重要な要素である。

水環境といっても海、港、運河、河川、小川、噴水、池、湖等、さまざまな形式がある。私の仮説なのだが、三〇〇〇平米ほどの美しい水面があると人々はゆったりとした足取りでとどまることができる。美しい水はそれだけで気持ちが鎮まる。また水の上を走るという形で楽しむ都市の景観も魅力的だ。福岡の柳川や、富山の富岩運河環水公園等、掘割などの体験が多くの場所で展開されると、都市の遊環構造性は高まるだろう。ア

柳川（右）と富岩運河環水公園（左）

メリカのサンアントニオのリバーウォーク等はその最も洗練した形といえる。

緑環境の側面

歩き回れる都市において、緑地は不可欠である。そして、それがネットワークされている必要がある。緑地帯である。住宅景観の評価の項で、緑の個体距離とデザインと緑という要素を挙げたが、緑地の多さはその都市の落ち着きと美しさ等、その評価に大いに関係する。

緑地の代表は公園であるが、我が国の大都市の公園の市民一人当たりの面積は、ヨーロッパ・アメリカの二〇平米に対し、約五平米と四分の一しかない。また、そのネットワークの緑道や並木も十分だといえない。そもそも人間が歩きやすい歩道の整備が十分でないくらいである。この七〇年間、日本の都市はある意味で農地や山林を宅地開発して食いつぶしてきたともいえる。その緑地の少なさは、楽しい都市構造としての回遊性、多様性を貧弱なものにしがちである。これを改善するためには

サンアントニオのリバーウォーク

我が国の低層住宅地を四、五階建て（いわゆるタワーマンションではない）に立体化し、その足元やベランダ、屋上を緑化する方向が有効と思われる。また、都においても小さな緑を守る、あるいは創出しながら、にぎわいを生み出し、緑豊かでイベントやお祭りが開かれる、楽しみのある緑の広場を町かどの中心にあちこちにつくる等の地道な活動が必要とされている。我が国の都市緑地はこれから民間の力によってつくりだす時代なのである。

町中の小さなビルも、道路に面して小さな緑の広場をつくっていくことによって、緑豊かな歩道が形成される。幅一メートルのセットバックでもそこに緑を入れることによって美しい街路環境は生み出せる。

アジアのハブ都市といわれるシンガポールはガーデンシティという都市コンセプトを掲げ、緑豊かな都市をつくり出している。それゆえマリーナベイのサンズホテルのようなある意味で過激な建築形態も受け入れられる。第十章で述べたように緑の都市景観に対する役割は大きい。

環境デザイン研究所エントランスの緑

シンガポールのマリーナベイ・サンズ

2. 多様性に序列は必要

機能的にも、体験的にも多様な都市アイテムがあるにしろ、そこには空間的な序列が必要と思われる。ここでは日本の広島と、ブラジルのブラジリア、アメリカのポートランドを比較して見てゆくこととしよう。

広島、ブラジリア、ポートランドの人口規模は八〇万人くらいと同規模だが、その市域は異なる。それぞれの都市には都市としてのシンボル的な空間がある。広島では平和公園、ブラジリアでは三権広場がその核といえる。ポートランドではパイオニア・コートハウス・スクエアが中心とよくいわれるが、空間的なシンボル性には乏しい。確かに交通の中心的な核にはなっており、歴史的意味は大きいとはいわれるが、広島、ブラジリアの象徴性からは遠い。もっとも、人びとが寄付をしてつくったという市民参加の広場としての意味合いは大きく、その重みは市民にとって十分なものなのかもしれない。

平和公園にしろ、ブラジリアの三権広場にしろ、そういう意

パイオニア・コートハウス・スクエア

広島市都心部のまちづくり構想図

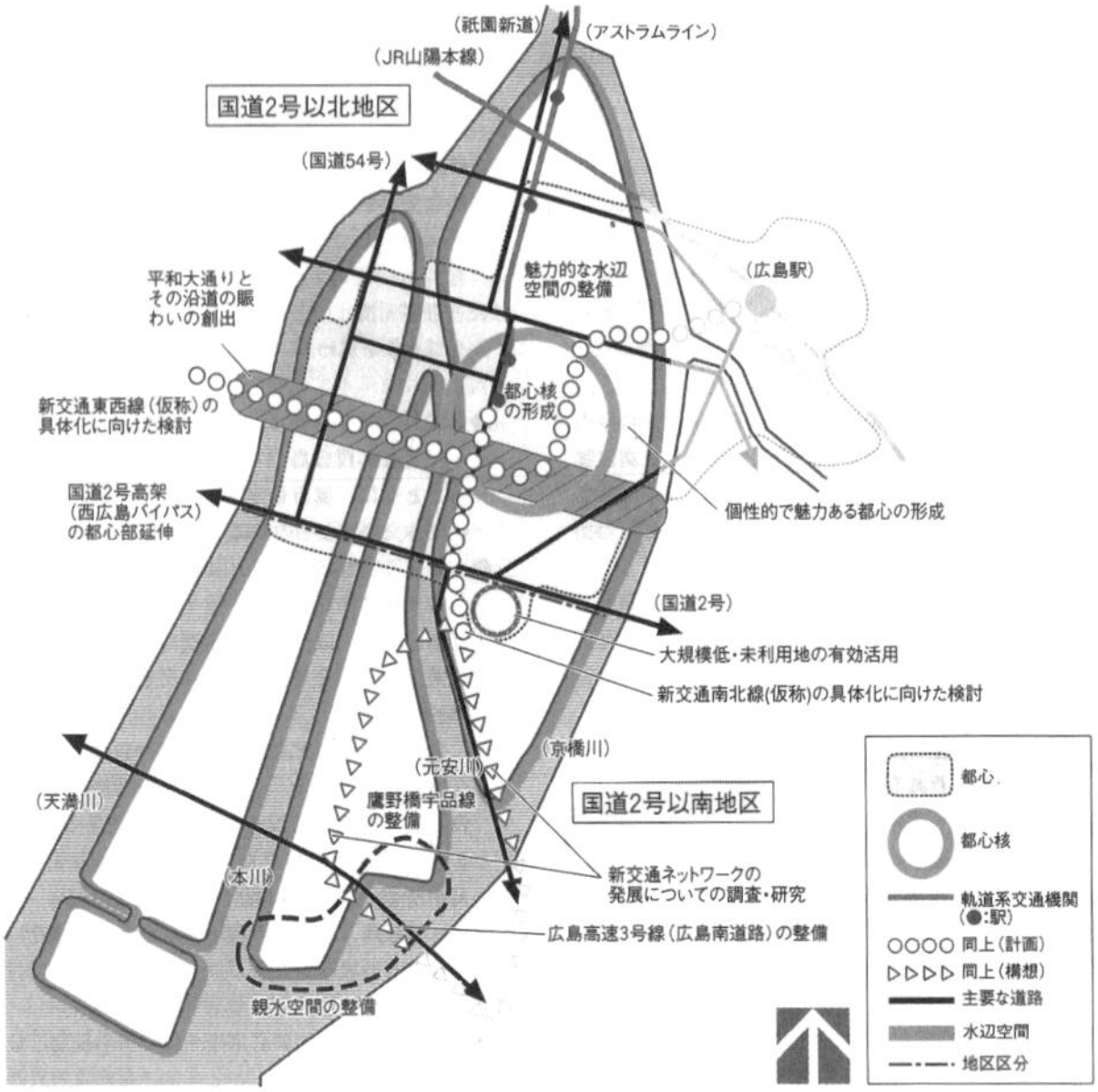

ブラジリアの三権広場

味では国家的、象徴的広場であるといえる。しかし、この三つの都市の広場が都市の空間的序列を形成していることは確かだ。そのような高い序列をもつ空間を私はグレートスポットと呼び、都市に不可欠であると考える。

3. 都市の中心と周縁を結ぶ回遊性

都市を中心と周縁によって説明しようとしたのは文化人類学者の山口昌男である。彼は著書『祝祭都市』で「東京によって代表される日本の都市環境には二つの空間タイプがある。文化的緒論の見地からこれら二つの空間は反対の方向性を有している。つまり東京の都市空間は中心の象徴と周縁の象徴によって構成されている」と述べている。中心の象徴は皇居や官庁街のような権勢、安定、秩序といったイメージの象徴表現であると確認し、ロラン・バルトの『記号論と都市研究』を引用して、東京の中心周縁を次頁図のように分析している。東京ではこれらをめぐっている大きな回遊が山手線ということができるだろう。

広島平和記念公園

山口昌男『祝祭都市　象徴人類学的アプローチ』岩波書店、一九八四年

都市を回遊するには自動車、公共交通機関、歩行、自転車等、さまざまな方法があるが、大事なことはそれぞれが安全でスムーズで楽しいことである。二一世紀の地球環境時代で考えねばならないことは、なかでも公共交通機関であろう。バス、ミニバス、地下鉄、モノレール、電車、ＬＲＴ、そして船等、多様な移動機関が考えられる。また、その流れを可能にする道路、鉄路、運河、堀等がある。その流れがスムーズになるよう、豊かな移動の空間がはかられることが重要である。

よく東京の高速道路は都市景観を破壊しているといわれるが、何よりもその下の歩行者の空間を暗く、閉塞感のある空間におとしめているのが問題である。かつて横浜に首都高速が入るとき、伊勢佐木町の手前でそれを地下にしたのが当時の企画調整局長・田村明だった。高速道路がつくられるときには、それがどのくらい横浜市の中心街を明るくしているかに気づかなくてはならない。それに対し、日本橋は高速道路の高架によって全く人びとが立ち止まりたくない空間になってしまった。最近、再開発によって高速道路が地下化される方向になったことは喜

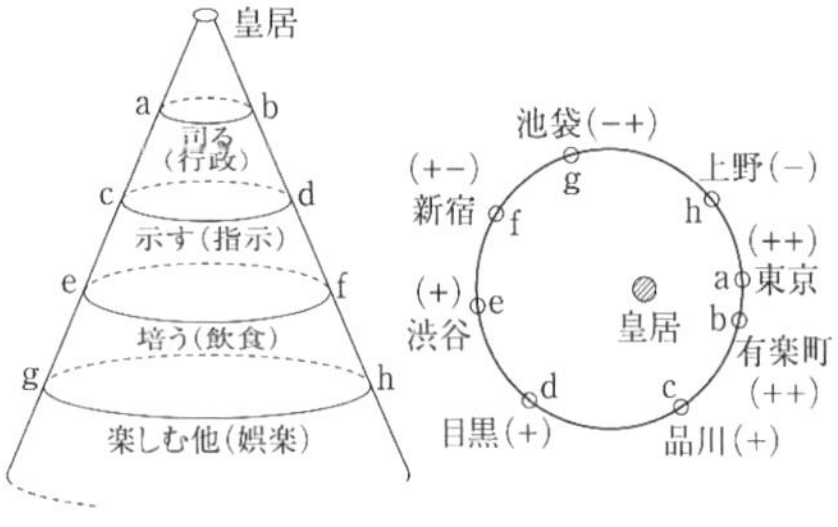

ロラン・バルトの東京の中心と周縁

ばしい。また、ソウルのチョンゲチョンが高速道路を地下化することによって、川を再生し、ソウルの中心街を明るくしたことは記憶に新しい。

　ブラジリアは圧倒的に車の町である。バスと自家用車のための町である。そこでは歩くということがそもそも抑圧されている。広島には路面電車がある。それは市電ではなく、民営であり、次世代型軌道交通システム（ＬＲＴ）に変わりつつある。バスも運行されている。そして新交通システムが都心部と郊外地を結んでいる。一般的にモノレールや新交通システムは、その事業性という点で問題を抱えている例が多い。

　これら二つの都市に対し、ポートランドはＬＲＴがきわめてよく発達し、中心の市街地はフリー、すなわち無料。郊外地については有料だが安い運賃という形での回遊性を上げ、かつ、自動車利用を減らす方向に公共交通機関としてのＬＲＴが十分に活用されている。きわめて効率的で回遊性という点で優れている。自転車もＬＲＴのなかに入れることができる。これにより、多くの市民が都市での野外での行動に積極的に参加し

横浜での首都高速の地下化（右）とブラジリアのバスセンター（左）

ている様子が見て取れる。外に出て散歩し、運動し、交流し、買い物をし、食事をする。人びとの消費も刺激する。

回遊性とはある意味で公共交通機関の徹底とゆとりのある歩道のネットワークだということができるだろう。そういう点で町歩きをすると回遊を阻害している電柱やガードレール等にも気が付く。安全な回遊を保証するのが都市環境デザインの重要な課題である。

4. 非生産的な空間である都市の中心と回遊性

都市の中心は機能的な空間でなく、祈る場であり、考える場であるべきではないだろうか。広島の場合には、平和を祈る平和公園であり、ブラジリアの場合には理念的な三権広場である。「ポートランドの居間」の愛称をもつパイオニア・コートハウス・スクエアは市民の活動や憩い、そして多様なイベントの場となっている。それでは東京はどうかといえば、皇居前広場といえるだろう。ニューヨークならセントラルパーク、横浜なら

広島の路面電車（右）とポートランドのＬＴＲ（左）

かつては平和公園（今は野球場になってしまった）だろう。都市の本来のあり方を考えたとき、野球場を平和公園につくったのは良かったことなのだろうか。今なら野球場をみなとみらい地区に移すべきだ。

とにかく、都市の中心的な核は、非生産的空間であるべきである。それがグレートスポットとならなければならない。その生活的な核があることによって、さまざまな機能的、空間的、体験的多様性と、回遊性が展開される。回遊性の動機というのは次のように五つの類型が考えられる。

物流としての回遊

都市にはさまざまな物の流れがある。産業的な資材の運搬、食料・商品の運搬、それらはある意味で経済的にも都市が活動していくための動脈的なものである。多くの場合、生産地から目的地まで直接的で経済的な経路を選択するが、大きな意味で都市の環状路のようなわかりやすい回遊性が求められる。

皇居前広場

観光としての回遊

観光では人びとが都市のさまざまな歴史的なものと現代的なものを含めた観光的なポイントをめぐる。回遊するツールはバスであったり、地下鉄であったり、路面電車であったり、そして徒歩であったりする場合が多い。時間的には全体として三～六時間の移動という場合での回遊が求められる。

散策、買い物としての回遊

散歩をする、探索をする、散策という形の回遊、特別に主たる目的がある場合もあるが、目的がなく、ただぶらぶらと歩き、買い物もするという形式がある。この場合でも時間的に長い時間を潰すことはなく、一時間程度の回遊という形になる場合が多い。緑が多い空間で散策するか、商店街を散策するかという形で分かれる。

運動という回遊

健康のためにジョギングやサイクリングをする人が多い。走りやすい道とは、多く人がいない場所ではなく、川岸や公園の園路であったりする場合が多い。東京では皇居を巡る約五キロメートルの回遊路が有名である。都市の多くの場所に走って楽しい回遊路があることが望ましい。

通学、通勤という回遊

通学路や通勤のための経路は固定されがちであるが、本来は道草というようにさまざまな回遊路、経路があり、そこに楽しみがあることは、都市そのものを豊かにする。そこに出会いがあり、新たなチャンスがある。映画「Shall we ダンス?」もそのような出会いの物語であった。通学、通勤という回遊性を安全で楽しいものにすることも都市環境デザインの重要な課題と思える。

5. 二一世紀都市環境デザインのキーワードとしての融合性

都市建築においても、二一世紀地球環境時代においては機能

ジョギングする人々（皇居の外周路）

を分化させ、それを巨大化させるのではなく、機能を集中化、融合化させる方向が向かうべき省エネルギー、省資源の方向であると考える。少子高齢化社会のなかで、歩くということの重要性をさらに人びとが認識し、身体を動かし、歩き回れる、走り回れることの実行できる都市空間が求められるだろう。回遊性はまず歩き回れる、走り回れるステージとして重要であり、次に公共交通網の整備が問われるだろう。

ＩＴメディア、高度情報化社会は、物流においても変化を与えている。自動車による巨大なショッピングセンターのような形態は限定的になるであろう。コンビニエンスストアの隆盛は、商業におけるコンパクト性の表出といえる。それとて通販によって流通のあり方は変わるだろう。

職住近接型の住まい、職場のあり方、商・住・職がより融合する都市の方向が二一世紀のコンパクト性をより進めるであろう。一階は商業、二階から五階ぐらいが住宅の形式、商業と業務、そして住居が一体的になる方向が新しい時代の方向となろう。保育所、住宅、高齢者施設が一体となる都市開発やそのな

こどもの農業体験

かで公と民の融合もその方向であるといえよう。

都市におけるこどもの成育環境を考えたとき、こどもの生活の近くに商店、職場が近いということは良いことである。こどもの成育環境として大人の職場から遠ざけられた現代の状況がそもそも問題なのだ。本来、こどもの農業体験は重要である。農業という形態も、できれば住と融合化していくべきと思われる。都市的なものと農村的なものの融合こそが二一世紀都市環境デザインの方向に見える。

6. 健康な都市とは多様性と回遊性のまち

現代の市民にとって重大な関心は健康である。いつまでも元気で健康に生活し、人として暮らしていける都市を多くの人びとは望んでいる。そのためには、健康をサポートしてくれる医療施設が身近なことも必須である。そして一日一万歩歩くことを推奨しようとしているように、歩くこと、ウォーキングが楽しい町、あるいはジョギングすることが楽しい町、サイクリン

ジョギングする人々（クリチバ）

グすることが楽しい町でなければならない。人が外に出て生活することの楽しさを味わうことがまず、健康な生活の第一歩である。広い歩道、緑が多く景観的にも変化のあるジョギングロードなど、それらの存在がこれからその都市の健康度をはかる尺度になるであろう。

7. 遊環構造の創造都市への適応

創造都市についてチャールズ・ランドリーは次のように言っている。

「都市計画の新しい戦略方法を描き、人びとが都市の中で考え、計画し、創造的に行動できるかを吟味する。それはわれわれがいかに人びとの想像力と才能を利用して都市を住みやすく活気に満ちたものにすることができるかの提案である」。

創造都市は芸術文化というソフトな手法により町を活性化させていく戦略としてもとらえられるが、それを可能にするハードな環境構造が遊環構造といえる。遊環構造はあそび意欲、学

ひろしまフラワーフェスティバル

C・ランドリー（後藤和子監訳）『創造的都市』日本評論社、二〇〇三年

習意欲、探索意欲、運動意欲を喚起する空間構造なのである。

こどものあそびやすい空間の構造として遊環構造の原則はこどもばかりでなく、大人にも適用できる。そして遊環構造の原則は都市における回遊性、多様性の具体的な方向を示しているといえる。

ここで〝めまい〟の体験というものがある意味で歴史学者・網野善彦がいうアジールとしての無縁・公界・楽の空間であり、評論家・海野弘がいう盛り場、岡場所的な場としての広場、[7] 祈りの場というのもその空間的カテゴリーに入れることも可能かもしれない。そして、めまいはときに祭り、カーニバルという都市的な祝祭的なイベントによってもたらされる場合もある。広場も道もそのときに全体がめまい、感覚的にも目くるめく高揚のときが与えられることとなると思われる。

8. 遊環構造の創造的展開

遊環構造によって創造都市を実現できると考えているが、遊

サッカー場（カンプノウ）

野球場（ZOZOマリンスタジアム）

環構造とはそもそも個人的なスケールと集団的スケールとからなる。平面的な円環状の回遊だけでなく、直線的で立体的な回遊もある。遊環構造は一つの形があるわけではない、多様である。その空間のあり方はその土地、地域、状況によって大きく異なる。一〇〇メートル四方の遊環構造もありえるし、一〇〇キロメートル四方の遊環構造もありえる。もっとも、私は徒歩でのスケールを基本とすると一キロメートル四方の遊環構造が最大かと考えている。もちろんポートランドのようにフリーのLRTがあることによってもっと大きな形での遊環構造をもつ楽しい町はできるかもしれない。

　私が遊環構造理論を考え始めたのが一九八二年で発表したのが一九八四年だが、約四〇年近くそれを設計の現場に応用してきて、さまざまな遊環構造の形が展開されてきた。その間、初期のモデル図と三〇年経った二〇一三年頃からのモデル図は異なっている。今後さらにそのモデル図も進化するかもしれない。

　〈かた〉論のところで述べたように、〈か〉も変わってきた。「こどもが遊びやすい」というテーマから「意欲を喚起する」あ

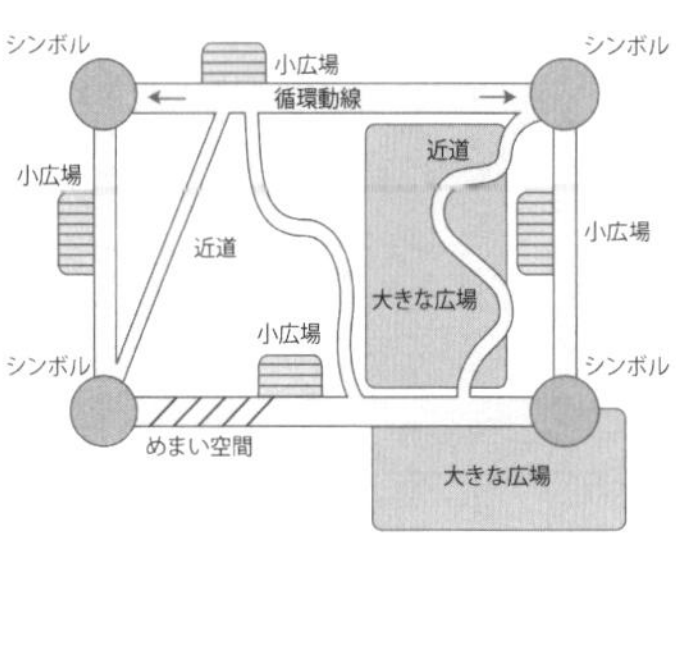

遊環構造モデル図

るいは「困難をのりこえ生活を楽しむ」という形だ。これさえもまだ二〇年後には進化するかもしれない。

約四〇年間の実践を通して、多くの人びとから親しみやすい空間の型と受け止めていただいていることを強く感じている。それはやはり二〇〇八年の国際教養大学の中嶋記念図書館と二〇〇九年の広島市民球場（マツダスタジアム）のお陰だ。それ以前にも一九九〇年にできた兵庫県但馬ドーム、一九八七年にできた茨城県自然博物館も公共施設としては驚異的な入場者数を維持し、利用者の支持を得ている。

従来、税金を投入した公共施設では、ＬＣＣといわれる建設コストとメンテナンスコストの最小化が求められるが、私は利用者一人当たりの最小化こそめざすべきと主張してきた。多くの利用者があってはじめて、住民の方々に支持された税金の有効な使い方ということが証明される、という意味でも遊環構造建築、遊環構造環境は多くの人びとの支持を受けている。今後も新たな進化を目指したいと思う。

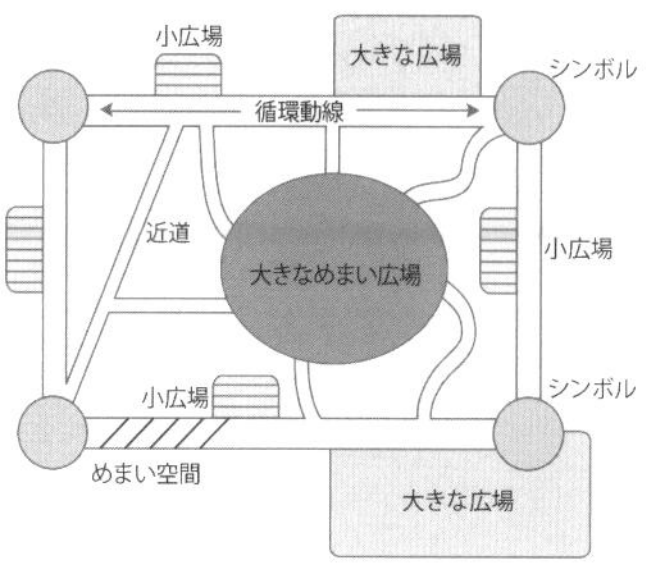

新遊環構造モデル図（二〇一三）

9．テレビを消して、町に出よう

かつて詩人で劇作家の寺山修司は「書を捨てよ、街へ出よう」と書いた[3]。それは書物に代表される近代の知からもっと大地的な人間の本来的な交わりへのアジテーションであったように思われる。いま、私たちは「テレビを消して町に出よう」と言わねばならない。テレビに代表されるＩＴメディアはその情報を世界に、地球上に広げながら、人間を閉鎖的な方向にと向かわせている側面もある。情報は自分中心に偏りがちになっている。バランスの悪い社会への傾向をもつのが現代のＩＴメディア社会であるが、それから脱却するには外に自ら出て行く必要がある。回遊し、多様な交流を獲得して、生物学的な人間の本質に立ちかえるためにも、都市が個室よりもずっと魅力的なものでなければならない。そうしなければ、創造性も機能性も生み出すことはできない。テレビを消せるほど町が魅力的で、歩き回り、外の空気を吸い、自然を感じ、生物の変化を感じられなければならない。

[3] 寺山修司『書を捨てよ、街へ出よう』芳賀書店、一九六七年

街路にイスを出し、休み、人々やこどもたちを眺め、お茶を飲み、そしてまた歩き回る。

ポートランドではＬＲＴによって多くの市民が町に出ている。歩き、回遊しているように感じた。テレビを見て孤独な時間を消費するのでなく、家の前に座り、家の周りを歩き、知り合いと挨拶をかわし、助け合い、平和で心安らかな時間を共有する。そしてときに、イベントに参加し、新しい友人をつくり、新たな刺激ある生活を楽しむ。そのような生活が可能となるような優しい都市こそ私たちが実現しなければならない。ＩＴメディアを活用することは大切だが、それに膨大な時間を消費することは、人生を不幸にすることだ。何よりもバランスが重要だ。豊かな文化が生まれる都市は遊環構造的だ。あらゆる都市の部分において、遊環構造は有効であると思われる。

遊環構造の創造都市の実現

広島市民球場を中心としたボールパークを実現したが、スタジアムと商業施設ブロックの融合性という点では、より進化した形を模索している設計者としてはもう一歩だと思っている。より高いレベルの遊環構造を適応したボールパークを、遊環構造の創造都市として実現できないかと挑戦している。広島市民球場の経験で、スポーツは地域の人々の一体感を作り上げることを実感した。スタジアムには遊環構造創造都市の中心になる可能性がある。

今までサッカー場を中心とした町づくりは海外でも多く行われてきた。しかし多くは試合の非開催時にはファンだけが集まるという形であって、決してにぎわいを生み出していなかった。それをもっと日常的ににぎわいのある創造都市をつくれないかというのが、最近の私のテーマである。一周六〇〇メートルの回遊性は広島市民球場で実現できたが、それをさらに日常的なにぎわいの空間とできるのではないかと考えている。それができれば、各地でスポーツによる町づくりがもっと高い事業可能性をもちえるのではないかだろうか。

今、私はジャパネットホールディングスによる長崎スタジアムシティにおいて、本書に記したすべての知見を投入して魅力

長崎スタジアムシティ（鳥瞰イメージ）

ある遊環構造を実現できないかと挑戦している。第四章「あそびやすい空間」の最後にも述べたように、フィニシャビリティ（完遂性）がこの成功のカギではないかと思う。ここにくると長崎スタジアムシティのすべてがわかり体験したという感覚をもたらしてくれるような空間の体験ができるかどうかである。

また、スタジアムだけでなく、アリーナ・ホテル、ミュージアム、ライブラリー等もそれぞれが遊環構造の都市のセンター機能をもちえるのではないかと考えている。重要なポイントはめまいの空間を中心に循環性があり、ポーラス、外に対して開放的、町に開かれていることなのではなかろうか。一つ一つの小さな遊環構造が重なり、相互に影響しあい、魅力的な創造都市が実現できることを期待したい。

長崎スタジアムシティ（アリーナ内観イメージ）

国際教養大学中嶋記念図書館など（2008-2012）

国際教養大学中嶋記念図書館では、その回遊循環動線の形は半円形である。1階と2階の回遊はブックコロシアムと名づけられた劇場型の大きな段状の書架により連続されている。この書架には閲覧机がついており、利用者は全体の俯瞰とプライバシーの高い空間の両方を楽しむことができる。半円形の直線部分の1階は開放的で、閲覧利用者に外部の美しい杉林を楽しませる。この4段の書架そのものが段状の回遊動線を形成し、そこからの空間全体をさまざまに楽しむことができる。図書館と講義棟とはブリッジで連絡されていて、雪国において、2階構成で分棟配置である。校舎群を円環状のブリッジでつなぐことによって、キャンパス全体を遊環構造としている。

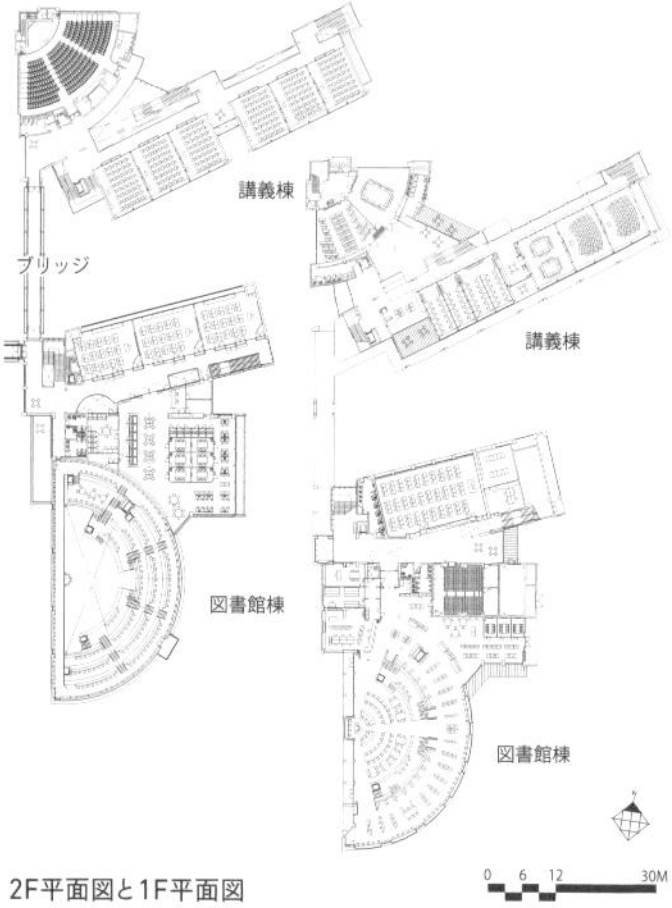

2F平面図と1F平面図

［左上］キャンパス鳥瞰［右上］図書館棟グレートホール内観
［左下］図書館と講義棟をつなぐブリッジ［右下］講義棟レクチャーホール内観

能代市庁舎（2017）

秋田県能代市では、東日本大震災の教訓より耐震性が不足する市役所の建替えが構想された結果、昭和初期につくられた議事堂、戦後すぐに建てられた第一庁舎を耐震補強し、加えて免震構造による新庁舎が計画された。旧庁舎と景観的に連続し、かつ市民が気軽に訪れることができる回遊性のある遊環構造庁舎となっている。新庁舎は国道に面する第一庁舎と連続する棟と、南側駐車場と保全された桜林に面する窓口業務を行う棟の2棟に分棟し、それらがブリッジで連続され、遊環構造が形成されている。3層吹き抜けの市民ラウンジは、桜の季節をはじめ、さまざまなイベントが行われる広場「さくら庭」に面しており、ある種の劇場空間となっている。

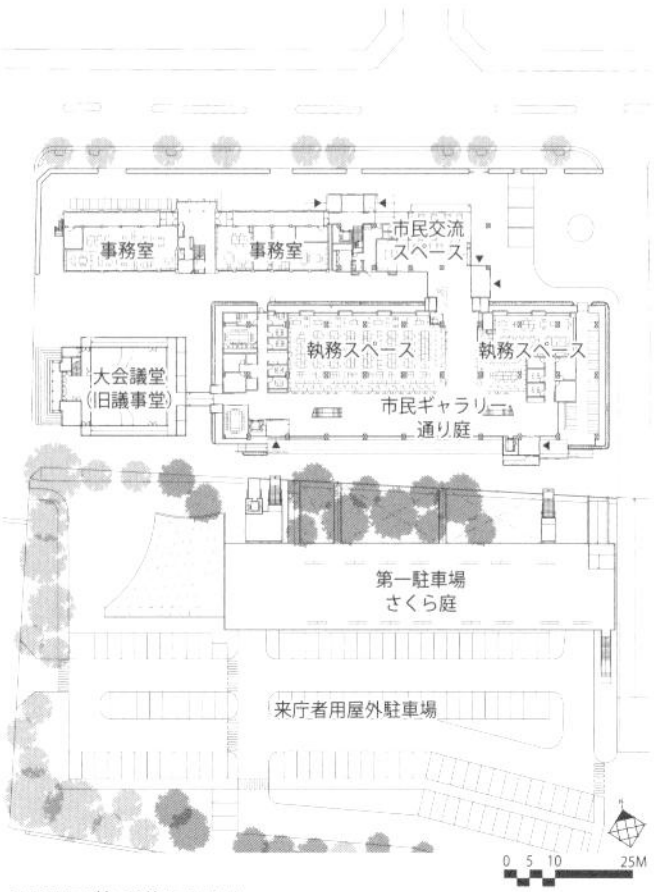

配置図兼1階平面図

［左上］さくら庭を見る［右上］既存の桜並木を保存活用した
［左下］庁舎中心の吹き抜け［右下］市民に分かりやすい窓口

石川県立図書館（project 2022）

遊環構造を空間に最大限に適応した図書館である。半円状のブックコロシアムを段違い状に組み合わせながら、全体的に長円形回遊性をつくり、めぐる楽しさを演出している。国際教養大学中嶋記念図書館と大きく異なるのは、段上書架部分をスロープ構成にし、車椅子でもアプローチできるユニバーサルデザインを実現している点である。大きなすり鉢状の図書空間と、その周辺部の図書空間は分離され、カジュアルな図書館空間と専門的で静的な読書空間として位置付けられている。本を何度も読むことで新たな気づきがあるように、回遊することでより新たな発見や楽しさを発見できる循環動線が仕掛けられている。駐車場、緑地、キャノピー等が同心円状に配置され、外部空間も遊環構造が形成されている。

［上］「本のページをめくる」外観イメージ
［中］円形劇場のような内観イメージ［下］大閲覧空間イメージ

長崎スタジアムシティ（project 2024）

長崎の中心部の造船所跡地に、新たなサッカースタジアムとアリーナを中心としたまちづくりが計画された。約20,000席あるV・ファーレン長崎のホームスタンドの一周600mのメインコンコースをベースに、ホテル、5,000席のアリーナ、商業、イベント、オフィス施設等が取り付き回遊循環型のにぎわいに満ちたスマートシティが形成される。稲佐山ロープウェイの延伸も将来検討され、長崎の新名所となるであろう。変化と魅力のあるコンコースが遊環構造の回遊機能を担っており、さまざまな体験空間がブランチされる。スタジアムを中心とした遊環構造まちづくりの革新的な型となり、地方創生のモデルとなることが期待される。

［上］スタジアム内観イメージ［中］エントランスイメージ
［下］鳥瞰イメージ

おわりに

本書の依頼を受けたのは二〇一九年の正月だった。環境デザインという領域における仮説、放送大学での講義を中心にまとめることがテーマではあったが、それを貫く遊環構造デザイン理論と検証という形にしようと考えがまとまったのは七月頃であった。そしてだいたいの原稿を書き上げたのは二〇二〇年の一月頃になってしまった。二〇一九年から二〇二〇年は地球環境的に、世界でも日本でもさまざまな災害に見舞われた年でもあった。気候変動による水害、森林火災も多発した。スウェーデンの一七歳の少女、グレタ・トゥーンベリさんが、大人たちを告発したとおりである。そして二〇二〇年春以来、コロナウィルスが全世界に猛威をふるっている。本書のまとめのときは正に我が国に緊急事態宣言が出され、外出自粛の時であった。私自身の人生のなかで、近年その困難さが大きくなっているように感じている。本書の冒頭で述べたファクトフルネスに示すように、地球が、世界が確実に少しずつでも良い方向に向いていって欲しいと願い、こどもが困難を乗り越えるためにも安心基地としての空間、場所の重要性と、遊環構造が人々にあそびと意欲を喚起する空間の構造であることを伝えるのが本書の執筆の目的である。

環境デザインという領域はきわめて幅広い。地球、地域、都市、土木・建築・造園、インテリア、道具まで、人間がつくるビルトエンバイロンメントすべてを領域としたデザイン領域である。そしてさらに、物理的な領域から、それを使う領域へと広がり、また今世紀仮想現実というデジタル世界までも広がっていく傾向をもっている。本書では環境という領域を空間、時間、方法、コミュニティという四つのエレメントに分解しながら考えていく手法により展開しているが、すでに物理的な領域を超えてしまっている。

ＡＩやＩＯＴ化が加速する社会で、人工知能やロボットが人間を凌駕してしまうのではないかと憂慮されている。翻って言えば、人間は考える生き物であるという限界と可能性をもっている。そういう点で人間らしい生活とは、人間としての安心安全基地をもつことによって、将来の困難な状況に対処することではないかと考えている。景観地理学者アップルトンは安心基地をその座標の中心に置いているように思える。

本書はそのような視点で、前半では、環境と人間の関係を環境とこどもという視点から考え、その原理を幅広く多くの分野に展開し、考察している。放送大学ではテレビでの講義であったので、映像との組み合わせで論理を展開したが、本書では図版は最小限にして考え方、視点を中心に話を進めた。本書では設計方法論などの設計者、デザイナーとしての技術デザイン手法については述べなかったが、「か、かた、かたち」という三段階理論、私の恩師である建築家・菊竹清訓の方法論がきわめて有効であると考えている。本書の中心的なテーマとして述べている「遊環構造」という考え方も一つの「かた」として考えてみていただきたい。設計方法論については拙著の『環境デザインの方法』（彰国社、一九九八年）、菊竹清訓先生の『代謝建築論　か・かた・かたち』（彰国社、一九六九年）を参考にしていただきたい。

二〇一〇年代の十年間、私はいくつかの本を著した。なかでも『人が集まる建築』（講談社現代新書、二〇一六年）、『こどもを育む環境　蝕む環境』（朝日新聞出版、二〇一八年）の二冊は多くの人に読んでいただきたいと考え、新書として上梓した。本書はそれに続き、私が五十年間追求してきた環境デザインという領域の研究に基づくデザインとその成果としての遊環構造デザインについて記したものである。「環境デザイン」という領域は今、学術的世界、あるいはデザイン的世界ではポピュラーなものとなっているが、土木や建築に比べ、世間一般で十分に認知されているとはいえない。しかし、これから二一世紀に向け、さらにデザイン領域は融合し、環境デザインは先導的な領域になるだろう。私自身のデザインファーム環境デザイン研究所も、ザ・プレイグラインドＥＤＩという形に進化してゆこうとしている。遊環構造デザインの理論は私が構築したのであるが、その利用範囲はきわめて広いと考えている。多くの方々にこの考えに賛同、触発していただき、さらにそれを越えていただきたいと考えている。

本書は担当された左右社の東辻浩太郎さんの忍耐強いサポートがなければ完成しなかった。またいつものことながら環境デザイン研究所を長年支え、最初の読者、また評者として適切な助言をくれる妻の順子に感謝したい。

また膨大な私の手書き原稿をデータ化し、文章の誤りや言い回し等に的確なアドバイスをしてくれる斎藤ひろみさん、参考文献、エビデンスの検索等で適切な情報をまとめてくれる小高典子さん、コラムの写真とレイアウトを担当してくれた盛一佳菜子さんに感謝している。私の研究とデザイン活動は四〇年近く務めた日本大学（芸術学部）、琉球大学、名古屋工業大学、東京工業大学、慶應大学、愛知産業大学、国士舘大学、放送大学等の仙田研究室、仙田スタジオの諸君や、五〇年もの長きに渡る環境デザイン研究所所員諸君との共同である。

　この本のサブタイトルは「円い空間が未来をひらく」であるが、コミュニティホールという穴のある空間を想起させる。円は和、輪、環とも通じ、遊環構造のもつ平和で、楽しく、仲よくする共同体を示す形でもある。

　このフレーズは出版社から提案された。私の考えも本当に多くのクライアントや共同者とのコラボを通して、つくり上げられたものである。遊環構造とはそのような多くの人々のつながりの構造でもある。本づくり、建築、環境づくりに協力していただいた多くの皆さまに感謝したい。

環境建築家　仙田　満

二〇二〇年一二月一〇日

図版クレジット・出典一覧

p.013　谷口吉生監修『谷口吉郎建築作品集』淡交社, 2019年
p.015平面図　『谷口吉郎の世界　モダニズム相対化がひらいた世界』彰国社, 1998年
p.045　「SD　特集トポロジック・ビルディングまたは自由場へ」1973年11月号
p.050　Matthew Yohe
p.078　UNESCO / Dominique Roger
p.110　Anders Hellberg
p.119　Myrabella / Wikimedia Commons / CC BY-SA 3.0
p.128左　『精選版日本国語大辞典』, (C)Shogakukan Inc.
p.156右　黒石観光協会HP, https://kuroishi.or.jp/
p.169平面図　蔵田周忠『ルネッサンス文化と建築（下）』建築文化叢書, 洪洋社, 1927年
p.181左　平井順光
p.218マップ
イラスト坂口芳枝（黒川温泉観光旅館組合HP, https://www.kurokawaonsen.or.jp/より）
p.238　藤塚光政
p.240右　大洗水族館
p.240左　藤塚光政
p.245　藤塚光政
p.253　藤塚光政
p.283　藤塚光政

上記や図版キャプションなどに記載のないものは筆者ならびに環境デザイン研究所の撮影・作図によるほか、主として、次の書籍から引用した。
仙田満『環境デザインの方法』彰国社, 1998年
仙田満『環境デザイン論』放送大学教育振興会, 2009年
仙田満・佐藤滋『都市環境デザイン論』放送大学教育振興会, 2010年
仙田満・若山滋『産業とデザイン』放送大学教育振興会, 2012年

コラム作品解説
記載のないものはすべて藤塚光政

p.034　白鳥美雄
p.052左上・右上　上海旗忠森林体育城有限公司
p.053左上　東洋広島カープ
p.222右上　富山県
p.288　株式会社サタケ
p.289　スタジオ写楽
p.348右上　国際教養大学
p.052左下・右下, p.118左下, p.178, p.261左上・右下・左下, p.287, p.317, p.350, p.351
環境デザイン研究所

創刊の辞

この叢書は、これまでに放送大学の授業で用いられた印刷教材つまりテキストの一部を、再録する形で作成されたものである。一旦作成されたテキストは、これを用いて同時に放映されるテレビ、ラジオ（一部インターネット）の放送教材が一般に四年間で閉講される関係で、やはり四年間でその使命を終える仕組みになっている。使命を終えたテキストは、それ以後世の中に登場することはない。これでは、あまりにもったいないという声が、近年、大学の内外で起こってきた。というのも放送大学のテキストは、関係する教員がその優れた研究業績を基に時間とエネルギーをかけ、文字通り精魂をこめ執筆したものだからである。これらのテキストの中には、世間で出版業界によって刊行されている新書、叢書の類と比較して遜色のない、否それを凌駕する内容ものが数多あると自負している。本叢書が豊かな文化的教養の書として、多数の読者に迎えられることを切望してやまない。

二〇〇九年二月

放送大学学長　石弘光

放送大学

学びたい人すべてに開かれた
遠隔教育の大学

〒261-8586千葉市美浜区若葉2-11
Tel: 043-276-5111　Fax: 043-297-2781　www.ouj.ac.jp

仙田満（せんだ・みつる）

1941年横浜生まれ。

東京工業大学建築学科卒業。菊竹清訓建築設計事務所を経て、1968年環境デザイン研究所創設。工学博士。日本建築学会会長、日本建築家協会会長、日本学術会議会員、放送大学教授等を歴任。現在、東京工業大学名誉教授、こども環境学会代表理事。

設計作品として、愛知県児童総合センター（日本建築学会賞作品賞）、国際教養大学中嶋記念図書館（村野藤吾賞）、広島市民球場（日本建築家協会賞）等。著書に『子どもとあそび』（岩波新書）、『人が集まる建築』（講談社）、『こどもを育む環境　蝕む環境』（朝日新聞出版社）等がある。

シリーズ企画：放送大学

遊環構造デザイン
円い空間が未来をひらく

2021年1月15日　第一刷発行

著者　仙田満

発行者　小柳学

発行所　左右社
〒150-0002 東京都渋谷区渋谷2-7-6 金王アジアマンション502
Tel：03-3486-6583　Fax：03-3486-6584
http：//www.sayusha.com

装幀　松田行正＋杉本聖士

印刷・製本　創栄図書印刷株式会社

Printed in Japan　ISBN978-4-86528-287-0